21世纪高等学校计算机类教材精品系列

计算机网络技术及应用

方洁 编

机械工业出版社

本书紧密结合当前网络技术的发展，系统介绍了计算机网络基础知识和基本应用，具有很强的技术性和可操作性，是学习计算机网络基本原理、网络搭建、网络管理、网络开发及应用的适宜的教科书。

全书共分9章，分别介绍了网络基础知识、物理层与传输介质、数据链路层与交换机、网络层与路由器、运输层、Web服务器的架设和管理、FTP服务器的架设和管理、DNS和DHCP服务器的配置、网络安全与应用等内容。各章均附有习题。附录中提供了12个课程实验。

本书是为高等学校非信息技术类专业的学生编写的计算机网络技术及应用教材。本书的编写本着“必需”和“够用”的原则，充分注意到知识的完整性和可操作性，理论联系实际，介绍了大量实用技术，注重对读者实际能力的培养。本书还可作为广大计算机网络管理人员及技术人员学习网络知识的参考书，是广大计算机网络技术初学者的理想读物。

本书采用双色印刷。

凡选用本书作为教材的教师，均可登录机械工业出版社教育服务网：www.cmpedu.com下载本书配套电子课件，或发送电子邮件至cmpgaozhi@sina.com索取。咨询电话：010-88379375。

图书在版编目（CIP）数据

计算机网络技术及应用 / 方洁编 .—北京：机械工业出版社，2017.8（2022.2 重印）

21 世纪高等学校计算机类教材精品系列

ISBN 978-7-111-57648-8

Ⅰ . ①计…　Ⅱ . ①方…　Ⅲ . ①计算机网络 – 高等学校 – 教材　Ⅳ . ① TP393

中国版本图书馆 CIP 数据核字（2017）第 182442 号

机械工业出版社（北京市百万庄大街 22 号　邮政编码 100037）

策划编辑：赵志鹏　责任编辑：赵志鹏

责任校对：赵志鹏　封面设计：鞠　杨

北京富资园科技发展有限公司印刷

2022 年 2 月第 1 版第 2 次印刷

184mm × 260mm · 14.25 印张 · 323 千字

标准书号：ISBN 978-7-111-57648-8

定价：34.90 元

电话服务　　　　　　　　网络服务

客服电话：010-88361066　机　工　官　网：www.cmpbook.com

　　　　　010-88379833　机　工　官　博：weibo.com/cmp1952

　　　　　010-68326294　金　　书　　网：www.golden-book.com

封底无防伪标均为盗版　机工教育服务网：www.cmpedu.com

前　言

计算机网络技术是紧密结合计算机技术和通信技术，正迅速发展并获得广泛应用的综合性技术。目前，计算机网络已经深入人们工作和生活的方方面面。无论在家中、单位、商场、酒店、机场，还是走在街头，都可以方便地应用计算机网络。

人们在享受计算机网络带来的便利的同时，也需要增加对网络知识的了解，才能提高网络应用水平。就是在这样的背景下，围绕基本的网络原理、网络操作系统、网络服务、网络管理以及网络开发，编者在不断地学习、实践、总结和提高，期望把更多的计算机网络知识深入浅出地介绍给读者，为读者建立一个清晰的网络知识框架，化解心中的疑惑，和读者一起分享计算机网络带来的便利和愉悦。

本书是编者结合自己多年来的教学改革、教学实践经验以及网络工程经验编写的，旨在提供一本既与应用型人才培养特色相适应，又能反映当今计算机网络主流应用技术发展的教材，使读者了解组建网络所需要的硬件设备和软件，能够自己组建、管理和维护计算机网络，掌握计算机网络的常见应用。

全书共分 9 章，并附 12 个课程实验，以应用为牵引，深入浅出地介绍了计算机网络的基础知识和原理，主要内容介绍如下：

第 1 章介绍了计算机网络的基础知识，包括网络体系结构与网络协议。

第 2 章介绍了物理层与传输介质，包括双绞线、光纤等有线传输介质和微波、卫星、红外线、激光等无线传输介质。

第 3 章介绍了数据链路层和交换机。首先介绍数据链路层要解决的三个基本问题，然后介绍了工作在数据链路层的设备——交换机的基本工作原理、特点及其功能。

第 4 章介绍了网络层和路由器。首先介绍 IP 地址的分类、子网划分以及无分类的 IP 地址、路由选择协议等内容，然后介绍了工作在网络层的设备——路由器的基本工作原理、特点及功能。

第 5 章介绍了运输层。对于工作在运输层的两个协议——UDP 和 TCP 做了重点描述。

第 6 章介绍了 Web 服务器的架设和管理。Web 服务是因特网（Internet）的核心，本章详细介绍了 Web 服务的基本工作原理、B/S 三层体系架构以及 Web 服务器的搭建和管理。

第 7 章介绍了 FTP 服务器的架设和管理。FTP 服务可以看成是因特网中的共享文件夹，它将局域网中的共享文件夹概念延伸到因特网。本章介绍了 FTP 服务器的搭建和管理、虚拟目录以及使用 FTP 服务器远程维护 Web 站点。

第 8 章介绍了 DNS 和 DHCP 服务器的配置。服务是计算机网络的基础，没有服务的网络是没有意义的。本章介绍了两种最主要的服务，DNS 服务和 DHCP 服务。对于这两种服务，从服务的目的、服务的配置和服务的应用三个方面进行了详细讲解。

第 9 章介绍了网络安全与应用，主要从网络黑客及其防范措施、防火墙、局域网嗅探攻击与防护、计算机病毒与防护等几个方面介绍了如何维护网络，使其不受攻击。

本书既注重计算机网络基础理论的讲解，又注重实践和应用。附录中的 12 个课程实验具有很强的实用性和可操作性，能够帮助读者迅速掌握网络基础知识和在实践中的应用、操作方法。

本书由方洁编写。在编写过程中，得到了汪彬教授、田茂教授、李晓蓉教授、魏亚飞老师等的大力支持，并提出了指导性的建议，在此深表谢意！本书编写过程中，参阅了大量的参考文献及网站相关内容，从中得到很多启示和帮助，在此一并表示感谢！

由于编者对知识的认识和理解水平有限，书中难免会有偏差疏漏之处，恳请大家批评指正，电子邮箱为187031984@qq.com。

编　者

目　录

第 1 章　网络基础知识

本章是全书的概要。在本章的开始，先介绍计算机网络在信息时代中的作用。接着对因特网（Internet）进行了概述，包括因特网发展的三个阶段。然后，讨论因特网的组成，指出了因特网的边缘部分和核心部分的重要作用。最后讨论整个课程都要用到的重要概念——计算机网络体系结构。

1.1　计算机网络在信息时代中的作用

21 世纪的一些重要特征就是数字化、网络化和信息化，它是一个以网络为核心的信息时代。要实现信息化就必须依靠完善的网络，因为网络可以非常迅速地传递信息。网络已经成为信息社会的命脉和发展知识经济的重要基础。网络对社会生活的众多方面，以及对社会经济的发展已经产生了不可估量的影响。

这里所说的网络是指“三网”，即电信网络、有线电视网络和计算机网络。这三种网络向用户提供的服务不同。电信网络的用户可得到电话、电报、传真等服务；有线电视网络的用户能够观看各种电视节目；计算机网络则可使用户能够迅速传送数据文件，以及从网络上查找并获取各种有用资料，包括图像和视频文件。这三种网络在信息化过程中都起到十分重要的作用，但其中发展最快的并起到核心作用的是计算机网络。随着技术的发展，电信网络和有线电视网络都逐渐融入了现代计算机网络的技术，这就产生了“网络融合”的概念。三网融合是指电信网、广播电视网、因特网在向宽带通信网、数字电视网、下一代互联网演进过程中，三大网络通过技术改造，其技术功能趋于一致，业务范围趋于相同，网络互联互通、资源共享，能为用户提供语音、数据和广播电视等多种服务。三网融合并不意味着三大网络的物理合一，而主要是指高层业务应用的融合。三网融合应用广泛，遍及智能交通、环境保护、政府工作、公共安全、平安家居等多个领域。例如，手机可以看电视、上网，电视可以打电话、上网，计算机也可以打电话、看电视。三者之间相互交叉，形成“你中有我、我中有你”的格局。现在计算机网络不仅能够传送数据，同时也能够向用户提供打电话、听音乐和观看视频节目的服务，而电信网络和有线电视网络也都能够连接到计算机上。然而实际上网络融合还有许多非技术性的复杂问题有待相关部门协调解决。

自从 20 世纪 90 年代以后，以因特网（Internet）为代表的计算机网络得到了飞速的发展，已从最初的教育科研网络逐步发展为商业网络，并已成为仅次于全球电话网的世界第二大网络，不少人认为现在已经是因特网的时代，这是因为因特网正在改变着人们工作和生活的各个方面，它已经给很多国家带来了巨大的好处，并加速了全球信息革命的进程。可以毫不夸大地说，因特网是人类自印刷术发明以来在通信方面最大的变革。

目前，对于计算机网络还没有十分严格的定义。国内比较通用的定义是，计算机网络是将分布在不同地点且具有独立功能的多个计算机系统通过通信设备和线路连接起来，在功能完善的软件和协议的管理下实现网络中资源共享的系统。计算机网络中的通信设备可以是计算机、交换机、路由器、防火墙、调制解调器等。

计算机网络是当代计算机技术与通信技术相结合的产物，就是通过通信线路连接起来的自治的计算机集合。可以从以下 3 方面来理解。

1）必须有两台或两台以上的具有独立能力的计算机系统，以达到共享资源为目的而连接起来。这里要求每台计算机之间有一定的物理位置的距离，并且系统能够独立地工作，而无需借助其他系统的帮助。

2）实现两台或两台以上的计算机连接、共享资源，必须有一条物理通路。这条通路是由物理介质来实现的。物理介质可以是双绞线、光纤等有线介质，也可以是红外线、微波、激光等无线介质。

3）计算机系统之间进行信息交换，必须有约定的规则，这个规则就是通信协议。

所谓共享资源，即连接在计算机网络上的用户可以共享网络上的各种资源。资源共享的含义是多方面的，可以是信息共享、软件共享，也可以是硬件共享。例如，计算机网络上有许多主机存储了大量有价值的电子文档，可供上网的用户自由读取或下载（无偿或有偿）。由于网络的存在，这些资源好像就在人们身边一样。

现在人们的生活、工作、学习和人际交往都已离不开计算机网络。设想某一天计算机网络突然出现故障不能工作了，会出现什么结果？这时，将无法购买机票或火车票，因为售票员无法得知还有多少票可供出售；也无法到银行存钱或取钱，无法缴纳水电费和煤气费等；股市交易都将停顿；在图书馆也无法检索所需要的图书和资料。网络出了故障后，既不能查询有关的资料，也无法使用电子邮件和朋友及时交流信息。由此还可以看出，人们的生活越是依赖于计算机网络，计算机网络的可靠性就越重要。现在计算机网络与电信网络和有线电视网络一样，已经成为一种通信基础设施，计算机上运行的各种应用程序通过彼此间的通信，就能为用户提供更加丰富多彩的服务和应用。

当然，计算机网络也给人们带来了一些负面影响。有人肆意利用网络传播计算机病毒，破坏计算机网络上数据的正常传送和交换，有的犯罪分子甚至利用计算机网络窃取国家机密和盗窃银行与储户的钱财，网上欺诈或在网上肆意散布不良信息和播放不健康的视频也时有发生，有的青少年弃学而沉溺于网络游戏中等。

虽然如此，计算机网络的负面影响还是次要的（这需要有关部门加强对计算机网络的管理）。计算机网络给社会带来的积极作用仍然是主要的。

由于因特网已经成为世界上最大的计算机网络，因此下面先简单介绍什么是因特网，同时也介绍因特网的主要构件，这样就可以对计算机网络有一个初步的了解。

1.2 因特网概述

1.2.1 网络的网络

先给出关于网络、互联网（互连网）以及因特网的一些最基本的概念。

网络由若干结点和连接这些结点的链路组成。网络中的结点可以是计算机、交换机或路由器等（在后续的章节将会介绍交换机、路由器等设备的作用）。图 1-1a 给出了一个具有 4 个结点和 3 条链路的网络。可以看到，有 3 台计算机通过 3 条链路连接到一个交换机上，构成了一个简单的网络。在很多情况下，可以用一朵云表示一个网络。这样做的好处是，可以不去关心网络中的细节问题，因而可以集中精力研究涉及与网络互连有关的问题。

网络还可以通过路由器互连起来，这样就构成了一个覆盖范围更大的网络，即互联网，如图 1-1b 所示。因此互联网是“网络的网络”。

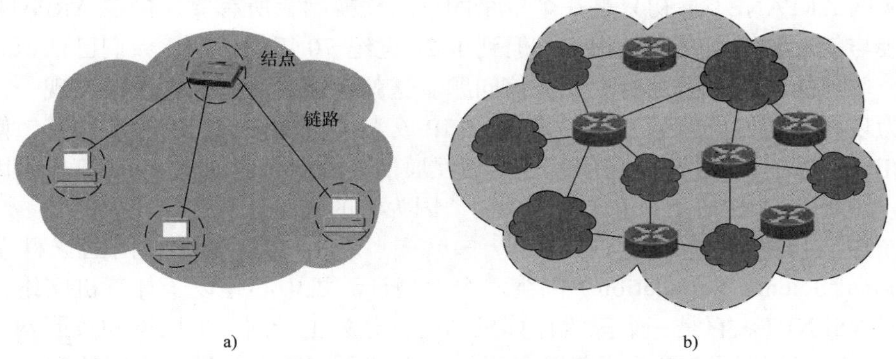

图 1-1　网络示意图

因特网是世界上最大的互连网络（用户数以亿计，互连的网络数以百万计）。习惯上，大家把连接在因特网上的计算机都称为主机。路由器是一种特殊的计算机，它的任务是连接不同的网络，而不是进行通信和信息处理。因此不能把路由器称为主机。因特网也常常用一朵云来表示，图 1-2 表示许多主机连接在因特网上。这种表示法是把主机画在网络的外边，而网络内部的细节（即路由器怎样把许多网络连接起来）就省略了。

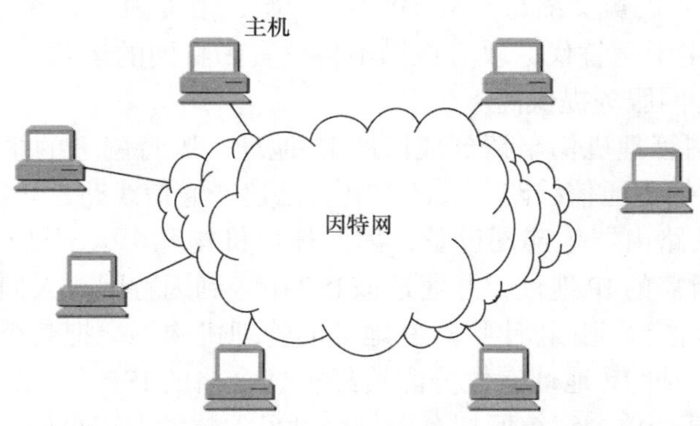

图 1-2　因特网与连接的主机

因此，可以先初步建立这样的基本概念：网络把许多计算机连接在一起，而互联网则是把许多网络连接在一起。

还有一点也必须注意，就是网络互连并不是把计算机仅仅简单地在物理上连接起来，因为这样做并不能达到使计算机之间能够相互交换信息的目的，还必须在计算机上安装许多使计算机能够交换信息的软件。因此当谈到网络互连时，就隐含地表示在这些计算机上已经安装了适当的软件，因而在计算机之间可以通过网络交换信息。

本书中所谈到的网络都指的是计算机网络。

1.2.2 因特网发展的三个阶段

因特网的基础结构大体上经历了三个阶段的演进。但这三个阶段在时间划分上是有部分重叠的，这是因为网络的演进是逐渐的而不是在某个时期突然发生了变化。

第一阶段——从单个网络 ARPANET 向互联网发展。1969 年美国国防部创建的第一个分组交换网 ARPANET 最初只是一个单个的分组交换网，所有要连接在 ARPANET 上的主机都直接与就近的结点交换机相连。但到了 20 世纪 70 年代中期，人们已认识到不可能仅使用一个单独的网络来满足所有的通信问题。这就导致了后来互连网的出现。这样的互连网就成为现在因特网的雏形。1983 年 TCP/IP 成为 ARPANET 上的标准协议，使得所有使用 TCP/IP 协议的计算机都能利用互连网相互通信，因而人们就把 1983 年作为因特网的诞生时间。1990 年 ARPANET 正式宣布关闭，因为它的实验任务已经完成。

第二阶段——逐步建成了三级结构的因特网。从 1985 年起，美国国家科学基金会 NSF（National Science Foundation）围绕六个大型计算机中心建设了计算机网络，即国家科学基金网 NSFNET。它是一个三级计算机网络，分为主干网、地区网和校园网（或企业网）。这种三级计算机网络覆盖了美国主要的大学和研究所，并且成为因特网中的主要组成部分。1991 年，NSF 和美国的其他政府机构开始认识到，因特网必将扩大其使用范围，不应仅限于大学和研究机构。世界上的许多公司纷纷接入因特网，使网络上的通信量急剧增大，因特网的容量已满足不了需要。于是美国政府决定将因特网的主干网转交给私人公司来经营，并开始对接入因特网的单位收费。1992 年因特网上的主机超过 100 万台。1993 年因特网主干网的速率提高到 45 Mbit/s。

第三阶段——逐渐形成了多层次 ISP 结构的因特网。ISP 就是因特网服务提供者（Internet Service Provider）的英文缩写。从 1993 年开始，由美国政府资助的 NSFNET 逐渐被若干个商用的因特网主干网替代，政府机构不再负责因特网的运营，而是让各种 ISP 来运营。ISP 又常译为因特网服务提供商。

ISP 可以从因特网管理机构申请到成段的 IP 地址（因特网上的主机都必须有 IP 地址才能进行通信），同时拥有通信线路（大的 ISP 自己建造通信线路，小的 ISP 则向电信公司租用通信线路），以及路由器等连网设备，因此任何机构和个人只要向 ISP 交纳规定的费用，就可从 ISP 得到所需的 IP 地址，并通过该 ISP 接入到因特网。人们通常所说的“上网”就是指“通过某个 ISP 接入到因特网”。IP 地址的管理机构不会把某个单个的 IP 地址分配给单个用户，而是把一批 IP 地址有偿分配给经审查合格的 ISP。从以上所讲的可以看出，现在的因特网已不是某个单个组织所拥有而是全世界无数大大小小的 ISP 共同拥有。图 1-3 说明了用户要通过 ISP 才能连接到因特网。

根据提供服务的覆盖面积大小以及所拥有的 IP 地址数目的不同，ISP 也分成为不同的层次。图 1-4 所示为具有 3 层 ISP 结构的因特网概念示意图，但这种示意图并不表示各 ISP 的地理位置关系。

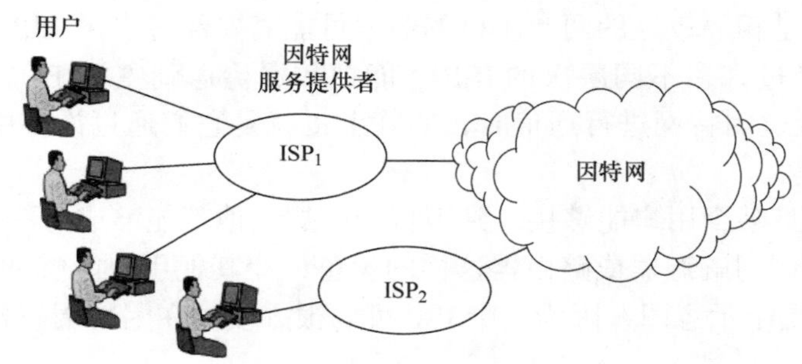

图 1-3　用户通过 ISP 接入因特网

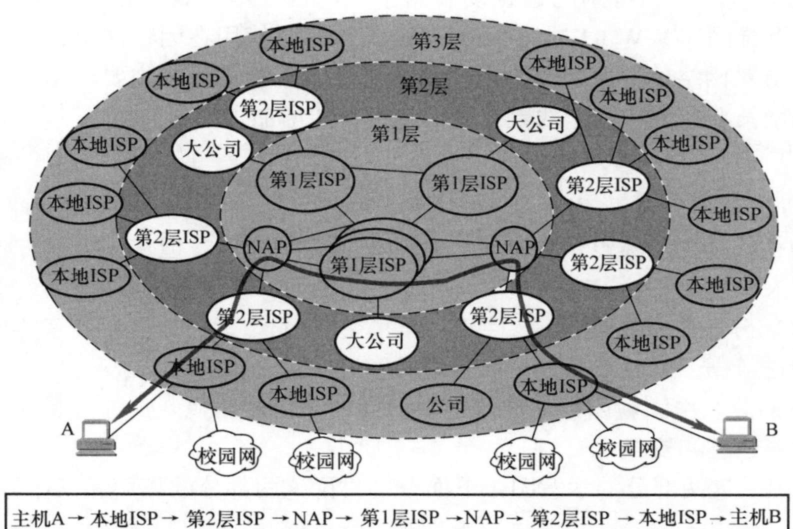

图 1-4　基于 3 层 ISP 结构的因特网概念示意图

在图 1-4 中，最高级别的第 1 层 ISP 的服务面积最大（一般都能够覆盖国家范围），并且还拥有高速主干网。第 2 层 ISP 和一些大公司都是第 1 层 ISP 的用户。第 3 层 ISP 又称为本地 ISP，它们是第 2 层 ISP 的用户，且只拥有本地范围的网络。一般的校园网或企业网，以及拨号上网的用户，都是第 3 层 ISP 的用户。为了使不同层次 ISP 经营的网络都能够互通，在 1994 年开始创建了 4 个网络接入点 NAP（Network Access Point），分别由 4 个电信公司经营。NAP 用来交换因特网上的流量，在 NAP 中安装有性能很好的交换设施。到 21 世纪初，美国的 NAP 的数量已达到十几个。NAP 可以算是最高等级的接入点，它主要是向各 ISP 提供交换设施，使其能够互相通信。NAP 又称为对等点（Peering Point），表示接入到 NAP 的设备不存在从属关系而都是平等的。现在有一种趋势，即比较大的第 1 层 ISP 愿意绕过 NAP 而直接通过高速通信线路（2.5~10Gbit/s 或更高）和其他的第 1 层 ISP 交换大量的数据，这样可以使第 1 层 ISP 之间的通信更加快捷。

从图 1-4 中可看出，因特网逐渐演变成为基于 ISP 和 NAP 的多层次结构网络。今天的因特网由于规模太大，已经很难对整个网络的结构给出细致的描述，但下面这种情况是经常遇到的，就是相隔较远的两台主机的通信可能需要经过多个 ISP（如图 1-4 中的粗线表示主机 A 要经过许多不同层次的 ISP 才能把数据传送到主机 B）。因此，当主机 A 和另一台主机 B 通过因特网进行通信时，实际上也就是它们通过许多中间的 ISP 进行通信。

顺便指出，一旦某个用户能够接入到因特网，那么他就能够成为一个 ISP。他需要做的就是购买一些如调制解调器或路由器这样的设备，让其他用户能够和他相连接。因此，图 1-4 所示的仅仅是个示意图，因为一个 ISP 可以很方便地在因特网拓扑上增添新的层次和分支。

因特网已经成为世界上规模最大和增长速率最快的计算机网络，没有人能够准确说出因特网究竟有多大。因特网的迅猛发展始于 20 世纪 90 年代。由欧洲原子核研究组织 CERN 开发的万维网 WWW（World Wide Web）被广泛使用在因特网上，大大方便了广大非网络专业人员对网络的使用，成为因特网的这种指数级增长的主要驱动力。万维网的站点数目也急剧增长，在因特网上的数据通信量每月约增加 10 %。

1.3 因特网的组成

因特网的拓扑结构虽然复杂，并且在地理上覆盖了全球，但从其工作方式上看，可以分为以下的两大块。

（1）边缘部分。由所有连接在因特网上的主机组成。这部分是用户直接使用的，用来进行通信（传送数据、音频或视频）和资源共享。

（2）核心部分。由大量网络和连接这些网络的路由器组成。这部分是为边缘部分提供服务的（提供连通性和交换）。

图 1-5 给出了这两部分的示意图。下面分别讨论这两部分的作用和工作方式。

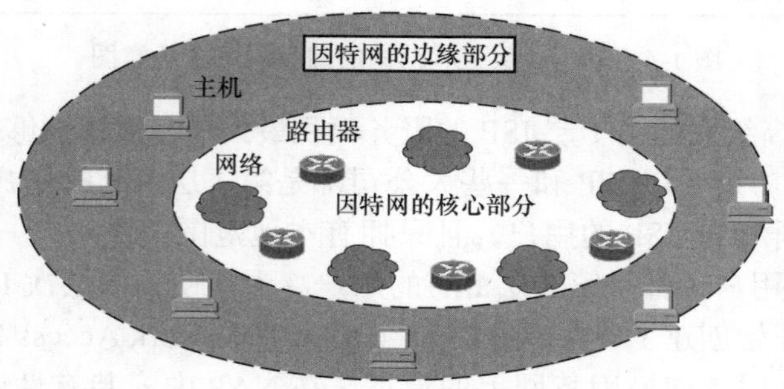

图 1-5 因特网的边缘部分与核心部分

1.3.1 因特网的边缘部分

处在因特网边缘的部分就是连接在因特网上的所有主机。这些主机又称为端系统。端系统在功能上可能有很大的差别，小的端系统可以是一台普通个人计算机甚至是很小的掌上电脑，而大的端系统则可以是一台非常昂贵的大型计算机。端系统的拥有者可以是个人，也可以是单位（如学校、企业、政府机关等），当然也可以是某个 ISP（即 ISP 不仅向端系统提供服务，它也可以拥有一些端系统）。边缘部分利用核心部分所提供的服务，使众多主机之间能够互相通信并交换或共享信息。

先要明确下面的概念。通常说："主机 A 和主机 B 进行通信"，实际上是指："运行在主机 A 上的某个程序和运行在主机 B 上的另一个程序进行通信"。由于"进程"就是"运行着的程序"，因此这也就是指："主机 A 的某个进程和主机 B 上的另一个进程进行通信"。这种比较严密的说法通常可以简称为"计算机之间通信"。

在网络边缘的端系统中运行的程序之间的通信方式通常可划分为两大类：客户 - 服务器方式（C/S 方式）和对等方式（P2P 方式）。下面分别对这两种方式进行介绍。

1. 客户 - 服务器方式　这种方式在因特网上是最常用的，也是传统的方式。人们在网上发送电子邮件或在网上查找资料时，都是使用客户 - 服务器方式。

客户（Client）和服务器（Server）都是指通信中所涉及的两个应用进程。客户 - 服务器所描述的是进程之间服务和被服务的关系。在图 1-6 中，主机 A 运行客户程序而主机 B 运行服务器程序。在这种情况下，A 是客户而 B 是服务器，客户 A 向服务器 B 发出请求服务，而服务器 B 向客户 A 提供服务。这里最主要的特征就是：客户是服务请求方，而服务器是服务提供方。

服务请求方和服务提供方都要使用网络核心部分所提供的服务。

在实际应用中，客户程序和服务器程序通常还具有以下一些主要特点。

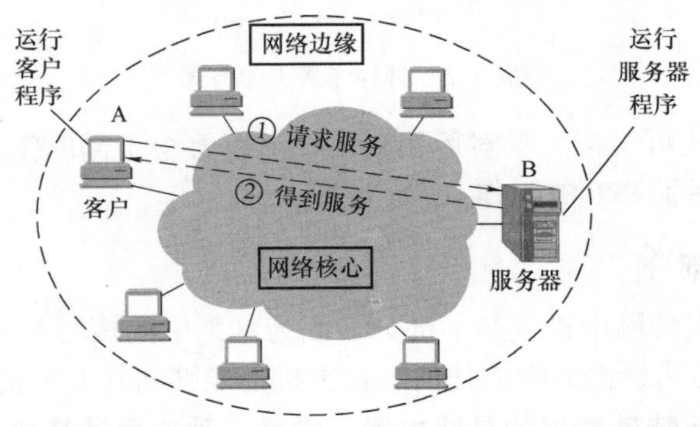

图 1-6　客户 - 服务器工作方式

客户程序：

1）被用户调用后运行，在通信时主动向远地服务器发起通信（请求服务）。因此，客户程序必须知道服务器程序的地址。

2）不需要特殊的硬件和很复杂的操作系统。

服务器程序：

1）是一种专门用来提供某种服务的程序，可同时处理多个远地或本地客户的请求。

2）系统启动后即自动调用并一直不断地运行着，被动地等待并接受来自客户的通信要求，因此服务器程序不需要知道客户程序的地址。

3）一般需要强大的硬件和高级的操作系统支持。

客户与服务器的通信关系建立后，通信可以是双向的，客户和服务器都可发送和接收数据。

上面所说的客户和服务器本来都指的是计算机进程。使用计算机的人是计算机的"用户（User）"而不是"客户（Client）"。

2. 对等连接方式 **对等连接（peer-to-peer，P2P）是指两台主机在通信时并不区分哪一个是服务请求方还是服务提供方。只要两台主机都运行了对等连接软件（P2P 软件），它们就可以进行平等的、对等连接通信。**这时，双方都可以下载对方已经存储在硬盘中的共享文档。因此这种工作方式也称为 P2P 文件共享。在图 1-7 中，主机 C、D、E 和 F 都运行了 P2P 软件，因此这几台主机都可进行对等通信（如 C 和 D，E 和 F，以及 C 和 F）。实际上，对等连接方式从本质上看仍然是使用客户服务器方式，只是对等连接中的每一台主机既是客户同时又是服务器。例如，当主机 C 请求 D 的服务时，C 是客户，D 是服务器。但如果 C 又同时向 F 提供服务，那么 C 又同时起着服务器的作用。

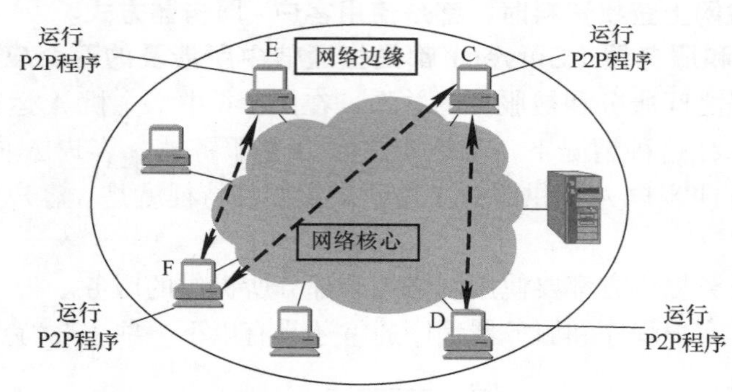

图 1-7 对等连接工作方式

对等连接工作方式可支持大量对等用户（如上百万个）同时工作。现在很流行的 BT 或“电驴”软件都使用了 P2P 的工作方式。

1.3.2 因特网的核心部分

网络核心部分是因特网中最复杂的部分，因为网络中的核心部分要向网络边缘中的大量主机提供连通性，使边缘部分中的任何一台主机都能够向其他主机通信。

在网络核心部分起特殊作用的是路由器，它是一种专用计算机（但不是主机）。路由器是实现分组交换的关键构件，其任务是转发收到的分组，这是网络核心部分最重要的功能。为了弄清分组交换，下面先介绍电路交换的基本概念。

1. 电路交换的主要特点 在电话问世后不久，人们就发现，要让所有的电话机都两两相连接是不现实的。图 1-8 表示两部电话只需要用一对电线就能够互相连接起来，但若有 5 部电话要两两相连，则需要 10 对电线，如图 1-9 所示。当电话机的数量很大时，这种连接方法需要的电线数量就太大了（与电话机的数量的平方成正比）。于是人们认识到，要使得每一部电话能够很方便地和另一部电话进行通信，就应当使用电话交换机将这些电话连接起来，如图 1-10 所示。每一部电话都连接到交换机上，而交换机使用交换的方法，让电话用户彼此之间可以很方便地通信。一百多年来，电话交换机虽然经过多次更新换代，但交换的方式一直都是电路交换。

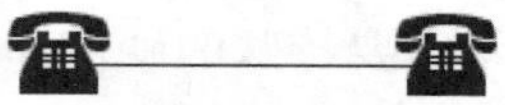

图 1-8 两部电话直接相连

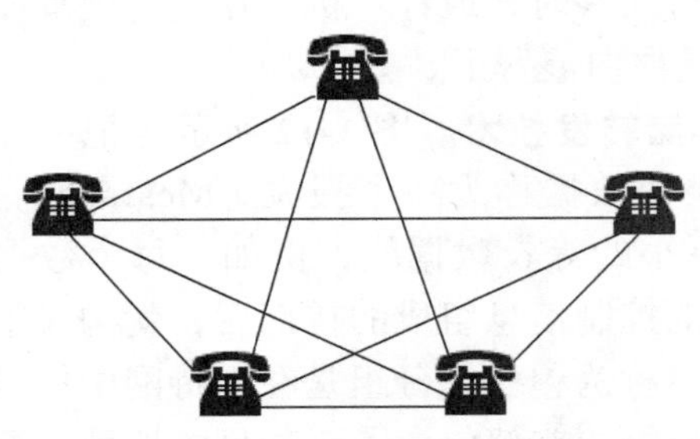
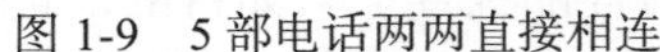
图 1-9 5 部电话两两直接相连

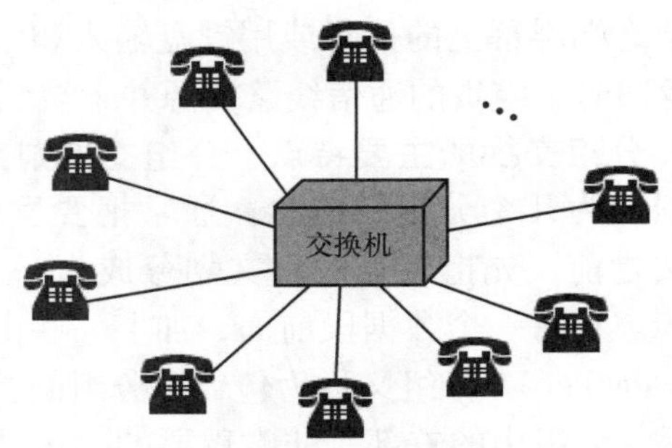

图 1-10 用交换机连接许多部电话

当电话机的数量增多时，就要使用很多彼此连接起来的交换机来完成全网的交换任务。用这样的方法，就构成了覆盖全世界的电信网。从通信资源的分配角度来看，交换就是按照某种方式动态地分配传输线路的资源。在使用电路交换打电话之前，必须先拨号请求建立连接。当被叫用户听到交换机送来的拨号音并摘机后，从主叫端到被叫端就建立了一条连接，也就是一条专用的物理通路。这条连接保证了双方通话时所需的通信资源，而这些资源在双方通信时不会被其他用户占用。通话完毕挂机后，交换机释放刚才使用的这条专用的物理通路（即把刚才占用的所有通信资源归还给电信网）。**这种必须经过"建立连接（占用通信资源）→通话（一直占用通信资源）→释放连接（归还通信资源）"3 个步骤的交换方式称为电路交换**。如果用户在拨号呼叫时电信网的资源已不足以支持这次的呼叫，则主叫用户会听到忙音，表示电信网不接受用户的呼叫，用户必须挂机，等待一段时间后再重新拨号。

图 1-11 为电路交换的示意图。图中的用户线是电话用户到所连接电话交换机的连接线路，是用户专用的线路，而对交换机之间拥有大量话路的中继线则是许多用户共享的，正在通话的用户只占用了中继线中的一个话路。电路交换的一个重要特点是，在通话的全部时间内，通话的两个用户始终占用端到端的通信资源。例如，图中电话机 A 和 B 之间的通路共经过了 4 个交换机（如果 A 和 B 相距很远，那么就可能要经过多个交换机）。这就是说，在 A 和 B 的通话中，它们就始终占用这条已建立的通话电路。通话完毕后（挂机），A 和 B 的连接就断开了，原来曾占用的交换机之间的电路又可以为其他用户使用。

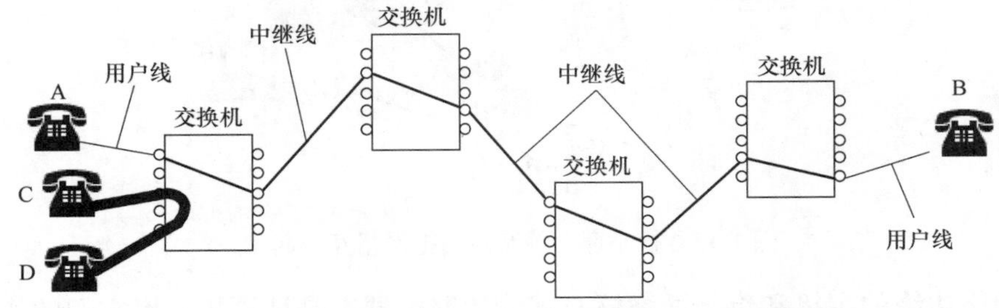

图 1-11 在通话过程中用户始终占用端到端的通信资源

当使用电路交换来传送计算机数据时，其线路的传输效率往往很低。这时因为计算机数据是突发式地出现在传输线路上，因此线路上真正用来传送数据的时间往往不到 10% 甚至为 1%。实际上，已被用户占用的通信线路在绝大部分时间里都是空闲的。例如，当用户阅读终端屏幕上的信息或用键盘输入和编辑一份文件时，或计算机正在进行处理而结果尚未返回时，宝贵的通信线路资源并未被利用而是白白浪费了。

2. 分组交换的主要特点　分组交换则采用存储转发技术。图 1-12 所示为把一个数据报文划分为几个分组的概念。通常把要发送的整块数据称为一个报文（Message）。在发送报文之前，先把较长的报文划分成为一个个更小的等长数据段，例如，每个数据段为1024bit。在每一个数据段前面，加上一些由必要的控制信息组成的首部后，就构成了一个分组（Packet）。分组又称为包，而分组的首部也可称为包头。分组是在因特网中传送的数据单元。分组中的首部是非常重要的，正是由于分组的首部包含了诸如目的地址、源地址等重要控制信息，每一个分组才能在因特网中被正确地交付到分组传输的终点。

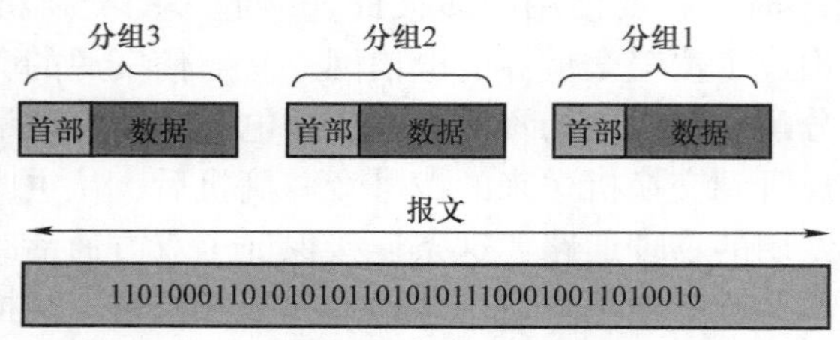

图 1-12　划分分组的概念

图 1-13 所示强调因特网的核心部分是由许多网络和把它们互连起来的路由器组成的，而主机处在因特网的边缘部分。**在因特网核心部分的路由器之间一般都用高速链路相连接，而在网络边缘的主机接入到核心部分则通常以相对较低速率的链路相连接。**

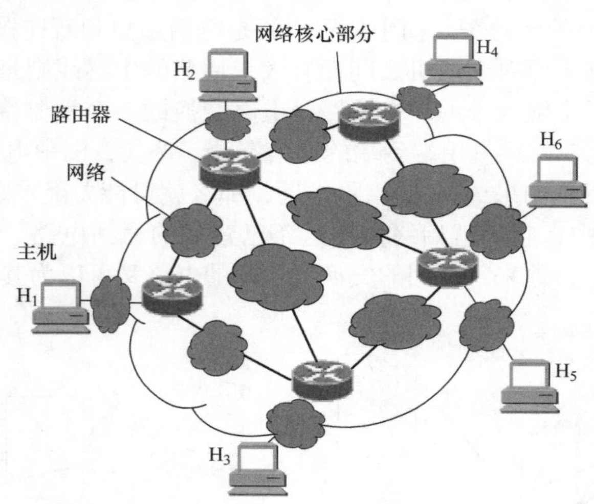

图 1-13　核心部分的路由器把网络互连起来

位于网络边缘的主机和位于网络核心部分的路由器都是计算机，但它们的作用很不一样。主机的用途是为用户进行信息处理，并且可以和其他主机通过网络交换信息。路由器的用途则是用来转发分组，即进行分组交换。路由器收到一个分组，先暂时存储下来，再检查其首部，查找路由表，按照首部中的目的地址，找到合适的接口转发出去，把分组交给下一个路由器。这样一步一步地（有时会经过几十个不同的路由器）以存储转发的方式，把分组交付到最终的目的主机。各路由器之间必须经常交换彼此掌握的路由信息，以便创建和维持在路由器中的路由表，使转发分组时能够查找出应当从哪一个接口把分组转发出去。

当讨论因特网的核心部分中路由器转发分组的过程时，往往把单个的网络简化成一条链路，而路由器称为核心部分的结点，如图 1-14 所示。这种简化图看起来可以更加突出重点，因为在转发分组时最重要的就是要知道路由器之间是怎样连接起来的。

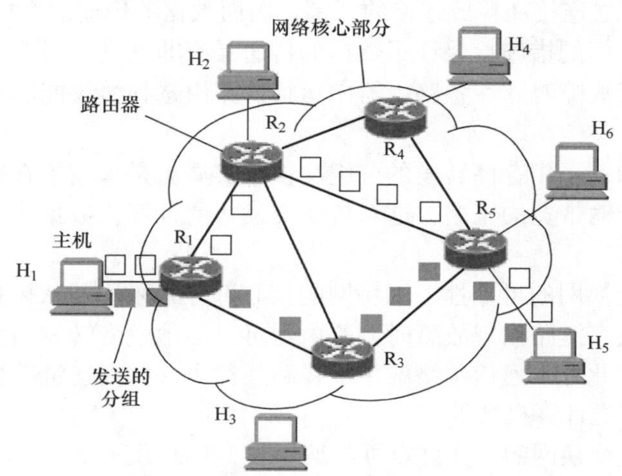

图 1-14　核心部分中的网络可用一条链路表示

现在假定图 1-14 中的主机 H_1 向主机 H_5 发送数据。主机 H_1 先将分组逐个发往与它直接相连的路由器 R_1。此时，除链路 H_1-R_1 外，其他通信链路并不被目前通信的双方所占用。需要注意的是，即使是链路 H_1-R_1，也只是当分组正在此链路上传送时才被占用。在各分组传送之间的空闲时间，链路 H_1-R_1 仍可为其他主机发送的分组使用。

路由器 R_1 把主机 H_1 发来的分组放入缓存。假定从路由器 R_1 的路由表中查出应把分组转发到链路 R_1-R_3，于是分组就传送到路由器 R_3。当分组正在链路 R_1-R_3 上传送时，该分组并不占用其他部分的资源。

路由器 R_3 继续按上述方式查找路由表，假定查出应转发到路由器 R_5。当分组到达 R_5 后，R_5 就最后把分组直接交给主机 H_5。

分组在 H_1 向 H_5 传输的过程中，并非像电路交换那样，自始至终占用整个端到端的电路资源，而是逐段地占用——在哪段链路传输，就占用该链路的资源。

这对整个网络资源的利用是有好处的。分组在从主机 H_1 传送到 H_5 的过程中，就像接力赛跑那样，先传送到一个路由器，然后暂存一下，查找路由表，再转发到下一个路由器。这就是分组交换的“存储转发”过程。从这里可以看出，分组交换和电路交换有很大的区别。

假定在某一个分组的传送过程中，链路 R_1-R_3 的通信量太大，那么路由器 R_1 可以把分组沿另一个路由转发到路由器 R_2，再转发到路由器 R_5，最后把分组送到主机 H_5。在网络中可同时有多台主机进行通信，如主机 H_2 也可以经过路由器 R_2 和 R_5 与主机 H_6 通信。

这里要注意，路由器暂时存储的是一个个短分组，而不是整个的长报文。短分组暂存在路由器的存储器（即内存）中而不是存储在磁盘中，这就保证了较高的交换速率。

在图 1-14 中只画了一对主机 H_1 和 H_5 在进行通信。实际上，因特网可以容许非常多的主机同时进行通信，而一台主机中的多个进程（即正在运行中的多道程序）也可以各自和不同主机中的不同进程进行通信。

总之，分组交换在传送数据之前不必先占用一条端到端的通信资源。分组在哪段链路上传送就占用哪段链路的通信资源。分组在传输时就这样一段接着一段地断续占用通信资源，而且还省去了建立连接和释放连接的开销，因而数据的传输效率更高。

因特网采取了专门的措施，保证了数据的传送具有非常高的可靠性。当网络中的某些结点或链路突然出现故障时，在各路由器中运行的路由选择协议能够自动找到其他路径转发分组。

从以上所述可知，采用存储转发的分组交换，实质上是采用了在数据通信的过程中断续（或动态）分配传输带宽的策略，这对传送突发式的计算机数据非常合适，使得通信线路的利用率大大提高。

为了提高分组交换网的可靠性，因特网的核心部分常采用网状拓扑结构，使得当发生网络拥塞或少数结点、链路出现故障时，路由器可灵活地改变转发路由而不致引起通信的中断或全网的瘫痪。此外、通信网络的主干线路往往由一些高速链路构成，这样就可以较高的数据率迅速地传送计算机数据。

综上所述，分组交换网的主要优点可归纳如表 1-1 所示。

表 1-1　分组交换的优点

优点	所采用的手段
高效	在分组传输的过程中动态分配传输带宽，对通信链路是逐段占用的
灵活	为每一个分组独立地选择转发路由
迅速	以分组作为传送单位，可以不建立连接就能向其他主机发送分组
可靠	保证可靠性的网络协议；分布式多路由的分组交换网，使网络有很好的生存性

分组交换也带来一些新的问题。例如，路由器在转发分组时需要花费一定的时间，这就会造成时延。因此，必须设法减少这种时延。此外，由于分组交换不像电路交换那样通过建立连接来保证通信时所需的各种资源，因而无法确保通信时端到端所需的带宽。

分组交换网带来的另一个问题是，各分组必须携带的控制信息也造成了一定的开销。整个分组交换网还需要专门的管理和控制机制。

应当指出，从本质上讲，这种断续分配传输带宽的存储转发原理并非完全新的概念。自古代就有邮政通信，就其本质来说也属于存储转发方式。而在 20 世纪 40 年代，电报通信也采用了基于存储转发原理的报文交换。在报文交换中心，一份份电报被接收下来，并穿成纸带。操作员以每份报文为单位，撕下纸带，根据报文的目的站地址，用相应的发报机转发出去。这种报文交换的时延较长，从几分钟到几小时不等。现在电报和报文交换已经很少有人使用了。分组交换虽然也采用存储转发原理，但由于使用了计算机进行处理，使分组的转发非常迅速。例如，ARPANET 建网初期的经验表明，在正常的网络负荷下，当时横跨美国东西海岸的端到端平均时延小于 0.1s。这样，分组交换虽然采用了某些古老的交换原理，但实际上已变成了一种崭新的交换技术。

1.4　计算机网络体系结构

1.4.1　网络协议的概念

协议在日常生活、学习中无处不在。简单地讲，协议就是为了让双方的交流正常进行而制定的规则。在日常生活中，写信时总是在信封正面左上角写上收信人的地址，在右下角写上写信人的地址。这就是一个协议，是写信人和邮局的约定。如果双方不遵守这样的协议，那么信件肯定不能正确地邮寄给收信人。

计算机网络中，用于规定信息的格式以及如何发送和接收信息的一套规则称为网络协议或通信协议，简称为协议。它是计算机网络不可缺少的组成部分。**协议主要由语法、语义和同步三个要素构成。**

（1）语法。语法定义了协议元素与数据的组合格式，即协议数据单元格式。网络协议是用于规定信息的格式以及如何发送和接收信息的一套规则，是计算机网络不可缺少的组成部分。

（2）语义。语义是对协议中各协议元素的含义的解释。例如，在 HDLC 协议中，标志 Flag（7EH）表示帧的开始和结束。

（3）同步。同步又称时序或定时，它定义了通信过程中通信双方操作的执行顺序和规则。图 1-15 给出了协议的同步示例。

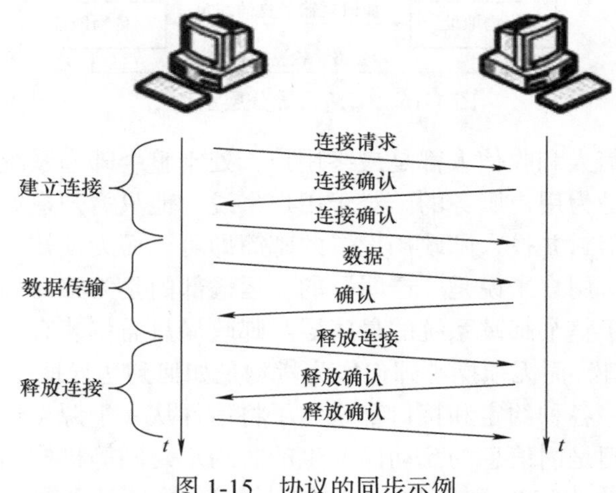

图 1-15　协议的同步示例

1.4.2　网络分层的概念

为了降低网络设计的复杂性，网络设计者并不是设计一个单一、巨大的协议来为所有形式的通信规定完整的细节，而是采用把通信问题划分为许多个小问题（称为层次），然后为每个小问题（对应于一层）设计一个单独的协议方法，即采用分层设计方法。这样“分而治之”的设计方法使得每个协议的设计、分析、编码和测试都比较容易。

所谓分层设计方法，就是按照信息的流动过程将网络的整体功能分解为一个个的功能层，不同计算机上的同等功能层之间采用相同的协议，同一计算机上的相邻功能层之间通过接口进行信息传递。

为了更好地理解分层的概念，以图 1-16 所示的邮递系统为例来说明。人们平常写信时，都有个约定，这就是信件的格式和内容。首先，人们写信时必须采用双方都懂的语言文字和文体，开头是对方称谓，最后是落款等。这样，对方收到信后，才可以看懂信中的内容，知道是谁写的，什么时间写等。当然还可以有其他的一些特殊约定，如书信的编号、重要的秘闻等。写信人写好信的内容后，将信装在信封里并投入到邮筒里交由邮政局寄发，这样寄信人和邮政局之间要有接口，这就是规定信封写法并贴邮票。在中国寄信必须先写收信人地址、姓名，然后才写寄信人的地址和姓名。邮政局收到信后，首先进行信件的分拣和整理，然后装入一个统一的邮包交付有关运输部门进行运输，如航空信交民航系统，平信交铁路或公路运输部门等。这时，邮政局和运输部门也有接口，如到站地点、时间、包裹形式等。收信人所在地的运输部门得到装有该信件的货物箱后，将邮包从中取出，并交给收信人所在地的邮政局，邮政局将信件从邮包中取出投到收信人的信箱中，从而收信人收到了来自写信人的信件。

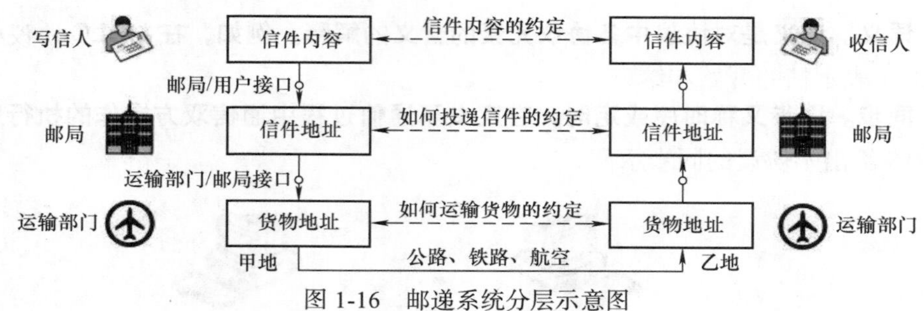

图 1-16 邮递系统分层示意图

在该过程中，写信人和收信人都是最终用户，处于整个邮递系统的最高层。邮政局处于用户层的下一层，是为用户服务的。对于用户来说，他只需知道如何按邮政局的规定将信件内容装入标准的信封并投入邮政局设置的邮筒即可，而无须知道邮政局是如何实现寄信过程的，这个过程对用户来说是“透明”的。运输部门是为邮政局服务的，并且负责实际的邮件的运送，处于整个邮政系统的最底层。邮政局只需将装有信件的邮包送到运输部门的货物运输接收窗口，而无须操心邮包作为货物是如何到达异地的。

从上例可以看出，各种约定和接口都是为了将信件从一个源点送到某一个目的点而设计的，这就是说，它们是因信息的流动而产生的。约定是同等机构间的约定（如用户之间的约定、邮政局之间的约定和运输部门之间的约定），接口是不同机构间的约定（如用户与邮政局之间的约定、邮政局与运输部门之间的约定）。

虽然两个用户、两个邮政局、两个运输部门分处甲、乙两地，但它们都分别对应各自同等机构，同处一地的不同机构则不在一个子系统内，而且它们之间的关系是服务与被服务的关系。很显然，这两个概念是不同的，前者为部门内部的约定，而后者是不同部门之间的接口。

在计算机网络环境中，两台计算机中两个进程之间进行通信的过程与邮政通信的过程十分相似。用户进程对应于用户，计算机中进行通信的进程（也可以是专门的通信处理机构）对应于邮局，通信设施对应于运输部门。

不同系统的两个实体间只有在能通信的基础上，才有可能相互交换信息，共享网络资源。所谓实体是通信时的软件元素（如子程序）或硬件元素的抽象。多数情况下，实体是指一个特定的软件模块。为了减少计算机网络设计的复杂性，人们往往按功能将计算机网络划分为多个不同的功能层。不同系统中的相同功能层实体称对等实体。对等实体之间的通信，可以使用不同的程序，但其功能必须完全一致，且采用相同的协议。一台计算机上的第 N 层实体与另一台计算机上第 N 层实体间通信所使用的协议，称为第 N 层协议。对等层之间交换的信息称为协议数据单元。

分层可以带来很多的好处，主要体现在如下几方面：

1）各层之间是相对独立的。某一层并不需要知道它的下一层是如何实现的，而仅仅需要知道该层间的接口所提供的服务。由于每一层只实现一种相对独立的功能，因而可将一个难以处理的复杂问题分解为若干个较容易处理的、更小一些的问题。这样，整个问题的复杂程度就下降了。

2）灵活性好。当任何一层发生变化时（例如技术的变化），只要层间接口关系保持不变，则在这层以上或以下的各层均不受影响。

3）易于实现和维护。这种结构使得实现和调试一个庞大而又复杂的系统变得简单，因为整个的系统已被分解为若干个相对独立的子系统。

4）易于标准化。因为每一层的功能和所提供的服务均已有精确的说明。

1.4.3 接口与服务

同一计算机的相邻功能层之间的通信规则称为接口，在第 N 层和第 N+1 层之间的接口称为 N/（N+1）层接口。总的来说，协议是不同计算机同等层之间的通信约定，而接口是同一计算机相邻层之间的通信规则，它定义了较低层向较高层提供的原始操作和服务。相邻层通过它们之间的接口交换信息，高层并不需要知道低层是如何实现的，仅需要知道该层通过层间的接口所提供的服务，这样使得两层之间保持了功能的独立性。不同的网络，尽管其分层数量、各层的名称和功能以及协议都各不相同，但是，在所有的网络中，每一层的目的都是向它的上一层提供一定的服务。

对于网络层次模型，其特点是每一层都建立在低一层的基础上，较低层只是为较高一层提供服务。这样层与层之间具有服务与被服务的单向依赖关系，每一层在实现自身功能时，直接使用较低一层提供的服务，而间接使用了更低层提供的服务，并向较高一层提供更完善的服务，同时屏蔽了具体实现这些功能的细节。因此，可称任意相邻两层中的下层为服务提供者，上层为服务调用者。

服务和协议是两个不同的概念。服务描述两层之间的接口，定义了该层能够为它的调用者所完成的操作。下层是服务提供者，上层是服务调用者。它们之间通过一组服务规则语完成服务过程，但并不涉及如何实现操作的细节。而协议是有关对等实体间交换数据的格式和意义的一组规则。通信的两实体利用协议来实现它们的服务定义。只要不改变提供给服务调用者的服务，实体可转换它们之间的协议，即协议关系到服务的实现，但对服务调用者来说是透明的。协议与服务的分离，使得在计算机网路中采用新通信技术替换落后的通信手段更容易，增加了计算机网络的适应性。

在同一系统中相邻两层的实体交换信息的地方称为服务访问点（SAP），它是相邻两层实体的逻辑接口，或者说第 *N* 层 SAP 就是第 *N*+1 层可以访问第 *N* 层的地方。在一个系统的两层之间可以允许有多个 SAP，每个 SAP 都有一个唯一的地址码，供服务用户间建立连接之用。为了更清楚地理解，可以把 SAP 看成电话系统中的标准电话插孔，而 SAP 地址是这些插孔的电话号码。要想和他人通话，必须知道他的 SAP 地址（电话号码）。

1.4.4 网络体系结构的概念

计算机网络是由多种计算机和各类终端通过通信线路连接起来的复合系统。在这个系统中，由于计算机型号不同，终端类型各异，加之线路类型、连接方式、同步方式、通信方式的不同，给网络中各结点的通信带来许多不便。由于在不同计算机系统之间，真正以协同方式进行通信是十分复杂的，为了设计这样复杂的计算机网络，早在最初的 APPANET 设计时即提出了分层的方法。“分层”可将庞大而复杂的问题，转化为若干较小的局部问题，而这些较小的局部总是比较易于研究和处理，即把协议按功能分为若干层次，每层完成一定的功能，并对其上层提供服务。

计算机网络中，分层、协议和层间接口的集合被称为计算机网络体系结构。显然，网络体系结构包含 3 个问题：①分层与功能问题，即网络应该具有哪些层次？每一层的功能是什么？②协议问题，即通信双方的数据传输要遵循哪些约定？③服务与接口问题，即各层之间的关系是怎样的？它们又如何进行交互？

网络体系结构一般以垂直分层模型来表示，如图 1-17 所示。

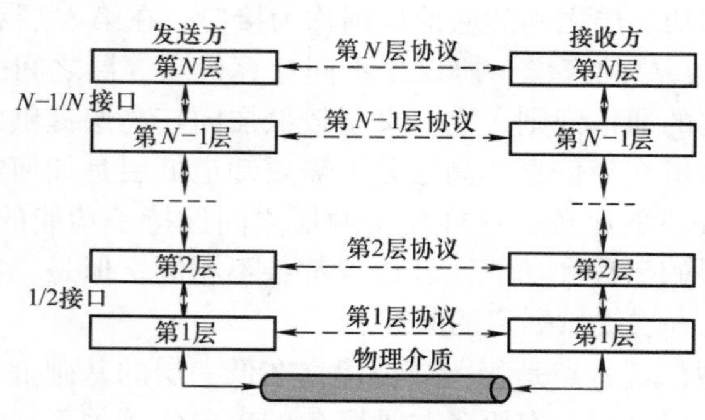

图 1-17　层、协议和接口

网络体系结构是网络中分层模型以及各层功能的精确定义。网络体系结构的描述必须包含足够的信息，使实现者可以用来为每一层编写程序和设计硬件，并使之符合有关协议。协议实现的细节和接口的描述都不是体系结构的内容，因为它们都隐藏在计算机内部，对外部来说是不可见的。只要计算机都能正确地使用全部协议，网络上所有计算机的接口不必完全相同。实际上，计算机网络中传输的数据并不是在两个对等实体间直接传送，而是由发送方实体将数据逐次层层向上传递直至接收实体，完成对等实体间的通信。也就是说，除了在物理介质上进行的是实际通信外，其余各对等实体间进行的都是虚拟通信。

要理解图 1-17，关键要理解虚拟通信与实际通信之间的关系，以及协议与接口之间的区别。比如，第 2 层的对等实体，在概念上认为它们的通信是水平方向地应用第 2 层协议。每一方都好像有一个称为“发送到另一方去”的过程和一个称为“从另一方接收”的过程，尽管实际上这些过程是通过层接口与下层通信而不是直接同另一方通信。

由上述介绍可以看出，网络体系结构有如下主要特点：

1）以功能作为划分层次的基础，每一层都有各自的特定功能。

2）第 N 层的实体在实现自身定义的功能时，只能使用第 N-1 层提供的服务。

3）第 N 层在向第 N+1 层提供服务时，此服务不仅包含第 N 层本身的功能，还包含由下层提供的功能。

4）仅在相邻层间有接口，且所提供服务的具体实现细节对上一层完全屏蔽。

正如前面所描述的，分层是构建复杂系统的好办法，因此在计算机网络中也采用了这种方法。原理体系结构将计算机网络划分为 5 层结构，每一层完成特定的功能。这 5 层分别为物理层、数据链路层、网络层、运输层和应用层，如图 1-18 所示。

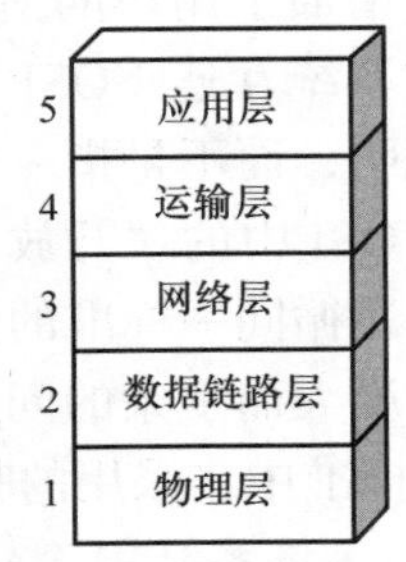

图 1-18 原理体系结构模型

（1）物理层。物理层的任务就是在通信信道上透明地、尽可能正确地传送二进制比特流。在物理层上所传数据的单位是比特（bit）。它要考虑用多大电压表示二进制的“1”，用多大电压表示二进制的“0”。还要考虑物理接口的机械、电气标准。任意一个“水晶头”都应该能够插入一个以太网网卡中，这就是因为它们都遵守了相同的物理层协议。同时，物理层还要考虑各种物理传输介质问题。

（2）数据链路层。数据链路层的任务是在两个相邻设备间的线路上无差错地传输数据，保证将源端主机数据链路层的数据帧准确无误地传送到目的主机的数据链路层。所谓帧是指需传送的数据和必要的控制信息的集合，其中控制信息包括同步信息、地址信息、差错控制、流量控制信息等。数据链路层的帧传输使用物理层提供的比特流传输服务来实现。为了保证数据传输的准确无误，数据链路层还负责网络拓扑、差错控制、流量控制等。

（3）网络层。网络层位于原理体系结构中的第 3 层，它利用其下两层提供的服务来实现通信，将数据包从源主机发送到目的主机。简单地讲就是：计算路由、定义网络的地址。在网络层，数据传送的单位是分组或包。网络层检查网络拓扑，以决定传输数据包的最佳路由并转发数据包。选择“最佳路由”，是指网络层通过运行路由选择程序来计算到达目的地的最佳路由，找到数据包应该转发的下一个路由设备。网络层同时还要处理拥塞控制问题。网络层设备的每一个接口都有一个唯一的网络层地址，称为逻辑地址，这一地址是全球唯一的。对于由广播信道构成的网络，路由问题很简单，甚至可以没有。

（4）运输层。运输层位于原理体系结构中的第 4 层，一般用于向应用层的进程提供有效的、可靠的运输服务。在运输层，信息的传送单位是报文。运输层主要定义了主机应用程序间端到端的连通性，用于建立端到端的连接。主要是建立逻辑连接以传送数据流，将数据报文从一个应用进程正确地传送给另一个远程应用进程，从而保证传输的正确性。

通信子网内的各个结点都没有运输层。运输层只能存在于资源子网的主机中。运输层以上的层面向应用，而运输层以下的各层面向数据传输。可见运输层是网络分层体系结构中的一个分水岭。正因为如此，运输层是计算机网络体系结构中非常重要的一层。

（5）应用层。应用层是原理体系结构中的最高层，主要用于处理平常广泛使用的一些网络应用，例如 HTTP、FTP、DNS、SMTP 等。

目前用得比较普遍的是两个著名的网络体系结构，一个是国际标准化组织推出的 OSI 参考模型，另一个是实施工业标准的 TCP/IP 参考模型。

1.4.5 OSI 参考模型

20 世纪 70 年代中期，网络应用已初具规模，许多公司竞相进行网络产品的开发。但由于采用的网络体系结构各不相同，不同厂商生产的产品、开发的网络系统不能互相兼容，增加了用户的使用困难。为了规范网络体系结构，国际标准化组织在 1983 年颁布了开放系统互连（OSI）参考模型，该模型只是对层次划分和各层协议内容做了一些原则性的说明，而不是指一个具体的网络。随后，我国将其转化为国家标准 GB/T 9387。

OSI 中的“开放”是指只要遵循 OSI 标准，一个系统就可以与位于世界上任何地方、同样遵循同一标准的其他任何系统进行通信。在 OSI 标准的制定过程中，采用的方法是将整个庞大而复杂的问题划分为若干个容易处理的小问题，这就是分层的体系结构方法。在 OSI 标准中，采用的是 3 级抽象：

1）体系结构（Architecture）。

2）服务定义（Service Definition）。

3）协议规范（Protocol Specifications）。

OSI 参考模型定义了开放系统的层次结构、层次之间的相互关系及各层所包括的可能的服务。它是作为一个框架来协调和组织各层协议的制定，也是对网络内部结构最精炼的概括与描述。

OSI 的服务定义详细地说明了各层所提供的服务。某一层的服务就是该层及其以下各层的一种能力，它通过接口提供给更高一层。各层所提供的服务与这些服务是怎样实现的无关。同时，各种服务定义还定义了层与层之间的接口与各层使用的原语，但不涉及接口是怎样实现的。

OSI 参考模型中的各种协议精确地定义了应当发送什么样的控制信息，以及应当用什么样的过程来解析这个控制信息。协议的规程说明具有最严格的约束。

OSI 参考模型并没有提供一个可以实现的方法。OSI 参考模型只是描述了一些概念，用来协调进程间通信标准的制定。在 OSI 的范围内，只有各种协议是可以实现的，而各种产品只有和 OSI 的协议相一致时才能互连。也就是说，OSI 参考模型并不是一个标准，而是一个在制定标准时所使用的概念性的框架。

OSI 是分层体系结构的一个实例，每一层是一个模块，用于执行某种主要功能，并具有自己的一套通信指令格式（称为协议）。用于相同层的两个功能之间通信的协议称为对等协议。根据分而治之的原则，OSI 将整个通信功能划分为 7 个层次，划分层次的主要原则是：

1）网中各结点都具有相同的层次。

2）不同结点的同等层具有相同的功能。

3）同一结点内相邻层之间通过接口通信。

4）每一层可以使用下层提供的服务，并向其上层提供服务。

5）不同结点的同等层通过协议来实现对等层之间的通信。

OSI 参考模型的结构如图 1-19 所示。将信息从一层传送到下一层是通过命令方式实现的，这里的命令称为原语（Primitive）。被传送的信息称为协议数据单元（Protocol Data

Unit，PDU）。在 PDU 进入下层之前，会在 PDU 中加入新的控制信息，这种控制信息称为协议控制信息（Protocol Control Information，PCI）。接下来，会在 PDU 中加入发送给下层的指令，这些指令称为接口控制信息（Interface Control Information，ICI）。PDU、PCI 与 ICI 共同组成了接口数据单元（Interface Data Unit，IDU）。下层接收到 IDU 后，就会就从 IDU 中去掉 ICI，这时的数据包被称为服务数据单元（Service Data Unit，SDU）。随着 SDU 一层层向下传送，每一层都要加入自己的信息。图 1-19 中的 CCP 指的是通信控制处理机。

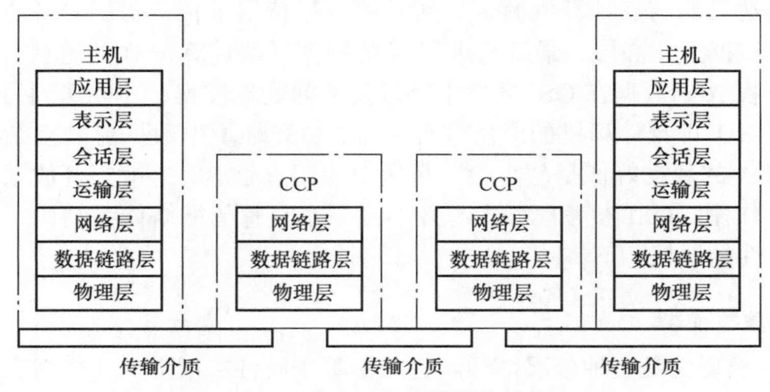

图 1-19　OSI 参考模型的结构

图 1-20 给出了 OSI 环境中的数据流。从中可以看出，OSI 环境中数据传输过程包括以下几步。

1）当应用进程 A 的数据传送到应用层时，应用层为数据加上本层控制报头后，组织成应用层的数据服务单元，然后再传输到表示层。

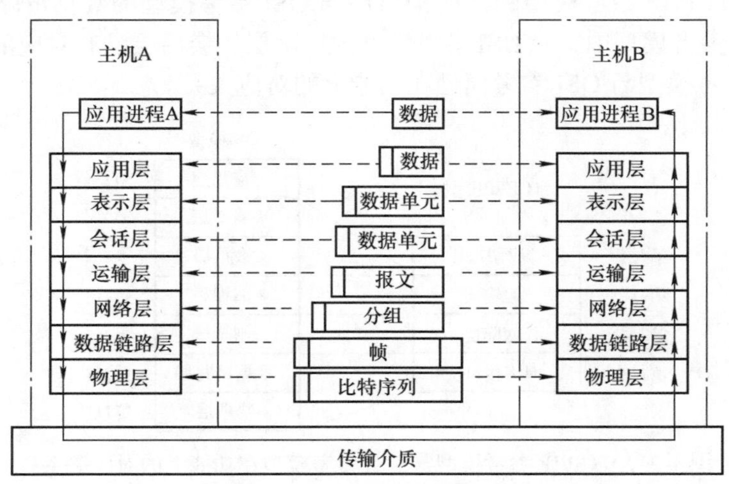

图 1-20　OSI 环境中的数据流

2）表示层接收到这个数据单元后，加上本层的控制报头，组成表示层的数据服务单元，再传送到会话层。依此类推，数据传送到运输层。

3）运输层接收到这个数据单元后，加上本层的控制报头，就构成了运输层的数据服务单元，它被称为报文（Message）。

4）运输层的报文传送到网络层时，由于网络层数据单元的长度有限制，运输层报文将被分成多个较短的数据字段，加上网络层的控制报头，就构成网络层的数据服务单元，它被称为分组（Packet）。

5）网络层的分组传送到数据链路层时，加上数据链路层的控制信息，就构成了数据链路层的数据服务单元，它被称为帧（Frame）。

6）数据链路层的帧传送到物理层后，物理层将以比特流的方式通过传输介质传输出去。当比特流到达目的结点计算机 B 时，再从物理层依层上传，每层对各层的控制报表进行处理，将用户数据上交高层，最终将进程 A 的数据送给计算机 B 的进程 B。

尽管应用进程 A 的数据在 OSI 环境中经过复杂的处理过程，才能送到另一台计算机的应用进程 B，但对于每台计算机的应用进程来说，OSI 环境中数据流的复杂处理过程是透明的。应用进程 A 的数据好像是“直接”传送给应用进程 B，这就是开放系统在网络通信过程中最本质的作用。OSI 参考模型本身并不是一个完整的网络体系结构，只是一个为制定标准用的概念性的框架。

1.4.6 TCP/IP 参考模型

TCP/IP 参考模型也是一种分层结构。它是由基于硬件层次上的 4 个概念性层次构成。

在如何使用分层模型来描述 TCP/IP 的问题上争论很多，但共同的观点是 TCP/IP 的层次数比 OSI 参考模型的 7 层要少。

TCP/IP 参考模型可以分为 4 个层次：网络接口层、网际层、运输层和应用层。

其中，TCP/IP 参考模型的应用层与 OSI 参考模型的应用层相对应，TCP/IP 参考模型的运输层与 OSI 参考模型的运输层相对应，TCP/IP 参考模型的网际层与 OSI 参考模型的网络层相对应，TCP/IP 参考模型的网络接口层与 OSI 参考模型的数据链路层和物理层相对应。在 TCP/IP 参考模型中，对 OSI 参考模型的表示层、会话层没有对应的协议。图 1-21 表示了 TCP/IP 参考模型与 OSI 参考模型在功能上的对应关系。

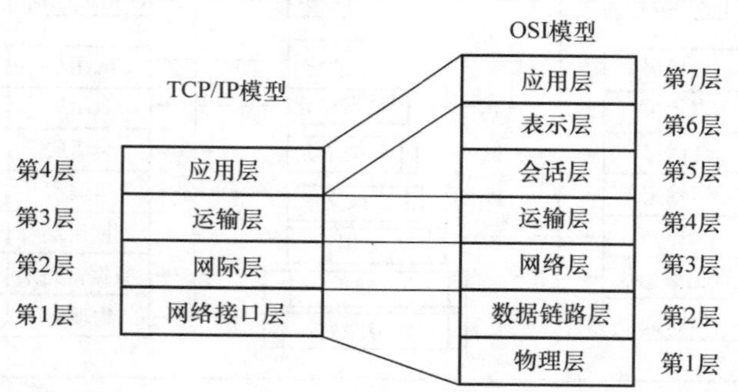

图 1-21　TCP/IP 参考模型与 OSI 参考模型在功能上的对应关系

（1）网络接口层。在 TCP/IP 参考模型中，网络接口层是参考模型的最底层，它负责通过网络发送和接收 IP 数据报。TCP/IP 参考模型允许主机连入网络时使用多种现成的与流行的协议，例如局域网协议或其他一些协议。

TCP/IP 的网络接口层中包括各种物理层协议，例如局域网的 Ethernet、局域网的 TokenRing、分组交换网的 X.25 等。当这种物理层被用作传送 IP 数据包的通道时，就可以认为是这一层的内容。这体现了TCP/IP的兼容性与适应性，它也为TCP/IP的成功奠定了基础。

（2）网际层。在 TCP/IP 参考模型中，网际层是参考模型的第 2 层，它相当于 OSI 参考模型网络层的无连接网络服务。网际层负责将源主机的报文分组发送到目的主机，源主机与目的主机可以在一个网上，也可以在不同的网上。

网际层的主要功能包括以下几点。

1）处理来自运输层的分组发送请求。在收到分组发送请求之后，将分组装入 IP 数据报，填充报头，选择发送路径，然后将数据报发送到相应的网络输出线。

2）处理接收的数据报。在接收到其他主机发送的数据报之后，检查目的地址。如需要转发，则选择发送路径，转发出去；如目的地址为本结点 IP 地址，则除去报头，将分组交送运输层处理。

3）处理互连的路径、流程与拥塞问题。

TCP/IP 参考模型中网际层协议是 IP（Internet Protocol）协议。IP 协议是一种不可靠、无连接的数据报传送服务的协议，它提供的是一种“尽力而为”的服务，IP 协议的协议数据单元是 IP 分组。

（3）运输层。在 TCP/IP 参考模型中，运输层是参考模型的第 3 层，它负责在应用进程之间的端到端通信。运输层的主要目的是在互联网中源主机与目的主机的对等实体间建立用于会话的端到端连接。从这点上来说，TCP/IP 参考模型与 OSI 参考模型的运输层功能是相似的。

在 TCP/IP 参考模型中的运输层，定义了以下这两种协议。

1）传输控制协议（Transmission Control Protocol，TCP）。TCP 是一种可靠的面向连接的协议，它允许将一台主机的字节流（byte stream）无差错地传送到目的主机。TCP 将应用层的字节流分成多个字节段（byte segment），然后将一个个的字节段传送到网际层，发送到目的主机。当网际层将接收到的字节段传送给运输层时，运输层再将多个字节段还原成字节流传送到应用层。TCP 同时要完成流量控制功能，协调收发双方的发送与接收速度，达到正确传输的目的。

2）用户数据协议（User Datagram Protocol，UDP）。UDP 协议是一种不可靠的无连接协议，它主要用于不要求分组顺序到达的传输中，分组传输顺序检查与排序由应用层完成。

（4）应用层。在 TCP/IP 参考模型中，应用层是参考模型的最高层。应用层包括了所有的高层协议，并且总是不断有新的协议加入。目前，应用层协议主要有以下几种：

1）远程登录协议（Telnet）。

2）文件传送协议（File Transfer Protocol，FTP)。

3）简单邮件传送协议（Simple Mail Transfer Protocol，SMTP）。

4）域名系统（Domain Name System，DNS）。

5）简单网络管理协议（Simple Network Management Protocol，SNMP）。

6）超文本传送协议（Hyper Text Transfer Protocol，HTTP）。

TCP/IP 参考模型具有以下几个特点：

1）开放的协议标准，可以免费使用，并且独立于特定的计算机硬件和操作系统。

2）独立于特定的网络硬件，可以运行在局域网和广域网，更适用于因特网。

3）统一的网络地址分配方案，使整个 TCP/IP 设备在网络中都拥有唯一的地址。

4）标准化的高层协议，可以提供多种可靠的用户服务。

1.4.7 OSI 与 TCP/IP 参考模型的比较

（1）对 OSI 参考模型的评价。OSI 参考模型与 TCP/IP 参考模型的共同之处是：它们都采用了层次结构的概念，在运输层中二者定义了相似的功能。但是，二者在层次划分与使用的协议上有很大区别。无论是 OSI 参考模型，还是 TCP/IP 参考模型与协议都不是完美的，对二者的评价与批评都很多。OSI 参考模型与协议的设计者从工作的开始，就试图建立一个完美的理想状态。在 20 世纪 80 年代几乎所有专家都认为 OSI 参考模型与协议将风靡世界，但事实却与人们预想的相反。

造成 OSI 协议不能流行的原因之一是模型与协议自身的缺陷。大多数人都认为 OSI 参考模型的层次数量与内容可能是最佳的选择，其实并不是这样的。会话层在大多数应用中很少用到，表示层几乎是空的。在数据链路层与网络层有很多的子层插入，每个子层都有不同的功能。OSI 参考模型对“服务”与“协议”的定义结合起来，使得参考模型变得格外复杂，将它实现起来是困难的。同时，寻址、流控与差错控制在每一层里都重复出现，必然要降低系统效率。虚拟终端协议最初安排在表示层，现在安排在应用层。关于数据安全性、加密与网络管理等方面的问题也在参考模型的设计初期被忽略了。

有人批评参考模型的设计更多是被通信的思想所支配，很多选择不适于计算机与软件的工作方式。很多“原语”在软件的高级语言中实现起来是容易的，但严格按照层次模型编程的软件效率很低。尽管 OSI 参考模型与协议存在着一些问题，但至今仍然有不少组织对它感兴趣，尤其是欧洲的通信管理部门。

总之，OSI 参考模型与协议缺乏市场与商业动力，结构复杂，实现周期长，运行效率低，这是它没有能够达到预想的重要原因。

（2）对 TCP/IP 参考模型的评价。TCP/IP 参考模型与协议也有自身的缺陷，它主要表现在以下方面。

TCP/IP 参考模型在服务、接口与协议的区别上不很清楚。一个好的软件过程应该将功能与实现方法区分开来，TCP/IP 参考模型恰恰没有很好地做到这点，这就使得 TCP/IP 参考模型对于使用新技术的指导意义不够。而且 TCP/IP 参考模型不适合其他非 TCP/IP 协议族。

TCP/IP 参考模型的网络接口层本身并不是实际的一层，它定义了网络层与数据链路层的接口。物理层与数据链路层的划分是必要和合理的，一个好的参考模型应该将它们区分开来，而 TCP/IP 参考模型却没有做到这点。

但是，自从 TCP/IP 在 20 世纪 70 年代诞生以来已经经历了 20 多年的实践检验，其成功已经赢得了大量的用户和投资。TCP/IP 的成功促进了因特网的发展，因特网的发展又进一步扩大了 TCP/IP 的影响。TCP/IP 首先在学术界争取了一大批用户，同时也越来越受到计算机产业界的青睐。IBM、DEC 等大公司纷纷宣布支持 TCP/IP，局域网操作系统 NetWare、LAN Manager 争相将 TCP/IP 纳入自己的体系结构，数据库 Oracle 支持 TCP/IP，UNIX、POSIX 操作系统也一如既往地支持 TCP/IP。

相比之下，OSI 参考模型与协议显得有些势单力薄。人们普遍希望网络标准化，但OSI 迟迟没有成熟的产品推出，妨碍了第三方厂家开发相应的硬件和软件，从而影响了OSI 研究成果的影响力与它的发展。

1.4.8　网络协议标准组织及管理机构

国际标准化组织（ISO）：这是世界上最大的标准化组织，负责除电工、电子领域之外的所有其他领域的标准化活动，OSI 参考模型就是国际标准化组织发布的。

美国国家标准化协会（ANSI）：这是由公司、政府和其他成员组成的自愿组织。它们协商与标准有关的活动，审议美国国家标准，并努力提高美国在 ISO 中的地位。此外，ANSI 使有关通信和网络方面的国际标准和美国标准得到发展。ANSI 是 IEC 和 ISO 的成员之一。

电气电子工程师协会（IEEE）：这是一个美国的专业化组织，其工作是开发通信和网络的标准。IEEE 的局域网标准是现今主要的局域网标准，如 IEEE 802.2、IEEE1394。

电子工业协会（EIA/TIA）：目前两个组织已经合并为 EIA，成为一个贸易联盟，致力于标准化发展，也向 ANSI 提供建议，制定的主要标准是国际综合布线标准。

贝尔（Bell）中心：世界顶级研究机构，聚集了许多优秀的科学家和工程师，它有改变世界的十大发明：晶体管、激光、光通信、数据网络、数字传输与交换、蜂窝电话技术、通信卫星、数字信号处理器、按键电话、UNIX 操作系统和 C 程序设计语言。

国际电子技术委员会（IEC）：这是世界上最早的国际性电工标准化机构，总部设在日内瓦。IEC 负责有关电工、电子领域的国际标准化工作，现已制定国际电工标准 3 000 多个。

Internet 标准化组织（IETF）：国际间任何 Internet 标准、协议、草案以及 RFC 等都需要由 IETF 批准。

1.5　计算机网络的主要性能指标

性能指标可从不同的方面来度量计算机网络的性能。下面介绍最常用的 5 个性能指标。

1. 速率　速率就是数据的传送速率，它也称为数据率或比特率，是计算机网络中最重要的一个性能指标。比特是计算机中数据量的单位，意思是一个二进制数字位。因此，一个比特就是二进制数字中的一个 1 或 0。网络技术中的速率的单位是 bit/s（比特每秒）（或 b/s，有时也写为 bps）。当数据率较高时，就可以用 Kbit/s、Mbit/s、Gbit/s 或 Tbit/s。现在人们常用更简单的并且是很不严格的记法来描述网络的速率，如“100M 以太网”，而省略了单位中的 bit/s，它的意思是速率为 100Mbit/s 的以太网。

2. 带宽　“带宽”有以下两种不同的意义。

（1）带宽本来是指某个信号具有的频带宽度。信号的带宽是指该信号所包含的各种不同频率成分所占据的频率范围。例如，在传统的通信线路上传送的电话信号的标准带宽是 3.1kHz 到 3.4kHz，即话音的主要成分的频率范围。这种意义的带宽的单位是赫（或千赫、兆赫、吉赫等）。而表示通信线路允许通过的信号频带范围就称为线路的带宽。

（2）在计算机网络中，带宽用来表示网络的通信线路所能传送数据的能力，因此网

络带宽表示在单位时间内从网络中的某一点到另一点所能通过的最高数据率。这种意义的带宽的单位是比特每秒，记为 bit/s。在这种单位的前面也常常加上千（K）、兆（M）、吉（G）或太（T）这样的倍数。

在带宽的两种表述中，前者为频域称谓，而后者为时域称谓，其本质是相同的。也就是说，一条通信链路的带宽越宽，其所能传输的最高数据率也越高。

3. 吞吐量　吞吐量表示在单位时间内通过某个网络（或信道、接口）的数据量。吞吐量更经常地用于对现实世界中的网络测量，以便知道实际上到底有多少数据量能够通过网络。显然，吞吐量受网络的带宽或网络的额定速率的限制。例如，对于一个 100Mbit/s 的以太网，其典型的吞吐量可能也只有 70Mbit/s。请注意，有时吞吐量还可用每秒传送的字节数或帧数来表示。

4. 时延　时延是指数据（一个报文或分组，甚至比特）从网络（或链路）的一端传送到另一端所需要的时间。时延有时也称为延迟或迟延。

需要注意的是，网络中的时延是由以下几个不同的部分组成的。

（1）发送时延。发送时延是主机或路由器发送数据帧所需要的时间，也就是从发送数据帧的第一个比特算起，到该帧的最后一个比特发送完毕所需要的时间。因此，发送时延也称作传输时延。发送时延的计算公式是：

$$\text{发送时延} = \frac{\text{数据块长度（bit）}}{\text{信道带宽（bit/s）}}$$

由此可见，对于一定的网络，发送时延并非固定不变，而是与发送的帧长（单位是比特）成正比，与信道带宽成反比。

（2）传播时延。传播时延是电磁波在信道中传播一定的距离而花费的时间。传播时延的计算公式是：

$$\text{传播时延} = \frac{\text{信道长度（m）}}{\text{信号在信道上的传播速率（m/s）}}$$

电磁波在真空的传播速率是光速，即 3.0×10^8m/s。电磁波在网络传输媒体中的传播速率比在真空要略低一些：在铜线电缆中的传播速率约为 2.3×10^8m/s，在光纤中的传播速率约为 2.0×10^8m/s。例如，1000km 长的光纤线路产生的传播时延大约为 5ms。

（3）处理时延。主机或路由器在收到分组时要花费一定的时间进行处理，如分析分组的首部、从分组中提取数据部分、进行差错检验或查找适当的路由等，这就产生了处理时延。

（4）排队时延。分组在进行网络传输时，要经过许多的路由器。但分组在进入路由器后要先在输入队列中排队等待处理。在路由器确定了转发接口后，还要在输出队列中排队等待转发。这就产生了排队时延。排队时延的长短往往取决于网络当时的通信量。当网络的通信量很大时会发生队列溢出，使分组丢失，这相当于排队时延为无穷大。

这样，数据在网络中经历的总时延就是以上 4 种时延之和，即

$$\text{总时延} = \text{发送时延} + \text{传播时延} + \text{处理时延} + \text{排队时延}$$

一般来说，低时延的网络要优于高时延的网络。在某些情况下，一个低速率、低时延的网络很可能要优于一个高速率但高时延的网络。

图 1-22 画出了这几种时延所产生的位置，希望读者能够更好地分清这几种时延。

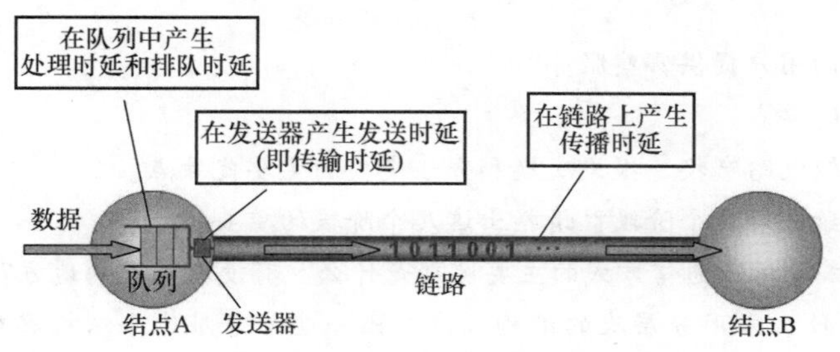

图 1-22　几种时延产生的位置

必须指出，在总时延中，究竟哪一种时延占主导地位，应具体分析。现在我们暂时忽略处理时延和排队时延。假定有一个长度为 100MB 的数据块（这里的 M 是指 2^{20}，即 1 048 576。B 是字节，1B=8bit），在带宽为 1Mbit/s 的信道上（这里的 M 是指 10^6）连续发送，其发送时延是

$$100 \times 1\ 048\ 576 \times 8/10^6\text{s}=838.9\text{s}$$

即将近要用 14min 才能把这样大的数据块发送完毕。若将这样的数据用光纤传送到 1000km 远的计算机，那么每一个比特在 1000km 的光纤上只需用 5ms 就能到达目的地。因此对于这种情况，发送时延占主导地位。由于传播时延在总时延中的比重是微不足道的，因此总时延的数值基本上还是由发送时延来决定的。

必须强调指出，初学网络的人容易产生这样错误的概念，就是在高速链路（或高带宽链路）上，比特应当"跑"得更快些。这是不对的。我们知道，汽车在路面质量很好的高速公路上可明显地提高行驶速度。然而对于高速网络链路，提高的仅仅是数据的发送速率而不是比特在链路上的传播速率。荷载信息的电磁波在通信线路上的传播速率（这是光速的数量级）与数据的发送速率并无关系。提高数据的发送速率只是减小了数据的发送时延。还有一点也应当注意，就是数据的发送速率的单位是每秒发送多少个比特，是指某个点或某个接口上的发送速率。而传播速率的单位是每秒传播多少千米，是指传输线路上比特的传播速率。因此，通常所说的"光纤信道的传播速率高"是指向光纤信道发送数据的速率可以很高，而光纤信道的传播速率实际上比铜线的传播速率还略低一点。这是因为经过测量得知，光在光纤中的传播速率是 20.5×10^4km/s，它比电磁波在铜线（如 5 类线）中的传播速率（23.1×10^4km/s）略低一点。

5. 利用率　利用率有信道利用率和网络利用率两种。信道利用率指出某信道有百分之几的时间是被利用的（有数据通过）。完全空闲信道的利用率是零。网络利用率则是全网络的信道利用率的加权平均值。信道利用率并非越高越好。这是因为，根据排队论的理论，当某信道的利用率增大时，该信道引起的时延也就迅速增加。这和高速公路的情况有些类似。当高速公路上的车流量很大时，由于在公路上的某些地方会出现堵塞，因此行车所需的时间就会增加。网络也有类似的情况。当网络的通信量很少时，网络产生的时延并不大；但在网络通信量不断增大的情况下，由于分组在网络结点（路由器或结点交换机）进行处理时需要排队等候，因此网络引起的时延就会增大。

习　题

1-1 计算机网络可以向用户提供哪些服务？

1-2 试简述分组交换的要点。

1-3 试从多个方面比较电路交换、报文交换和分组交换的主要优缺点。

1-4 因特网的发展大致分哪几个阶段？请指出这几个阶段的重要特点。

1-5 客户 - 服务器方式与对等通信方式的主要区别是什么？有没有相同的地方？

1-6 网络体系结构为什么采用分层次的结构？试举出一些与分层体系结构思想相似的日常生活实例。

1-7 协议与服务有何区别？有何联系？

1-8 试述具有 5 层协议的网络体系结构的要点，包括各层的主要功能。

1-9 画出 OSI 7 层模型，简述每一层的用途。

1-10 比较一下 OSI 与 TCP/IP 参考模型，说明它们的特点和区别。

1-11 下列描述因特网比较恰当的是（　　）。

A）一个协议　　B）一个由许多个网络组成的网络

C）OSI 模型的网络层　　D）一个网络结构

1-12 城域网设计的目标是满足城市范围内的大量企业、机关与学校的多个（　　）与广域网互联。

A）局域网　　B）局域网与广域网

C）广域网　　D）广域网

1-13 网络协议中规定通信双方要发出什么控制信息，其执行的动作和返回的应答的部分称为（　　）。

A）语法部分　　B）语义部分

C）定时关系　　D）以上都不是

1-14 TCP/IP 参考模型中，下列关于应用层的描述不正确的是（　　）。

A）向用户提供一组常用的应用程序

B）是 ISO/OSI 参考模型的应用层、表示层和会话层

C）位于 TCP/IP 参考模型中的最高层

D）负责相邻计算机之间的通信

1-15 TCP/IP 参考模型中的网络接口层对应于 OSI 参考模型中的（　　）。

A）网络层　　B）物理层

C）数据链路层　　D）物理层与数据链路层

1-16 以下关于计算机网络的讨论中，正确的观点是（　　）。

A）组建计算机网络的目的是实现局域网的互联

B）联入网络的所有计算机都必须使用同样的操作系统

C）网络必须采用一个具有全局资源高度能力的分布式操作系统

D）互联的计算机是分布在不同地理位置的多台独立的自治计算机系统

1-17　不是分组交换特点的是（　　）。

A）结点暂时存储的是一个个分组，而不是整个数据文件

B）分组是暂时保存在结点的内存中，而不是被保存在结点的外存中，从而保证了较高的交换速率

C）分组交换采用的是动态分配信道的策略，极大地提高了通信线路的利用率

D）结点暂时存储的是整个数据文件，从而保证了较高的交换速率

1-18　如果在通信信道上发送 1bit 信号所需要的时间是 0.0001ms，那么信道的数据传输速率为（　　）。

A）1Mbps　　B）10Mbps

C）100Mbps　　D）1Gbps

1-19　计算机网络中广泛使用的交换技术是（　　）。

A）线路交换　　B）报文交换

C）分组交换　　D）信源交换

第 2 章　物理层与传输介质

物理层是原理体系结构的第 1 层，它虽然处于体系结构的最底层，但却是最重要、最基础的一层。它是建立在通信媒介基础上的、实现设备之间连接的物理接口，它直接面向实际承担数据传输的传输介质。物理层的传输单位为比特（bit），即一个二进制位（0 或 1）。实际的比特传输必须依赖于物理设备和传输介质，但是物理层不是指具体的物理设备，也不是指信号传输的传输介质，而是指利用传输介质为上一层（数据链路层）提供一个传输原始比特流的物理连接。

注意，物理层（Physical Layer）主要关注在两个网络设备之间传输的原始比特流。它包括用什么电子信号来表示 1 和 0，一个比特持续多少时间，传输是否可以在两个方向上同时进行，初始连接如何建立，当双方结束之后如何撤销连接，网络连接器有多少针以及每一针的用途等。这些问题主要涉及机械、电子和时序接口，以及物理层之下的物理传输介质等。

2.1　物理层的基本概念

首先要强调指出，物理层考虑的是怎样才能在连接各种计算机的传输介质上传输数据比特流，而不是指具体的传输介质。**大家知道，现有的计算机网络中的硬件设备和传输介质的种类非常繁多，而通信手段也有许多不同方式。物理层的作用正是要尽可能地屏蔽掉这些差异，使物理层上面的数据链路层感觉不到这些差异，这样就可使数据链路层只需要考虑如何完成本层的协议和服务，而不必考虑网络具体的传输介质是什么。**用于物理层的协议也常称为物理层协议。

2.2　物理层的功能及特性

1. 物理层的主要功能

1）实现实体之间的按位传输。保证按位传输的正确性，并向数据链路层提供一个透明的比特流传输。

2）在数据终端设备、数据通信和交换设备之间完成对数据链路的建立、保持和拆除操作。

2. 物理层有以下 4 个特性

1）机械特性。机械特性是指实体间硬件连接口的特性，它主要考虑如下几点：

① 接口的形状、大小。

② 接口引脚的个数、功能、规格、引脚的分布。

③ 相应通信介质的参数和特性。

2）电气特性。电气特性主要指明在接口电缆的各条线上出现的电压的范围、传输速率和距离限制。它主要处理如下问题：

① 信号产生。

② 传输速率。

③ 信号失真。

④ 编码。

3）功能特性。功能特性主要定义物理线路的功能，即物理接口各条信号线的用途。功能特性标准主要包括：

① 接口线功能规定方法：每条接口线有一个和有多个功能两种规定。

② 接口线功能分为以下 4 大类：数据、控制、定时和接地。

4）规程特性。规程特性反映了利用接口进行传输比特流的全过程及事件发生的可能顺序，它涉及信号传输方式。

物理层的主要任务可以描述为：确定与传输介质的接口的机械特性、电气特性、功能特性和规程特性。

2.3　物理层的接口标准

物理层接口标准（协议）定义了网络的物理接口，并规定了物理接口的机械连接特性、电气信号特性、信号的功能特性以及交换电路的规程特性。这样就保证了各个制造厂家按统一的物理层接口标准生产出来的通信设备能够完全兼容。常见的物理层接口标准主要有以下几种：

1. EIA RS-232-C 接口标准　RS-232-C 是美国电子工业协会（Electronic Industry Association，EIA）制定的物理接口标准。RS（Recommended Standard）的意思是推荐标准，232 是一个标识号码，C 代表 RS232 的最新一次修改（1969），在这之前，有 RS-232-B、RS-232-A。它规定连接电缆和机械、电气特性、信号功能及传送过程。它本来是为连接模拟通信线路中的调制解调器等 DCE（数据通信设备）及电传打印机等 DTE（数据终端设备）接口而制定的标准。现在很多个人计算机都用 RS-232-C 作为输入输出接口。

2. EIA RS-449 接口标准　RS-449 是 1977 年由 EIA 发表的标准，它规定了 DTE 和 DCE 之间的机械特性和电气特性。RS-449 是为取代 RS-232-C 而提出的物理层接口标准，但是大多的数据通信设备厂家仍然采用原来的标准，所以 RS-232-C 仍然是最受欢迎的接口而被广泛采用。

3. CCITT 的 X.21 接口标准　CCITT 是国际电报电话咨询委员会的简称，X.21 定义了在公共数据网 PDN 中进行同步操作的 DTE/DCE 之间的通用接口。

X.21 的设计目标之一是减少 RS-232 之类的串行接口中的信号线的数目，采用 15 芯标准连接器代替原来的 25 芯连接器，而且其中仅定义了 8 条接口线。X.21 的另外一个设计目的是允许接口在比 RS-232-C 更长的距离上进行更高速率的数据传输，其支持最大的 DTE-DCE 电缆距离是 300m。X.21 可以按同步传输的半双工或全双工方式运行，传输速率最大可达 10Mbit/s。X.21 接口适用于由数字线路（而不是模拟线路）访问公共数据网（PDN）的地区。欧洲网络大多使用 X.21 接口。

2.4 物理层的传输介质

物理层的作用是将比特流从一台机器传输到另一台机器。实际传输所用的物理介质可以有多种选择。每一种传输介质在带宽、吞吐量、延迟、尺寸、可扩展性以及成本和安装维护费用等方面都不相同，在实际使用中决定使用哪种传输介质时，必须综合考虑传输介质的多种特性，将联网需求与介质特性进行匹配。目前，传输介质大致可分为有线传输介质（也称导向传输介质）和无线传输介质（也称非导向传输介质）两大类。

2.4.1 有线传输介质

1. 双绞线 双绞线（Twisted Pair）是一种最古老但目前使用最广、价格相对便宜的一种传输介质。双绞线是由两根相互绝缘的铜线以螺旋状的形式紧紧绞在一起组成的，铜线的直径通常大约为 1 mm。这两条铜线绞合在一起，可以减少对邻近线对的电磁干扰，因为两条平行的金属线可以构成一个简单的天线。双绞线既可以用于传输模拟信号，又可以用于传输数字信号。双绞线的传输速率与传输距离有关。

双绞线一般用于星形网络中，双绞线通过两端安装的 RJ-45 连接器（俗称水晶头）与网卡、集线器或交换机相连，单根双绞线的最大传输距离为 100m（不包括吉比特以太网中的应用）。在 10Base-T 以太网中，如果要加大网络的范围，在两段双绞线电缆间可安装中继器（一般用集线器或交换机级联实现），但最多可安装 4 个中继器，使网络的最大范围达到 500m。这种连接方法，称为级联。在 100Base-T 网络中，则有两种情况：第一种情况是当所连接的设备是 100Mbit/s 的集线器时，最多可同时连接两个集线器，而且集线器之间的最长距离只有 5m，这样网络的最大连接距离为 205m；第二种情况是当连接的设备是 100Mbit/s 的交换机时，连接情况与 10Base-T 网络相同，最大连接距离为 500m。

双绞线的主要优点是：成本低、直径小、密度高，因此节省空间；具有阻燃性；重量轻、易弯曲，因此安装容易。

双绞线的最大缺点是对电磁干扰比较敏感，其抗干扰性一般；在传输距离、信道宽度和数据传输速度等方面也均受到一定限制。

双绞线既可以用于点到点的连接，也可以用于多点的连接。作为一种多点传输介质，双绞线比同轴电缆的价格低，但性能差，而且只能把持很少几个站，所以普遍用于点到点连接。

在低频传输时，双绞线的抗干扰性相当于或高于同轴电缆，但在超过 10~100kHz 时，双绞线的抗干扰性就大不如同轴电缆。双绞线的价格比同轴电缆或光纤都要低得多。由于双绞线具有较好的传输性能和相对低廉的成本，因此它的应用十分广泛。

目前，双绞线可分为非屏蔽双绞线（Unshielded Twisted Pair，UTP）和屏蔽双绞线（Shielded Twisted Pair，STP）。

非屏蔽双绞线是由多对双绞线和一个塑料外皮构成，如图 2-1 所示。

非屏蔽双绞线易受外部干扰，包括来自环境的噪声和附近双绞线的干扰；但由于其价格低廉且易于安装和使用，所以应用非常广泛。在建筑物内部，作为局域网传输介质的非屏蔽双绞线的最大长度一般限制在 100m 之内。非屏蔽双绞线的主要缺点是，在信号传输过程中，会向四周产生辐射，信息很容易被窃听，因此不具有保密性。

屏蔽双绞线是指在双绞线的外面再增加一层用金属丝编织成的屏蔽层，来提高双绞线的抗电磁干扰能力。它的价格比非屏蔽双绞线的价格贵一些。屏蔽双绞线如图 2-2 所示。

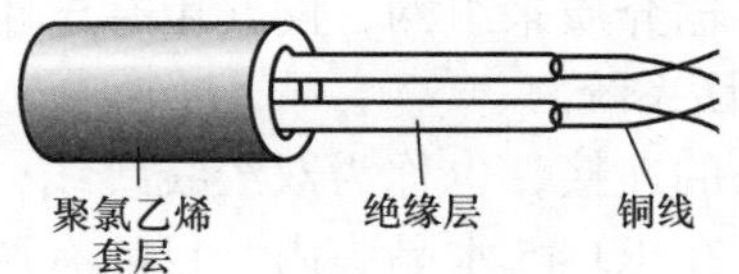

图 2-1　非屏蔽双绞线

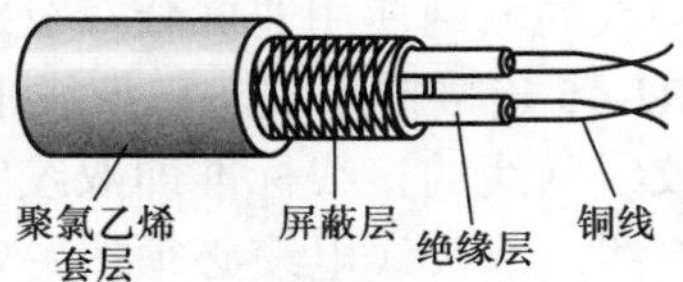

图 2-2　屏蔽双绞线

由于利用非屏蔽双绞线传输信息时会向周围辐射，信息很容易被窃听，因此要花费额外的代价加以屏蔽。与非屏蔽双绞线相比较，屏蔽双绞线的内部与非屏蔽双绞线相同，仅是增加了一层有铝箔包裹的屏蔽外层，该屏蔽层可以提高抗干扰能力，减小辐射，但并不能完全消除辐射。

屏蔽双绞线以铝箔屏蔽，可以减少干扰和串音。但是，其价格相对较高，安装时要比非屏蔽双绞线困难，必须配有支持屏蔽功能的特殊连接器和相应的安装技术。但它有较高的传输速率，100m 内可达到 155Mbit/s。

双绞线技术标准都是由美国通信工业协会（TIA）制定的，其标准是 EIA/TIA-568B，将双绞线按电气特性划分可以分为以下 9 类：

1）1 类线，是最原始的非屏蔽双绞铜线电缆，但它开发之初的目的不是用于计算机网络数据通信的，而是用于电话语音通信。

2）2 类线，是第一个可用于计算机网络数据传输的非屏蔽双绞线，主要用于旧的令牌环网。

3）3 类线，是专用于 10Mbit/s 以太网的数据与话音传输的非屏蔽双绞线，符合 IEEE 802.310Base-T 的标准。

4）4 类线，是用于令牌环网的非屏蔽双绞线。主要用于基于令牌环网和 10BASE-T/100BASE-T。

5）5 类线，是用于运行 CDDI（CDDI 是基于双绞铜线的 FDDI 网络）和快速以太网的非屏蔽双绞线，它是目前组建局域网最常用的传输介质之一，它由两根绝缘导线轻轻地绞合在一起，4 对这样的双绞线被套在一个塑料保护套内，其最高速率可达 100Mbit/s，符合 IEEE 802.3 100Base-T 的标准。

6）超 5 类线，是用于运行快速以太网的非屏蔽双绞线。与 5 类线相比，超 5 类线在近端串扰、串扰总和、衰减和信噪比四个主要指标上都有较大的改进。

7）6 类线，是一种非屏蔽双绞线电缆，它主要应用于百兆位快速以太网和千兆位以太网中。

8）超 6 类线，是 6 类线的改进版，同样是一种非屏蔽双绞线，主要应用于千兆网络中。在传输频率方面与 6 类线一样，只是在串扰、衰减和信噪比等方面有较大改善。

9）7 类线，是最新的一种双绞线，主要为了适应万兆位以太网技术的应用和发展。但它不再是非屏蔽双绞线，而是一种屏蔽双绞线，它的传输速率可达 10Gbit/s。

双绞线类型数字越大，版本越新，技术越先进，带宽也越宽，当然价格也越贵。这些不同类型的双绞线标注方法是这样规定的：如果是标准类型则按 catx 方式标注，如常用的 5 类线，则在线的外包皮上标注为 cat5，注意字母通常是小写，不是大写。而如果是改进版，就按 xe 进行标注，如超 5 类线就标注为 5e，同样字母是小写，不是大写。

大多数局域网使用非屏蔽双绞线作为布线的传输介质来组网，网线由一定距离长的双绞线与 RJ-45 连接器组成。双绞线也广泛应用于电话系统。

双绞线网线的接线标准即双绞线电缆与水晶头的连接，也称为双绞线跳线，其制作过程称为打线。双绞线电缆必须按一定的线序标准压在 RJ-45 水晶头内。目前有两个国际接线标准，即 T568A 和 T568B。这两个标准都规定了各自的线序排列方式，但是这两者没有本质的区别，只是在线序上略有不同而已，如表 2-1 所示。通常情况下，工程中均采用 T568B 标准。

表 2-1 T568A 和 T568B 标准

线序	1	2	3	4	5	6	7	8
T568B	橙白	橙	绿白	蓝	蓝白	绿	棕白	棕
T568A	绿白	绿	橙白	蓝	蓝白	橙	棕白	棕

从表 2-1 可以看出，T568A 和 T568B 之间的关系只是将其 1、3 号线对调，2、6 号线对调。依据双绞线两端所需连接的网络设备的不同，双绞线打线时可分为直通线接法和交叉线接法。

（1）直通线接法。所谓直通线接法，就是双绞线的 8 根线接在其两端的水晶头中的接脚位置要完全一致，不能出现交叉的情况。采用这种接线方法所制作的网线可用于连接不同的网络设备，如用于连接网卡与交换机等。

（2）交叉线接法。顾名思义，交叉线接法是将双绞线电缆接到其两端的水晶头中，接线有交叉，交叉线接法实际上就是在双绞线电缆的两端分别使用 T568A 标准和 T568B 标准打线。采用交叉线接法制作的网线用于连接网络中相同类型的设备，如网卡与网卡之间的连接，集线器或交换机的级联等。

综上所述，所谓直通线接法就是双绞线的两端都采用 T568B 标准的接线方法，所谓交叉线接法就是双绞线的两端分别采用 T568A 标准和 T568B 标准的接线方法。

在使用双绞线做成可用的直通线或交叉线时，两端都要使用型号为 RJ-45 的水晶头，下面就介绍选购水晶头时要注意的几点。

1）标识。每一款好的产品都会有自己的标识，而绝大多数水晶头的名牌产品厂商都会在水晶头上注有自己的厂商标识。

2）透明度。好产品采用的材质更好，所以品质好的水晶头大多都是晶莹透亮的，而次货则是质地浑浊，并且有些还有杂质。

3）可塑性。除了能通过透明度和外观这些表象进行辨别，材料的质地和可塑性也是一个辨别的方式。一般用压线钳压制水晶头时，可塑性差的水晶头会发生碎裂等现象。

4）卡栓弹性。质量好的水晶头用手指拨动卡栓会听到铮铮的声音，即使将卡栓向前拨动到 90 度，卡栓不仅不会被折断，而且还可以恢复原状并且弹性不会改变；将水晶头插入 RJ-45 插座中时可听到一声清脆的“咔”声。

综合以上的特点，在选购时应尽量到正规的经销商处，这样才能保证产品的质量。

2. 同轴电缆　相信大家都接触过同轴电缆，家庭或单位里的有线电视或闭路电视信号就是通过同轴电缆传输到电视机中的。但是，下面介绍的同轴电缆是用于计算机网络中的传输介质，与有线电视或闭路电视用的同轴电缆有所不同。

同轴电缆中的材料是共轴的，故同轴之名由此而来。外导体是一个由金属丝编织而成的圆形空管，内导体是圆形的金属芯线。内外导体之间填充着绝缘介质。内芯线和外导体一般都采用铜质材料。同轴电缆可以是单芯的，也可以将多条同轴电缆安排在一起形成同轴电缆。同轴电缆的结构如图 2-3 所示。同轴双绞线比非屏蔽双绞线有更好的屏蔽性和更大的带宽，因此它能以很高的速率传输相当长的距离。同轴电缆适用于点到点和多点连接。广泛使用的同轴电缆有两种：一种是 50Ω 同轴电缆，用于传输基带数字信号；另一种是 75Ω 同轴电缆，一般用于模拟传输和有线电视传输。

图 2-3　同轴电缆结构示意图

安装同轴电缆的费用比双绞线贵，但比光纤便宜。同轴电缆在局域网领域逐渐被双绞线取代，在长途传输中逐渐被光纤取代。但它仍然是有线电视和计算机城域网的常用传输介质。

同轴电缆的这种结构，使它具有高带宽和极好的噪声抑制特性。当频率升高时，外导体的屏蔽作用加强，同轴电缆所受的外界干扰以及同轴电缆间的串音都将随频率的升高而减小，因而特别适合于高频传输。

采用总线和环形拓扑结构的局域网中，其总线大都采用同轴电缆。

同轴电缆具有寿命长、频带宽、质量稳定、外界干扰小、可靠性高、技术成熟等优点，而且其成本介于双绞线与光纤之间。但因受网络布线结构的限制，其日常维护不方便。一旦一台机器出现故障，故障会影响到电缆上所有机器的正常工作，并且故障的诊断和修复都很麻烦。

3. 光纤　与铜质介质相比，光纤具有一些明显的优势。光纤不会向外界辐射电子信号，所以使用光纤介质的网络无论是在安全性、可靠性，还是网络性能方面都有了很大的提高，因此光纤被广泛应用于电话通信网和计算机网络中。

光纤通常由非常透明的石英玻璃拉成细丝，主要由纤芯和包层构成双层通信圆柱体。纤芯用来传导光波。光纤的结构如图 2-4 和图 2-5 所示。

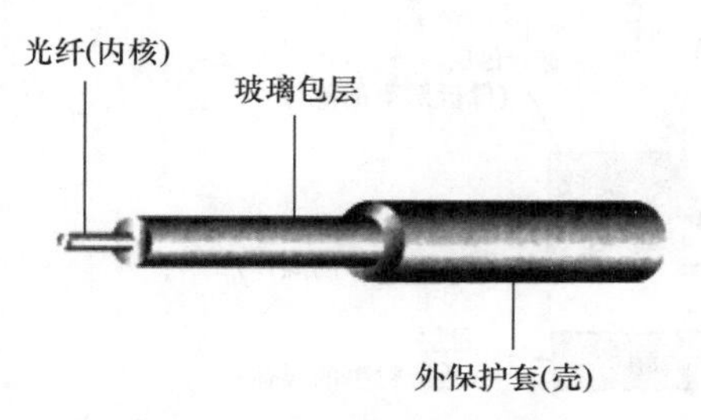

图 2-4　光纤的结构图

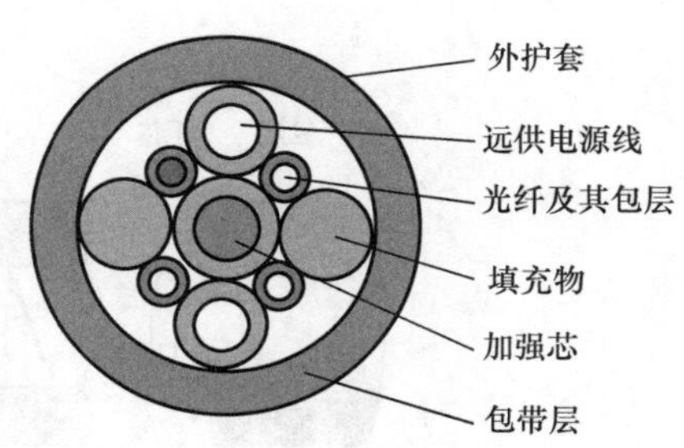

图 2-5　四芯光纤剖面示意图

光纤是光纤通信的传输介质。在发送端有光源，可以采用发光二极管或半导体激光器，它们在电脉冲的作用下能产生光脉冲。在接收端利用光电二极管做成光检测器，在检测到光脉冲时可还原出电脉冲。

从目前的技术来看，光纤可以在6~8km的距离内不用中继器传输。因此光纤适合于在几个建筑物之间通过点到点的链路连接局域网。光纤具有不受电磁干扰或噪声影响的独有特征，适宜在长距离内保持较高数据传输率，而且能够提供很好的安全性。总的来说，光纤有以下优点：

（1）传输频带宽，通信容量大。光纤在短距离传输时可达到每秒几千兆比特的传输速率。

（2）线路损耗低，传输距离长。光纤在无中继器的情况下，传输距离可达几十甚至上百千米。

（3）抗干扰能力强，抗化学腐蚀能力强，使用寿命长，适应能力强。人们周围的空间每时每刻都充斥着各种各样的电磁干扰和化学腐蚀。这些干扰和腐蚀有的是天然的，如雷电干扰、电离层的变化和太阳黑子的活动；还有的是来自于工业，如电动机、高压电力线等，甚至包括核爆炸的干扰。目前以电缆为主的通信系统都不可避免地会受到影响，但光纤通信不会被影响。

（4）电磁隔离，不会向外辐射，因而保密性好。光波只在光纤的芯区中传输，基本上没有光“泄漏”出去，因此其保密性能极好。

（5）重量轻，体积小，便于施工和维护。通信设备的体积和重量对于许多领域，尤其是航空航天以及军事领域来说，具有非常重要的意义。光纤的体积小、重量轻，显示出特有的优越性。

（6）原材料资源丰富。光纤的主要构成材料是石英，这种材料在地球上可以说是“取之不尽、用之不竭”。

同时，光纤也有一定的不足。光纤是一项相对陌生的技术，要求较高的操作技能；当光纤被过度弯曲时容易折断；将两根光纤精确地连接需要专用的设备，目前光纤接口的价格较贵。以每米的价格和所需部件（发送器、接收器、连接器）来算，光纤的成本比双绞线和同轴电缆都高。

图2-6所示为光线在光纤中的折射。现在的生产工艺可以制造出超低损耗的光纤，使光线在纤芯中传输数千米而基本没有损耗。这一点是光纤通信得到飞速发展的最关键因素。

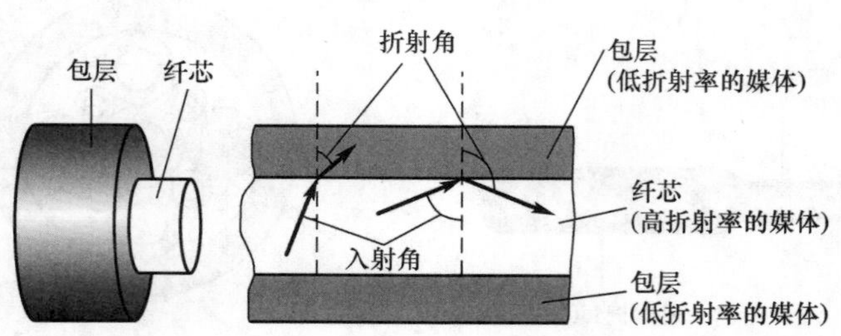

图2-6　光线在光纤中的折射

光波在纤芯中的传播如图2-7所示。图中只画了一条光线，实际上，只要从纤芯中射到纤芯表面的光线的入射角大于某一个临界角度，就可产生全反射。因此，可以存在多条不同角度入射的光线在一条光纤中传输。这种光纤就称为多模光纤（见图 2-8）。光脉冲在多模光纤中传输时会逐渐被展宽，造成失真。因此，多模光纤只适合近距离传输。若光纤的直径减小到只有一个光的波长，则光纤就像一根波导那样，它可使光线一直向前传播，而不会产生多次反射。这样的光纤就称为单模光纤（见图 2-9）。单模光纤的纤芯很细，其直径只有几个微米，制造成本较高。同时，单模光纤的光源要使用昂贵的半导体激光器，而不能使用较便宜的发光二极管。但单模光纤的衰耗较小，在 2.5Gbit/s 或 10Gbit/s 的高速率下可传输数十千米而不必采用中继器。

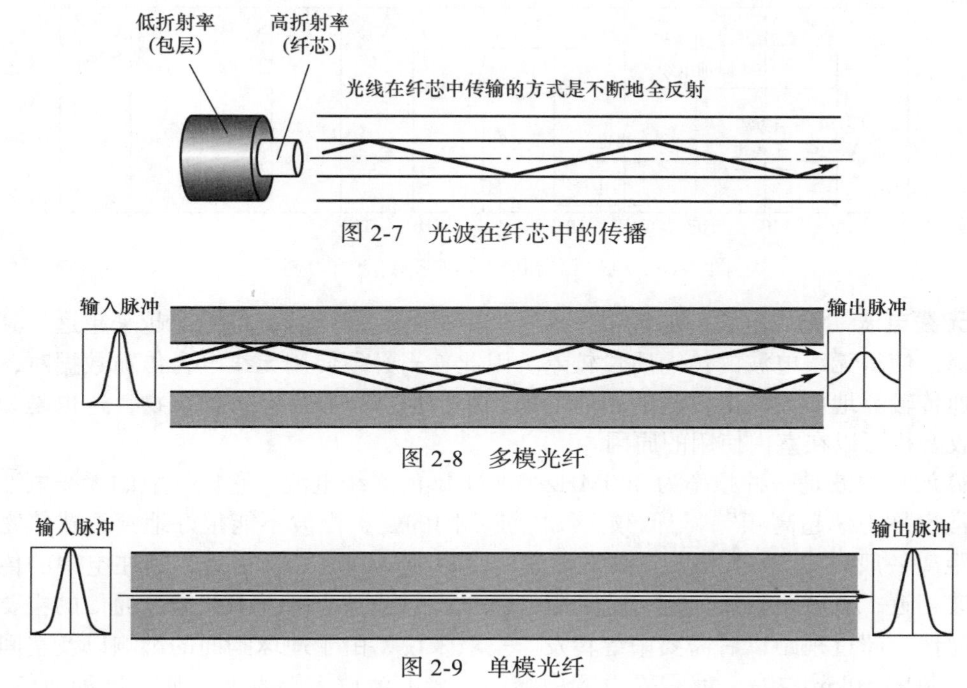

图 2-7　光波在纤芯中的传播

图 2-8　多模光纤

图 2-9　单模光纤

光纤通常用在主干网络中，因为它提供了很高的带宽，所以其性价比很高。在有线电视网中光纤提供主干结构，而同轴电缆则提供到用户住所的连接。光纤还用于高速局域网中。

2.4.2　无线传输介质

在这个信息高速发展的时代，随时随地上网冲浪已经成为信息潮人的迫切需要，对这些移动用户来说，双绞线、同轴电缆和光纤都毫无意义。因此无线通信应运而生，相应的无线传输介质也受到广泛的关注。除了为用户提供进行 Web 冲浪的连接外，无线因不需要架设或铺埋电缆或光缆，而使山区、丛林、沼泽、岛屿等特殊地形铺设有线传输介质施工困难的问题迎刃而解。

电磁频谱如图 2-10 所示。频谱中的无线电、微波、红外光和可见光都可以通过调制波的振幅、频率或相位来传输信息。紫外线、X 射线和 γ 射线用来传输信息的效果可能会更好，因为它们的频率更高，但是这种波很难产生和调制，其穿透建筑物的能力也不好，而且对生物有害。

目前，计算机无线通信网络主要通过无线电波、微波（其中微波通信还包括地面微波通信和卫星通信）、红外线和激光这些无线传输介质来进行通信。

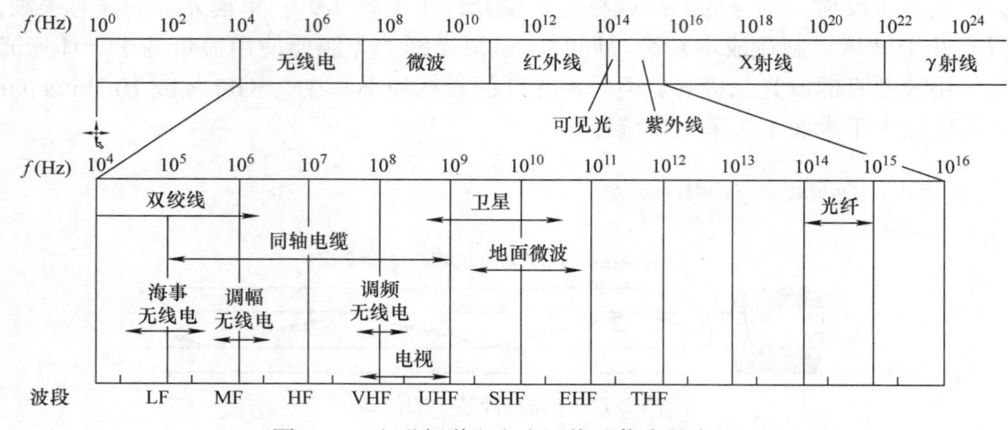

图 2-10 电磁频谱和它在网络通信中的应用

1. 无线电波 无线电波传输能很好地穿透障碍物，但随着离信号源越来越远，其能量急剧下降，使得无线电波的传输质量较差。因此，当必须使用无线电台传输数据时，一般都是低速传输。地面无线电传输的距离范围较小，但却很容易穿透建筑物，这也是为什么便携式收音机可以在室内使用的原因。

2. 微波 微波是一种频率为 300MHz~300GHz 的无线电波，它比一般的无线电波频率高，通常也称为“超高频”。与低频无线电波不同的是，微波不能很好地穿透建筑物，它传送的距离一般只为 50~100km。由于微波的频率极高，波长又很短，其在空中的传播特性与光波相近，也就是直线前进，遇到阻挡就被反射或被阻断，因此微波通信的主要方式是视距通信，超过视距以后需要中继转发。一般来说，由于地球曲面的影响以及空间传输的损耗，每隔 50km 左右，就需要设置中继站，将电波放大转发而延伸。这种通信方式，也称为微波中继通信或称微波接力通信。长距离微波通信干线可以经过几十次中继而传至数千千米仍可保持很高的通信质量。

微波通信不需要固体介质，当两点间直线距离内无障碍时就可以使用微波传送。利用微波进行通信具有容量大、质量好并可传至很远距离的优点，因此是国家通信网的一种重要通信手段，已经被广泛应用于长途电话通信、移动电话和电视转播。

3. 卫星 卫星通信可以看成是一种特殊的微波通信，它使用地球同步卫星作为中继站来转发微波信号。卫星通信系统由卫星和地面站两部分组成。它的特点是频带很宽，通信容量很大；只要在卫星发射的电波所覆盖的范围内，从任何两点之间都可进行通信；不易受陆地灾害的影响，可靠性高。卫星本质上是一种广播介质，非常适用于广播通信，因为它的覆盖范围广，同时可在多处接收，它传输一条信息的成本与该信息所经过的距离无关，能经济地实现广播、多址通信。卫星的错误率极低，且几乎可以立即部署，因此是紧急救灾和军事通信的理想选择。

4. 红外线　红外线适用于短程通信，在可以获得直接视线的场合最有效，如电视机、录像机和立体声音响的遥控器都采用红外线通信。红外线的传播具有方向性，便宜且易于制造，但不能穿透固体物体。红外线主要用于无法快速或经济地获得有线连接这类情形下的局域网桥接。

5. 激光　激光传输以激光束为载波，沿大气传播。它不需要敷设线路，设备较轻，保密性好，传输信息量大，可传输声音、数据、图像等信息。大气激光通信容易受到气候和外界环境的影响，一般用做河流、山谷、海岛或沙漠地区的信息传输。

2.5　物理层相关接入技术的应用

1. 电话交换网络　电话系统是大多数广域网络的关键元素。电话系统的主要组件有本地回路、中继线和交换机。

要在本地回路或任何其他物理信道上发送比特，必须把比特转换为可在信道上传输的模拟信号。执行数字比特流和模拟信号流之间转换的设备称为调制解调器（Modem），普通拨号 Modem 的数据传输速率较慢，比以太网和 WiFi 低 4 个数量级，虽然能确保双方的语音交谈，但已不能满足 Internet 接入技术的需要，ADSL（Asymmetric DSL，非对称数字用户线）在本地回路上可提高达 40Mbit/s 的数据率，比起最高 56Kbit/s 速率的普通拨号，以及 N-ISDN 128Kbit/s 的速率，ADSL 的速率优势是不言而喻的。与普通拨号 Modem 或 ISDN 相比，ADSL 更为吸引人的地方是：它在同一铜线上分别传送数据和语音信号，数据信号并不通过电话交换机设备，减轻了电话交换机的负载，并且不需要拨号，一直在线，属于专线上网方式。这意味着使用 ADSL 上网并不需要缴付另外的电话费。ADSL 是目前广泛使用的网络接入方式，但现在已经开始提倡光纤入户，因为光纤可提供比 ADSL 还要高的接入速率，因此将越来越受欢迎。

2. 移动电话系统　传统的电话系统，即使将来能实现速率为数 Gbit/s 的光纤端到端连接，也仍然不能满足那些希望随时随地能打电话或随时随地能上网冲浪或发电子邮件的用户的需求。因此，移动电话应运而生，并迅速占领电话市场。移动电话有时称为蜂窝电话（Cell Phone），在目前被广泛应用于语音通信和数据通信，它们已经经历了三代。第一代 1G 是模拟语音，由 AMPS 主宰。第二代 2G 是数字语音，目前在全球部署最广泛的移动电话系统是 GSM（全球移动通信系统）。第三代 3G 是数字语音和数据（因特网、电子邮件等），它是数字的并且以宽带 CDMA 为基础，现在正在部署的有 WCDMA（宽带码分多址）和 CDMA 2000。

3. 有线电视　另一种网络接入系统是有线电视系统。它已经逐渐从同轴电缆演变为混合光纤同轴电缆，从单纯的电视演进为电视和因特网。它的潜在带宽很高，但实际带宽则主要取决于其他用户，因为它是共享式的。

习　　题

2-1　物理层要解决哪些问题？物理层的主要特点是什么？

2-2　常用的传输介质有哪几种？各有何特点？

2-3 采用光纤作为传输介质的优点是什么？

2-4 单模光纤与多模光纤的区别是什么？

2-5 在计算机网络中，实现数字信号和模拟信号之间的转换的设备是（ ）。

A）交换机　　B）集线器　　C）网桥　　D）调制解调器

2-6 在计算机网络中，表示数据传输可靠性的指标是（ ）。

A）传输率　　B）误码率　　C）信息容量　　D）频带利用率

2-7 城域网的主干网采用的传输介质主要是（ ）。

A）同轴电缆　　B）光纤　　C）屏蔽双绞线　　D）无线信道

2-8 使用粗缆组建局域网时，如果使用中继器设备，那么，粗缆可能达到的最大长度为（ ）。

A）100m　　B）1000m　　C）2000m　　D）2500m

2-9 在计算机网络中，一方面连接局域网中的计算机，另一方面连接局域网中的传输介质的部件是（ ）。

A）双绞线　　B）网卡　　C）终接器　　D）路由器

2-10 因特网的主要组成部分有通信线路、路由器、信息资源和（ ）。

A）服务器与客户机　　B）网桥与网关　　C）光纤　　D）WWW 服务器

2-11 在下列传输介质中，错误率最低的是（ ）。

A）同轴电缆　　B）光缆　　C）微波　　D）双绞线

2-12 同轴电缆可以分为粗缆和（ ）。

A）电缆　　B）细缆　　C）光缆　　D）双绞线

2-13 适用于非屏蔽双绞线的以太网卡应提供（ ）。

A）BNC 接口　　B）F/O 接口　　C）RJ-45 接口　　D）AUI 接口

2-14 下列关于双绞线的叙述，不正确的是（ ）。

A）它既可以传输模拟信号，也可以传输数字信号

B）安装方便，价格较低

C）不易受外部干扰，误码率较低

D）通常只用做建筑物内局域网的通信介质

2-15 局域网中常使用两类双绞线，其中 STP 和 UTP 分别代表（ ）。

A）屏蔽双绞线和非屏蔽双绞线

B）非屏蔽双绞线和屏蔽双绞线

C）3 类和 5 类屏蔽双绞线

D）3 类和 5 类非屏蔽双绞线

第 3 章　数据链路层与交换机

数据链路层属于计算机网络的低层。本章首先介绍数据链路层的功能和数据链路层要解决的三个基本问题，然后以较大的篇幅介绍局域网的数据链路层以及工作在数据链路层的主要设备——交换机的工作原理。

3.1　数据链路层概述

3.1.1　数据链路层简介

数据链路层位于原理体系结构的第 2 层，在物理层和网络层之间。数据链路层是在物理层提供的服务的基础上为网络层提供服务。换句话说，数据链路层要从物理层接收比特流，将其组织成一定大小的数据块，并以这种数据块为单位将数据传递给网络层。反之，也要从网络层接收分组，还原成数据块后下发到物理层。

如图 3-1 所示，当主机 1 向主机 2 发送数据时，数据的流动方向是从主机 1 的应用层逐层往下，通过物理链路到达主机 2 的物理层后逐层往上，直至终点主机 2 的应用层。

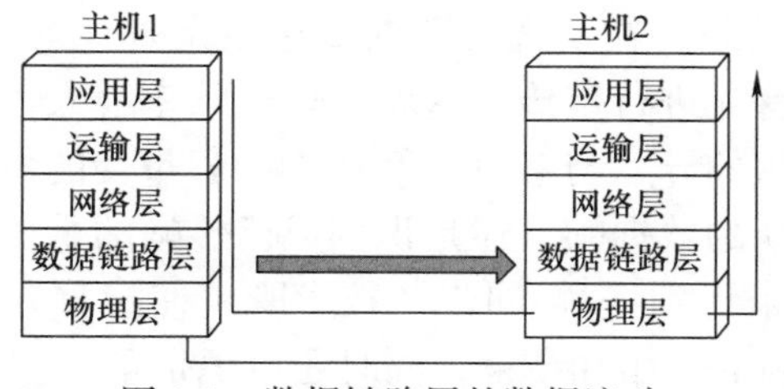

图 3-1　数据链路层的数据流动

然而，当专门研究数据链路层问题时，在大多数情况下，人们只关心网络体系结构中水平方向上的数据链路层之间的数据传递。这时，可以想象数据就是在两台主机的数据链路层之间沿水平方向进行传送。即从主机 1 的数据链路层直接传递到主机 2 的数据链路层。

另外，数据链路层在数据通信的时候采用了两种通信模式。

点对点信道：这种信道的通信方式是一对一的通信方式。

广播信道：这种信道使用一对多的广播通信方式，这种方式需要遵循专用的共享信道协议来协调主机数据的发送。

3.1.2　数据链路层的功能

前面说到数据链路层在物理层提供的服务的基础上为网络层提供服务，然而要实现这种服务就要依靠数据链路层所具备的功能来实现。因此，数据链路层应具备以下功能。

（1）链路管理。数据链路层的“链路管理”功能包括在两个网络实体之间提供数据链路连接的创建、维持和释放管理这三个主要方面。当网络中的两个结点要进行通信时，数据的发送方必须确知接收方是否已处在准备接受的状态。为此通信双方必须先要交换一些必要的信息，以建立一条基本的数据链路。在传输数据时要维持数据链路，而在通信完毕时要释放数据链路。

（2）链路与数据链路。链路（Link）：所谓链路就是从一个结点到相邻节点的一段物理线路，而中间没有任何其他的交换结点。计算机网络中进行数据通信时，两台主机之间的通信路径往往要经过许多段这样的链路。可见链路只是一条路径的组成部分。

数据链路（Data Link）：数据链路包括传输的物理介质、链路协议、有关设备以及有关计算机程序，但不包括提供数据的功能设备（即数据源）和接收数据的功能设备。在计算机网络中，数据链路除了物理线路外，还必须有通信协议来控制这些数据的传输。若把实现这些协议的硬件和软件加到链路上，就构成了数据链路。

3.1.3 数据链路层的基本问题

数据链路层协议有 3 个基本问题，即封装成帧、差错控制和流量控制。

1. 封装成帧 为了向网络层提供服务，数据链路层必须使用物理层提供的服务，而物理层是以比特流进行传输的，这种比特流并不保证在数据传输过程中没有错误，接收到的比特位数量可能少于、等于或者多于发送的比特位数量，而且它们还可能有不同的值。这时数据链路层为了能实现数据有效的差错控制，就采用了一种“帧”的数据块进行传输。而要采用帧格式传输，就必须有相应的帧同步技术，这就是数据链路层的“封装成帧”（也称为“帧同步”）功能。

采用帧传输方式的好处是，在发现有数据传送错误时，只需将有差错的帧再次传送，而不需要将全部数据的比特流进行重传，这就在传送效率上大大提高。但同时也带来了两方面的问题：①如何识别帧的开始与结束；②在夹杂着重传的数据帧中，接收方在接收到重传的数据帧时是识别成新的数据帧，还是识别成已传帧的重传帧呢？这就要靠数据链路层的各种“帧同步”技术来识别。“帧同步”技术既可使接收方能从并不是完全有序的比特流中准确地区分出每一帧的开始和结束，同时还可识别重传帧。

常见的帧同步方法有字节计数法、使用字符填充的首尾定界符法、使用比特填充的首尾标识法和违例编码法等。

2. 差错控制 数据通信过程因物理链路性能和网络通信环境等因素，难免会出现一些传送错误，为了确保数据通信的准确，必须使得这些错误发生的概率尽可能低。这一功能也是在数据链路层实现的，就是它的“差错控制”功能。

在数据链路层，通常使用的差错控制方法是循环冗余检验 CRC（Cyclic Redundancy Check）。

3. 流量控制 在数据通信中，如何控制通信的数据流量同样非常重要。它既可以确保数据通信的有序进行，还可避免通信过程中不会出现因为接收方来不及接收而造成的数据丢失。这就是数据链路层的“流量控制”功能。

3.1.4　数据链路层的常见协议

数据链路层的主要协议有以下几种：

1）点对点协议（Point-to-Point Protocol，PPP）。

2）以太网（Ethernet）。

3）高级数据链路协议（High-Level Data Link Protocol，HDLC）。

4）帧中继（Frame Relay，FR）。

5）异步传输模式（Asynchronous Transfer Mode，ATM）。

其中，以太网属于局域网数据链路层中最典型的一个标准，其他 4 个协议都属于广域网的数据链路层协议。

作为计算机网络的初学者，我们将主要从局域网的角度来学习和了解数据链路层。

3.2　局域网的数据链路层

局域网一般为一个单位所拥有，且地理范围和站点数量均有限，但建设、维护、扩展等方面比较容易，系统灵活性高。其主要特点是：

1）具有广播功能，从一个站点可很方便地访问全网。

2）覆盖的地理范围较小，通常在方圆几千米以内。

3）使用专门铺设的传输介质进行联网，数据传输速率高（10 Mbit/s ~ 10Gbit/s）。

4）通信延迟时间短，可靠性较高。

5）局域网可以支持多种传输介质。

按照拓扑结构，可将局域网分为星形网、环形网、总线网和树形网，如图 3-2 所示。

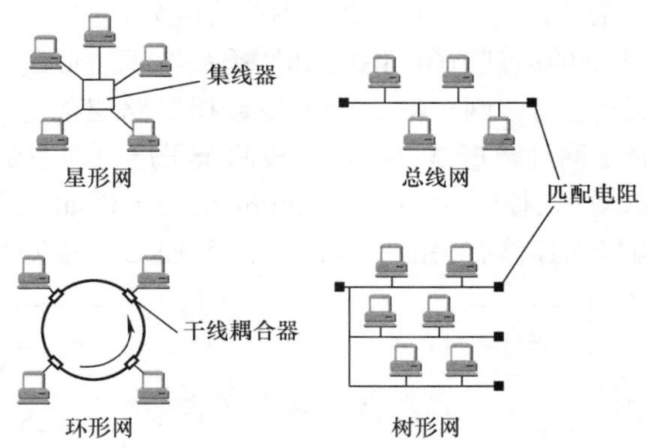

图 3-2　局域网的拓扑

必须指出，局域网工作的层次跨越了数据链路层和物理层。但由于局域网技术中有关数据链路层的内容比较丰富，因此把局域网的内容放到数据链路层这一章中讨论，但这并不表示局域网仅仅和数据链路层相关。

下面介绍局域网中最典型的标准：以太网。作为局域网中最典型且应用得最为广泛的一个标准，以太网（Ethernet）有着其特殊的地位。

3.2.1 以太网概述

以太网（Ethernet）指的是由 Xerox 公司创建并由 Xerox、Intel 和 DEC 公司联合开发的基带局域网规范，是当今现有局域网采用的最通用的通信协议标准。以太网络使用 CSMA/CD（载波监听多路访问及冲突检测）技术，并以 10Mbit/s 的速率运行在多种类型的无源电缆上，并以曾经在历史上表示传播电磁波的以太（Ether）来命名。由于以太网的低成本、高可靠性，和在当时来说相当高的数据率，迅速地成为应用最为广泛的局域网技术。

3.2.2 以太网的诞生

以太网技术的最初进展来自于施乐（Xerox）公司的帕洛阿尔托研究中心（PARC）的许多先锋技术项目中的一个。人们通常认为以太网发明于 1973 年，当年罗伯特 · 梅特卡夫（Robert Metcalfe）给他 PARC 的老板写了一篇有关以太网潜力的备忘录。但是梅特卡夫本人认为以太网是之后几年才出现的。在 1976 年，梅特卡夫和他的助手 David Boggs 发表了一篇名为《以太网：局域计算机网络的分布式包交换技术》的文章。1977 年底，梅特卡夫和他的合作者获得了“具有冲突检测的多点数据通信系统”的专利。多点传输系统被称为 CSMA/CD（带冲突检测的载波侦听多路访问），从此标志以太网的诞生。

以太网有两个标准。1980 年 9 月，DEC 公司、Inter 公司和施乐公司联合提出了 10Mbit/s 以太网规约的第一个版本 DIX V1。1982 年又修改为第二版规约（实际上也就是最后的版本），即 DIX Ethernet V2，这成为世界上第一个局域网产品的规约。

在此基础上，IEEE 802 委员会的 802.3 工作组与 1983 年制定了第一个 IEEE 的以太网标准 IEEE 802.3，数据率为 10Mbit/s。802.3 局域网对 DIX Ethernet V2 中的帧格式做了很小的一点变更，但允许基于这两种标准的硬件可在同一局域网上相互操作。因此，很多人常常把 802.3 局域网简称为“以太网”（本书也不严格区分它们）。

由于多家厂商在商业上的激烈竞争，IEEE 802 委员会无法形成一个统一的局域网标准，而是被迫制定了几个不同的局域网标准。为了使数据链路层能更好地适应多种局域网标准，IEEE 802 委员会把局域网的数据链路层拆分成两个子层，即逻辑链路控制 LLC（Logical Line Control）子层和媒体接入控制 MAC（Medium Access Control）子层，如图 3-3 所示。其中，MAC 子层负责与接入媒体有关的所有内容，而 LLC 子层则与传输介质无关。

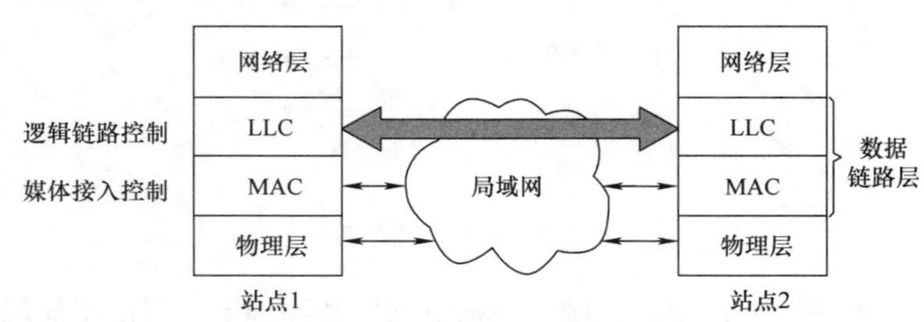

图 3-3 MAC 子层与 LLC 子层

20 世纪 90 年代后，以太网在局域网的市场上已经处于绝对的垄断地位，几乎成为局域网的代名词。随着因特网的发展，由于 TCP/IP 体系经常使用的局域网是 DIX Ethernet V2 而不是 802.3 标准中定义的几种局域网，因此现在 IEEE 802 委员会制定的逻辑链路控制子层

LLC 的作用已经消失了，现在很多厂商生产的适配器就不包括 LLC 协议，而只有 MAC 协议。

通常情况下，按照速率将以太网分为传统以太网（10 兆以太网）、快速以太网（100 兆以太网）、吉比特以太网（千兆以太网）、10 吉比特以太网和 100 吉比特以太网等。

3.2.3　CSMA/CD 协议

早期的以太网是将许多计算机连接到一根总线上，这种现在看来落后和可笑的方法在当时非常流行。

这种总线结构以太网的特点是：当一台主机发送数据时，总线上的其他所有主机都能够检测到这个数据。这种一对多的通信方式就是前面提到的广播通信。

然而我们知道，总线上只要有一台主机在发送数据，整个总线的传输资源就被占用。因此，一条总线上同一时间只能允许一台主机发送信息。那么有一个问题就不得不想办法解决。那就是"如果一条总线上有多台主机同时发送数据，怎么办？"

以太网给出的解决办法就是使用载波侦听多路访问 / 冲突检测（Carrier Sense Multiple Access with Collision Detect，CSMA/CD）技术。这是一种介质访问控制方法，用来帮助总线上的主机均匀地分享传输资源。

通常情况下，我们习惯把 CSMA/CD 分成三个部分来理解。

"多路访问"就是说明这是一个总线型网络，许多主机以多路访问的方式连接在一根总线上。而"载波侦听"和"冲突检测"则是这个技术的核心。

"载波侦听"就是"发送数据前先监听"，即每台主机在发送数据之前先要检测一下总线上是否有其他的主机在发送数据，如果总线上没有数据正在传递，信道空闲，就立即发送数据；如果总线上有数据正在传递，信道忙，就暂停发送，等待一段时间至总线信道中的数据传递结束，信道变为空闲时再发送数据。所谓的"载波"实质上并不存在，只不过是用电子技术来检测总线上有没有其他计算机发送的数据信号。

"冲突检测"就是"边发送边监听"，即一边发送数据，一边监听总线信道上信号电压的变化情况，以便判断自己在发送数据时其他主机是否也在发送数据。当几台主机同时在总线上发送数据时，总线上的信号电压变化幅度会增大（互相叠加）。而这个信号电压的变化一旦超过一定的阈值时，就可以认为总线上至少有两台主机同时在发送数据，也就表明总线上产生了冲突。这种状况会对传输的信号产生严重影响，导致信号失真，无法从中恢复出有用的信息。因此，每一个正在发送数据的主机，一旦发现总线上产生了冲突，就立即停止发送，然后等待一段时间后再次发送。

我们可以把 CSMA/CD 的工作过程形象地比喻成很多人在一间黑屋子中举行讨论会，参加会议的人都是只能听到其他人的声音。每个人在说话前必须先倾听，只有等会场安静下来后，他才能够发言。人们将发言前监听以确定是否已有人在发言的动作称为"载波侦听"；将在会场安静的情况下每人都有平等机会讲话称为"多路访问"；如果有两人或两人以上同时说话，大家就无法听清其中任何一人的发言，这种情况称为发生"冲突"；发言人在发言过程中要及时发现是否发生冲突，这个动作称为"冲突检测"。如果发言人发现冲突已经发生，这时他需要停止讲话，然后随机后推，再次重复上述过程，直至讲话成功。如果失败次数太多，他也许就放弃这次发言的想法。对于 CSMA/CD 来说，通常尝试 16 次后放弃。

总结一下 CSMA/CD 的原理，可以用十六个字来概括，那就是“先听后发、边听边发、冲突停发、延迟重发。”

3.2.4 传统以太网的两种拓扑

总线型以太网属于早期的传统以太网，使用的是同轴电缆作为传输介质，如图 3-4 所示。

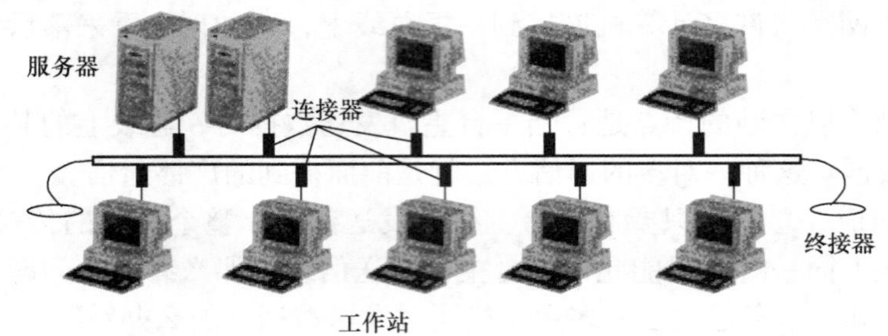

a) 总线结构的传统以太网

b) 总线结构传统以太网中使用的连接器和终接器

图 3-4 总线型以太网

随着技术的发展，出现了星形拓扑结构的传统以太网，这时的以太网开始应用更便宜、更灵活的双绞线作为传输介质。星形拓扑结构是用一个结点作为中心结点，其他结点直接与中心结点相连构成的网络，这个中心结点是一种高可靠性的设备，称作集线器（Hub），如图 3-5 所示。

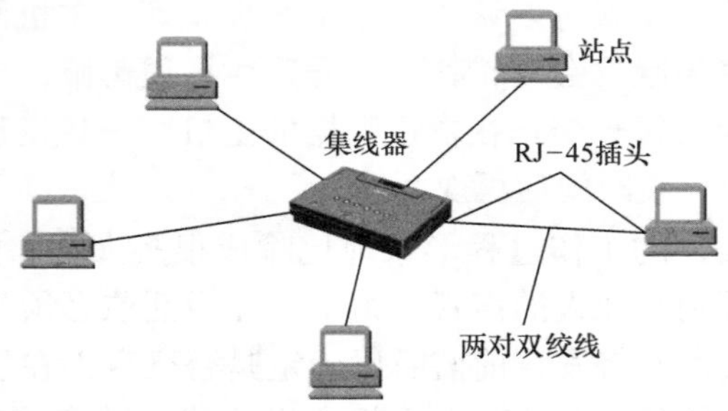

图 3-5 使用集线器的星形以太网

星形传统以太网中少不了双绞线和集线器，它们是配合使用的。每台主机都需要用到两对双绞线（通常做在一根电缆内），分别用于发送和接收。由于集线器使用了大规模集成电路芯片，大大提高了集线器的可靠性。实践证明，集线器比起大量使用机械接头的无源电缆要可靠得多。再加上使用双绞线的以太网价格便宜和使用方便，导致使用同轴电缆的总线式以太网已成为历史，并从市场上消失。

1990 年 IEEE 制定出了星形以太网 10BASE-T 的标准 802.3i。其中 10 代表 10Mbit/s 的数据率，BASE 表示连接线上的信号是基带信号，T 则代表双绞线。

星形以太网并不是没有缺点。相对同轴电缆来说，星形以太网的通信距离稍短，每台主机到集线器的距离不能超过 100m。但这一点瑕疵并未影响到 10BASE-T 双绞线以太网的地位，这种性价比很高的以太网是局域网发展史上的一个非常重要的里程碑，它为以太网在局域网中的统治地位奠定了牢固的基础。

下面来了解一下集线器。作为星形以太网的中心设备，集线器具有以下一些特点。

尽管在物理连接上，使用集线器的以太网是一种星形结构，但由于集线器是使用电子器件来模拟实际电缆的工作，所以整个系统仍然像一个总线型以太网一样工作。也就是说，使用集线器的星形以太网在逻辑上仍然是一个总线网，连接在集线器上的各台主机共享逻辑上的总线，使用的还是 CSMA/CD 协议，每台主机必须竞争对传输介质的控制，并且在同一时刻至多只允许一台主机发送数据。所以，这种 10BASE-T 以太网又称为“星形总线”。

集线器上有多个接口，常见的数量是 8 个、16 个或 24 个。每个接口都可以通过双绞线连接一台主机。因此，集线器很像一个多端口的转发器，如图 3-6 所示。

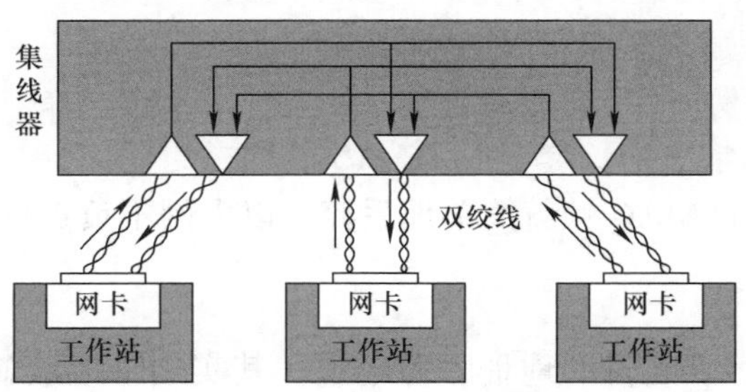

图 3-6　三个接口的集线器

集线器工作在物理层，它的每个接口仅仅简单地转发比特流——收到 1 就转发 1，收到 0 就转发 0，集线器本身不进行冲突检测。集线器采用了专门的芯片，对接收的信号进行再生整形并重新定时，这样可以使接口转发出去的信号不至于失真。

3.2.5　以太网的 MAC 帧

在本章开头提到，数据链路层要从物理层接收比特流，将其组织成一定大小的数据块，并以这种数据块为单位将数据传递给网络层，这种数据块在网络层被命名为“帧”（Frame）。帧是数据链路层专属的协议数据单元，也就是说，数据链路层的所有数据的接收和发送都是以帧的形式完成的。帧为按某一标准，预先确定的由若干比特或字段组成的特定的信息结构。

1. 以太网帧格式　常用的以太网 MAC 帧有两种标准，一种是 DIX Ethernet V2 标准（即以太网 V2 标准），另一种是 IEEE 的 802.3 标准。由于 DIX Ethernet V2 标准现在在市场上处于垄断地位，所以下面只介绍以太网 V2 标准的 MAC 帧格式。

以太网 V2 标准的 MAC 帧比较简单，由 5 个字段组成。前 2 个字段分别为 6 字节长的目的地址和源地址字段。第 3 个字段是 2 字节的类型字段，用来标示上一层使用的是什么协议，以便把从物理层收到的 MAC 帧的数据上交给上一层的这个协议。例如：当类型字段的值是 0x0800 时，就表示上层使用的是 IP 协议。第 4 个字段是数据字段，长度在 46~1500 字节之间，这个字段也就是网络层下发的完整数据包。最后 1 个字段是 4 字节的帧检验序列 FCS（使用 CRC 检验），如图 3-7 所示。

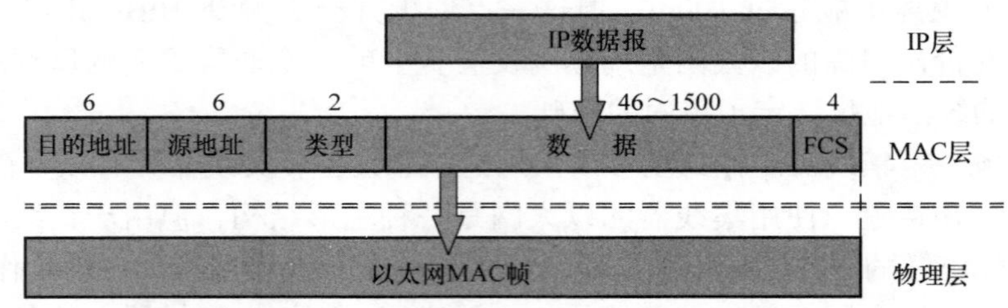

图 3-7　MAC 帧格式

2. 数据字段的 46 字节　在数据链路层，帧的最小长度是 64 字节，用 64 字节减去 18 字节的首部和尾部（2 字节类型字段 +6 字节目的地址 +6 字节源地址）就得出数据字段的最小长度。

当下列三种情况之一出现时，为无效的 MAC 帧：

① 帧的长度不是整数个字节；

② 收到的帧检验序列 FCS 查出有差错；

③ 收到的帧的数据字段的长度不在 46~1500 字节之间。

对于被检查出无效的 MAC 帧就简单地丢弃。以太网不负责重传丢弃的帧。

3.2.6　硬件地址

MAC 帧的前两个字段是目的地址和源地址。其实这个地址就是硬件地址。在局域网中，硬件地址又称为物理地址或者 MAC 地址（因为这种地址应用于 MAC 帧中）。IEEE 802 标准为局域网规定了一种 48 位的全球地址（简称“地址”），是指局域网上的每一台计算机中固化在网络适配器的 ROM 中的地址。

网络适配器又称网卡或网络接口卡（Network Interface Card，NIC）。网络适配器是使计算机联网的设备，平常所说的网卡就是将 PC 和 LAN 连接的网络适配器。网卡插在计算机主板插槽中（现大都集成在主板上），负责将用户要传递的数据转换为网络上其他设备能够识别的格式，通过物理传输介质进行传输。

MAC 地址采用十二位十六进制数表示，共 6 个字节（48 位）。其中，前 3 字节是由 IEEE 的注册管理机构 RA 负责给不同厂家分配的代码（高位 24 位），也称为“编制上唯一的标识符”（Organizationally Unique Identifier），后 3 字节（低位 24 位）由各厂家自行指派给生产的适配器接口，称为扩展标识符（唯一性），如图 3-8 所示。

请注意，MAC 地址是网卡生产厂家在网卡出厂时写入网卡芯片中的，通常情况下不可更改。换句话说，MAC 地址在全球是唯一的。因此，有以下两种情况。

1）当连接在局域网上的一台计算机更换了网卡，那么这台计算机的局域网“地址”也就改变了，虽然这台计算机的物理位置没有任何改变，而且所接入的局域网也没有任何改变。

```
  Connection-specific DNS Suffix  . :
  Description . . . . . . . . . . . : NE2000 Compatible
(Generic)
  Physical Address. . . . . . . . . : 00-50-BA-CE-07-0C
  Dhcp Enabled. . . . . . . . . . . : No
  IP Address. . . . . . . . . . . . : 192.168.10.61
  Subnet Mask . . . . . . . . . . . : 255.255.255.0
  Default Gateway . . . . . . . . . : 192.168.10.254
  DNS Servers . . . . . . . . . . . : 202.96.159.228
                                      202.96.159.225
```

图 3-8 MAC 地址

2）如果将一台计算机从武汉带到北京，并连接在北京某个局域网中。那么，虽然这台计算机的物理位置产生了变化，但只要计算机中的网卡没有更换，那么这台计算机的“地址”也不会发生变化。

结合上一节的内容可知，在数据链路层的数据传输过程中，是通过 MAC 地址来识别主机的。也就是说，MAC 帧中的目的地址和源地址字段的具体内容就是 MAC 地址。

3.3 扩展的以太网

很多情况下，人们希望能扩大以太网的覆盖范围。本节就从物理层和数据链路层两个层次来讨论如何实现这一目的。当然，这种扩展的以太网在网络层的角度看来，仍然是一个网络。

3.3.1 在物理层扩展以太网

从 10BASE-T 标准可知，以太网上的主机之间的距离不能太远。这是因为主机发送的信号经过铜缆的传输会出现衰减，如果传输的距离太远，信号会衰减到使 CSMA/CD 协议无法工作的程度。

在同轴电缆时代，人们通常使用工作在物理层的转发器来扩展以太网的地理覆盖范围。那时，两个网段可以用一个转发器连接起来。但随着双绞线以太网（星形以太网）成为以太网的主流类型，扩展以太网的覆盖范围已经很少使用转发器了。

现在，扩展主机和集线器之间的距离的一种简单方式就是使用光纤（通常是一对，一发一收）和一对光纤调制解调器，如图 3-9 所示。

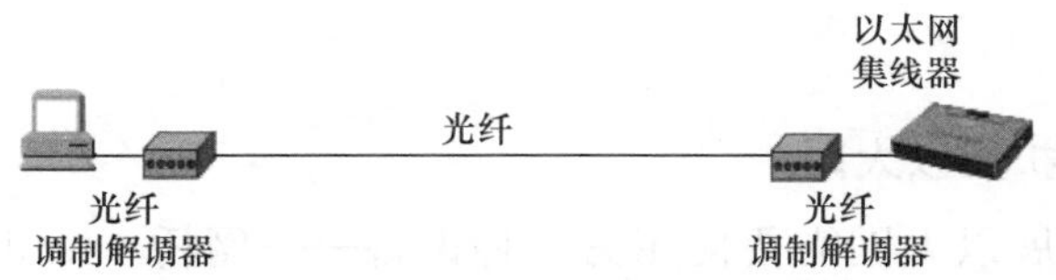

图 3-9 使用光纤连接主机和集线器

这个结构中，光纤调制解调器的作用就是进行光信号和电信号的转换。由于光纤的传输时延很小，并且有很高的带宽，所以使用这种结构可以很容易地将主机和几千米以外的集线器相连。

如果使用多个集线器，就可以连接成覆盖更大范围的多级星形结构的以太网。

如图 3-10 所示，可以通过一个主干集线器把 3 个单独的以太网连接起来，形成一个更大的以太网。这样做有两个好处。第一，可以使原来不同以太网上的主机之间进行通信。第二，扩大了以太网的覆盖范围。

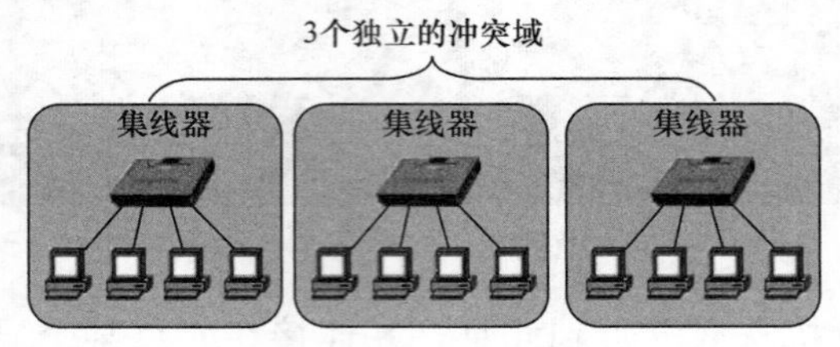

a) 3个独立的以太网

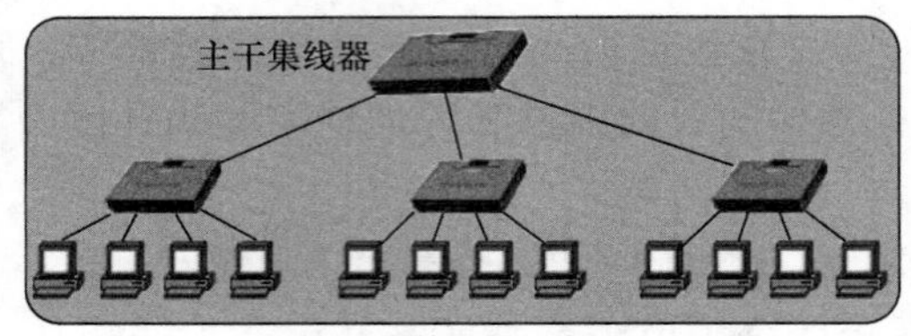

b) 1个扩展的以太网

图 3-10 用多个集线器连接成更大的以太网

但这种多级结构的集线器以太网也带来了一些缺点。

3 个独立的以太网互连起来之前，每一个独立的以太网就是一个独立的冲突域，即在任一时刻，在每一个冲突域中只有 1 台主机在发送数据。也就是说，由于 3 个独立的以太网还没有连接起来，所以在同一时刻，3 个独立的以太网中分别有 1 台主机（总共 3 台）可以发送数据。但是，一旦将这 3 个以太网互连起来，那么，原来的 3 个冲突域就合并成了 1 个大的冲突域。这时，这个大的冲突域中，同一时刻，只能有 1 台主机可以发送数据。

如果这 3 个独立的以太网使用了不同的以太网技术，那么就不可能用集线器将它们互连起来。

在以太网中，如果某个运行 CSMA/CD 协议的网络上两台计算机在同时通信时会发生冲突，那么这个网络就是一个冲突域。总的来说，冲突域就是连接在同一导线上的所有工作站的集合，或者说是同一物理网段上所有主机的集合，或以太网上竞争同一总线带宽的主机的集合。

3.3.2 在数据链路层扩展以太网

在数据链路层扩展以太网需要使用另一种设备——网桥（Bridge）。网桥工作在数据链路层，它根据 MAC 帧的目的地址对收到的帧进行转发和过滤。当网桥接收到一个帧时，并不是像集线器一样向所有的接口转发此帧，而是先检查此帧的目的 MAC 地址，然后再确定将该帧转发到哪一个接口，或者是把它丢弃（即过滤）。

1. 认识网桥 图 3-11 给出了一个网桥的工作原理。最简单的网桥有两个端口，高级的网桥有更多端口。当两个以太网通过网桥连接起来后，就成为一个覆盖范围更大的以太网，而原来的每个以太网就可以称为一个网段（Segment）。如图 3-11 中所示的网桥，其端口 1 和端口 2 分别连接到一个网段。

MAC地址	输出接口
AA-AA-AA-AA-AA-AA	端口1
BB-BB-BB-BB-BB-BB	端口1
CC-CC-CC-CC-CC-CC	端口1
XX-XX-XX-XX-XX-XX	端口2
YY-YY-YY-YY-YY-YY	端口2
ZZ-ZZ-ZZ-ZZ-ZZ-ZZ	端口2

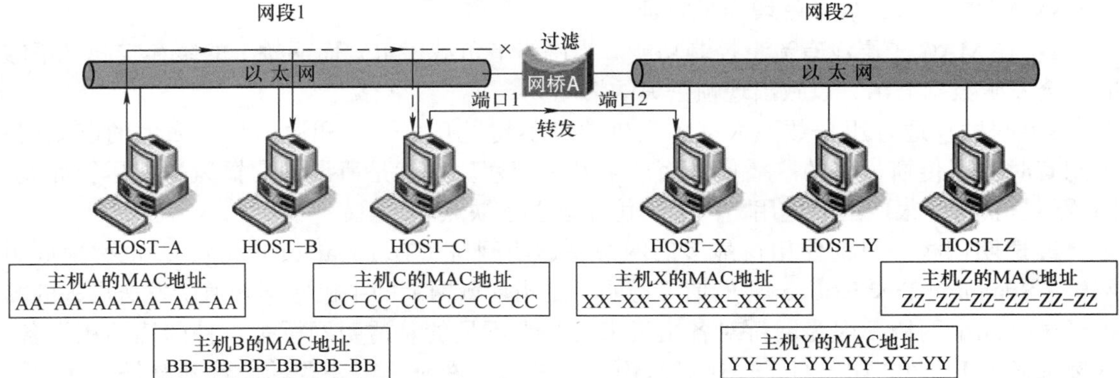

图 3-11 网桥的工作原理

网桥依靠转发表来转发帧，转发表也称作转发数据库或路由目录。它的工作过程会在后面介绍设备时专门讨论。在图中，若网桥从端口 1 收到 Host A 发给 Host X 的帧，则在查找转发表后，将这个帧送到端口 2 并转发到另一个网段，使 Host X 可以收到这个帧。若网桥从端口 1 收到 Host A 发给 Host C 的帧，就丢弃这个帧，因为转发表指出，转发给 Host C 的帧应当从端口 1 转发出去，而现在从端口 1 收到这个帧，这说明 B 和 A 处在同一网段上，B 可以直接收到这个帧，而无须网桥的转发。

那么相对于集线器来说，网桥的优点在哪里？

1）网桥可以过滤通信量，隔离冲突域。由于网桥工作在数据链路层的 MAC 子层，可以将一个大的冲突域以网段为单位分隔开，也就是说网桥可以隔离冲突域，如图 3-12 所示。物理层的集线器没有这种功能。

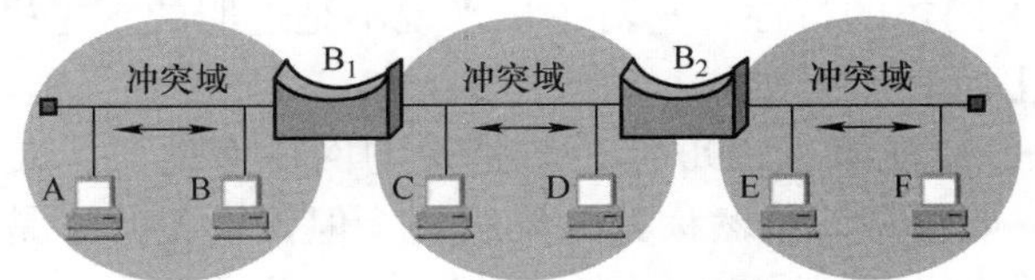

图 3-12 网桥以网段为单位隔离冲突域

从图 3-12 中可以看到，在使用网桥隔离冲突域的情况下，不同网段间的通信不会受到干扰。例如，A 和 B 通信时，其他网段上 C 和 D 之间，E 和 F 之间的通信不受影响。但如果 A 要和另一网段上的 D 通信时，就必须经过网桥 B_1 的转发，那么这两个网段上就不能再有其他的主机进行通信（E 和 F 仍然可以通信，因为它们所在的网段没有受到影响）。

2）扩大了物理范围，也增大了该以太网中主机的最大数量。

3）提高了可靠性。当网络出现故障时，一般只会影响出问题的网段，而不会影响整个网络。而集线器不行，一旦出现故障，整个网络都会受到影响。

4）可连接不同物理层，不同 MAC 子层和不同速率的以太网。集线器则只能连接使用相同技术的以太网。

当然，网桥也存在一些缺点，例如：

1）由于网桥对接收的帧要先存储和查找转发表，然后才转发，而转发前，还必须执行 CSMA/CD 算法，这样就增加了时延。

2）在 MAC 子层没有流量控制功能。当网络上负载很重，而网桥上的缓存空间又不够时，会发生数据溢出，以致出现帧丢失的情况。

3）网桥只适合用户数不太多（主机数量不超过几百个）和通信量不太大的以太网，否则有时会因传播过多的广播信息而产生网络拥塞。这就是所谓的广播风暴。尽管如此，网桥还是获得了很广泛的应用，因为其优点远多于缺点。

2. 透明网桥 目前使用得最多的网桥是透明网桥（Transparent Bridge），也称生成树网桥（Spanning Tree Bridge）。所谓“透明”是指局域网上的主机并不知道所发送出去的帧将经过哪几个网桥，因为网桥对各主机来说是看不见的。透明网桥是一种即插即用设备，其标准是 IEEE 802.1d。对于使用者来说，这种透明网桥不需要改动硬件和软件，无须设置地址开关，无须装入路由表或参数，直接将计算机的网络适配器和网桥的端口用双绞线连接起来即可。对于已经在运行的局域网也不会产生影响，是一种“傻瓜式”的设备。

3. 源路由网桥 透明网桥的优点是易于安装，只需插进电缆即可。但是从另一方面来说，这种网桥并没有最大限度地利用带宽。因此，另一种由发送帧的源头主机负责路由选择的网桥就问世了，这就是源路由（Source Route）网桥。

源路由网桥最大的一个特点就是在发送帧时，把详细的路由信息发在帧的首部。

如果不知道目的主机的位置，为了发现合适的路由，源头主机就以广播的方式向目的主机发送一个发现帧（Discovery Frame），询问目的主机在哪里。这个发现帧经过的每个网桥都会转发该发现帧，这样该帧就可到达扩展的以太网中的每一个网段。当目的主机的答复帧返回时，途经的网桥将它们自己的标识记录在答复帧中，于是，发现帧的发送者就可以得到确切的路由，并可从中选取最佳路由。

当然，因为源路由网桥的特性，它对主机来说不是透明的。主机必须知道网桥的标识已经连接到哪个网段上。

4. 多端口网桥——交换机 1990 年一款特殊的网桥面世了，人们称它为交换式集线器（Switching Hub）。请注意，虽然称其为集线器，但该设备并不是集线器，反而拥有网桥的特性。它在很大程度上提高了以太网的性能。人们通常用另一个名字称呼它——交换机（Switch）。更准确一点，也可以称作第二层交换机。顾名思义，这个设备工作在第二层，也就是数据链路层。

“交换机”源自英文“Switch”，原意是“开关”，我国技术界在引入这个词汇时，翻译为“交换”。在英文中，动词“交换”和名词“交换机”是同一个词（注意这里的“交换”特指电信技术中的信号交换，与物品交换不是同一个概念）。

在计算机网络这个学科中，对交换机并没有准确的定义和明确的概念，如今的交换机也大都混杂了网桥和路由器的功能。大多数人认为“交换机”应当是一个市场名词，而交换机的出现的确提高了数据的转发速度。由于市场上“交换机”这一名词已经被广泛地使用，所以我们也就使用了这个名词。

通常情况下，网桥的端口数量较少，一般只有2~4个，而交换机大都拥有十几个端口。因此，也称交换机为多端口网桥。此外，与普通网桥不同的是，以太网交换机的每个端口都直接与主机或集线器相连（而普通网桥的接口往往是连接到以太网的一个网段）。

交换机和工作在物理层的集线器有很大区别。

1）工作层次不同。交换机工作在数据链路层，而集线器工作在物理层。

2）数据通信的方式不同。交换机通常工作在全双工方式，使用两对线缆进行数据传输，一对发送，另一对接收。而集线器工作在半双工方式，只使用一对线缆进行收发。在区别这两种设备之前，先了解下面这三种通信方式。

① 单工（Simplex）。所谓单工就是在只允许甲方向乙方传送信息，而乙方不能向甲方传送。

② 半双工（Half Duplex）。所谓半双工就是指一个时间段内只有一个动作发生，举个简单例子，一条窄窄的马路，同时只能有一辆车通过，当有两辆车对开时，就只能一辆先过，等到走完后另一辆再开，这个例子就形象地说明了半双工的原理。

③ 全双工（Full Duplex）。所谓全双工就是通信允许数据在两个方向上同时传输，在发送数据的同时也能够接收数据，两者同步进行。这好像人们平时打电话一样，说话的同时也能够听到对方的声音，它在能力上相当于两个单工通信方式的结合。

集线器共享带宽，而交换机每个端口都有一条独占的带宽。对于以集线器为核心的以太网，以太网上的所有主机共享集线器的带宽。如果有 N 台主机，每台主机占有的平均带宽就是集线器带宽的 N 分之一。而使用交换机时，每台主机在通信时是独占端口带宽，而不是和其他主机共享带宽。

交换机可以隔离冲突域。前面提到，实质上交换机是一种特别的网桥，因此交换机也具有网桥的特性。可以分割冲突域，而集线器没有此功能。

交换机的端口可以适应多种速率，而集线器只能适应一种速率。交换机的端口速率有10Mbit/s、100Mbit/s 和 1000Mbit/s 等各种组合，而集线器只有一种，要么 10Mbit/s，要么100Mbit/s。

除了传统以太网之外，IEEE 还定义了一些其他的以太网。如高速以太网、无线网等。

3.4　交　换　机

交换机早期使用于电话交换系统，用来建立电话连接，采用电路交换方式。随着计算机和网络的先后出现、流行和普及，分组交换机得到广泛使用。1993 年，局域网交换设备出现，1994 年，国内掀起了交换网络技术的热潮。简单来说，在以太网中，交换机起的是信息中转站的作用，它把从某个端口接收到的数据从其他端口转发出去。

前文提到，交换机实质上是一个特殊的多端口网桥。因此交换机本身就具备网桥的功能，其主要作用是连接多个以太网物理段、隔离冲突域，利用桥接和交换提高局域网性能，扩展局域网范围。

3.4.1 交换机的分类

1. 从广义角度分类 从广义上来看，交换机分为两种：广域网交换机和局域网交换机。广域网交换机主要应用于电信领域，提供通信用的基础平台。而局域网交换机则应用于局域网络，用于连接终端设备，如 PC 及网络打印机等。

2. 按传输介质和传输速度分类 从传输介质和传输速度上可分为以太网交换机、快速以太网交换机、千兆以太网交换机、光纤交换机等。

3. 按交换机结构分类 如果按交换机的端口结构来分，交换机大致可分为：固定端口交换机和模块化交换机两种不同的结构。其实还有一种是两者兼顾，那就是在提供基本固定端口的基础之上再配备一定的扩展插槽或模块。

固定端口顾名思义就是它所具有的端口是固定的，如果是 8 端口的，就只能有 8 个端口，再不能添加。16 个端口也就只能有 16 个端口，不能再扩展。目前这种固定端口的交换机比较常见，端口数量没有明确的规定，一般的端口标准是 8 端口、16 端口和 24 端口。固定端口交换机虽然相对来说价格便宜一些，但由于它只能提供有限的端口和固定类型的接口，因此，无论从可连接的用户数量上，还是从可使用的传输介质上来讲都具有一定的局限性，一般适用于小型网络、桌面交换环境。

模块化交换机虽然在价格上要贵很多，但拥有更大的灵活性和可扩充性，用户可任意选择不同数量、不同速率和不同接口类型的模块，以适应千变万化的网络需求。而且，机箱式交换机大都有很强的容错能力，支持交换模块的冗余备份，并且往往拥有可热插拔的双电源，以保证交换机的电力供应。

4. 按网络构成方式分类 按照网络构成方式，网络交换机被划分为接入层交换机、汇聚层交换机和核心层交换机（此种分类多用于智能楼宇综合布线项目中）。其中，核心层交换机全部采用机箱式模块化设计，已经基本上都设计了与之相配备的 1000Base-T 模块。接入层支持 1000Base-T 的以太网交换机基本上是固定端口式交换机，以 10/100Mbit/s 端口为主，并且以固定端口或扩展槽方式提供 1000Base-T 的上联端口。汇聚层 1000Base-T 交换机同时存在机箱式和固定端口式两种设计，可以提供多个 1000Base-T 端口，一般也可以提供 1000Base-X 等其他形式的端口。接入层和汇聚层交换机共同构成完整的中小型局域网解决方案。

5. 按网络模型分类 按照 TCP/IP 的网络模型，交换机又可以分为第 2 层交换机、第 3 层交换机、第 4 层交换机等。

基于 MAC 地址工作的第 2 层交换机最为普遍，用于网络接入层和汇聚层。基于 IP 地址和协议进行交换的第 3 层交换机普遍应用于网络的核心层，也少量应用于汇聚层。部分第 3 层交换机也同时具有第 4 层交换功能，可以根据数据帧的协议端口信息进行目标端口判断。第 4 层以上的交换机称之为内容型交换机，主要用于因特网数据中心。

6. 按可管理性分类 按照交换机的可管理性，又可把交换机分为可管理型交换机和不可管理型交换机，它们的区别在于对 SNMP、RMON 等网管协议的支持。可管理型交换机便于网络监控、流量分析，但成本也相对较高。大中型网络在汇聚层应该选择可管理型交换机，在接入层视应用需要而定，核心层交换机则全部是可管理型交换机。

7. 交换机的工作方式 交换机通过以下 3 种方式进行数据交换。

1）直通式。在这种模式下，交换机只需要知道帧的目的 MAC 地址就可以成功地将帧转发到目的地。在交换机读取到帧中足够的信息并能识别出目的地址后，它将立即把帧发送到目的端口。直通式的优点是由于不需要存储，时延非常小，交换非常快。但是缺点是由于没有缓存，数据包内容并没有被以太网交换机保存下来，所以无法检查所传送的数据包是否有误，不能提供错误检测能力，而且容易丢包。

2）存储转发式。存储转发方式是计算机网络领域应用最为广泛的方式。它把输入端口的数据包先存储起来，然后进行 CRC（循环冗余码校验）检查，在对错误包处理后才取出数据包的目的地址，通过查找表转换成输出端口送出包。正因如此，存储转发方式在数据处理时延时大，这是它的不足，但是它可以对进入交换机的数据包进行错误检测，有效改善网络性能。尤其重要的是它可以支持不同速度的端口间的转换，保持高速端口与低速端口间的协同工作。

3）碎片隔离式。这是介于前两者之间的一种解决方案。它检查数据包的长度是否够 64 字节，如果小于 64 字节，说明是假包，则丢弃该包；如果大于 64 字节，则发送该包。这种方式也不提供数据校验。它的数据处理速度比存储转发方式快，但比直通式慢。

由于存储转发方式是网络领域应用得最广泛的数据交换方式，因此本书后面讨论的内容，默认采用存储转发方式的交换机。

3.4.2　交换机的工作原理

下面将重点研究交换机的工作原理。前面已经提到，网桥依靠转发表来转发帧。在这一节中，就通过交换机的转发表的工作过程来了解交换机是怎样工作的。

1. MAC 地址的学习　为了转发数据，交换机需要维护它的转发表，通常将转发表称为 MAC 地址表，因为转发表的表项中包含了与本交换机相连的主机的 MAC 地址、本交换机连接主机的端口等信息。人们所关注的内容主要就是 MAC 地址和交换机端口号，因此本节中会将交换机转发表称为交换机 MAC 地址表。

在交换机刚启动时，它的 MAC 地址表中是空的，没有任何表项，如图 3-13 所示。此时如果交换机的某个端口收到数据帧，它会把数据帧从所有其他端口转发出去。这样，交换机就能够确保网络中其他所有的主机都能收到此数据帧。但这种广播式的转发效率低下，也占用了太多的网络带宽，并不是理想的数据转发模式。

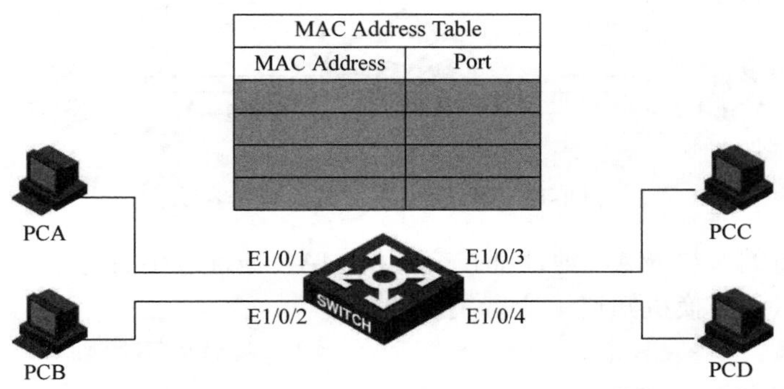

图 3-13　MAC 地址表初始状态

为了提高转发效率，降低网络带宽的占用率。人们尝试在交换机上实现仅仅转发目的主机需要的数据。要想实现这一目的，交换机就需要知道目的主机所在的位置，也就是目的主机连接在交换机的哪个端口上。这就需要交换机进行 MAC 地址表的学习。

交换机是通过记录端口接收数据帧中的源 MAC 地址和端口的对应关系来进行 MAC 地址表学习的。如图 3-14 所示，PCA 发出数据帧，其源地址是自己的 MAC 地址 MAC_A，目的地址是 PCD 的 MAC 地址 MAC_D。交换机在端口 E1/0/1 收到数据帧后，查看帧中的源 MAC 地址，并添加到 MAC 地址表中，形成一条 MAC 地址表项。因为 MAC 地址表中没有 MAC_D 的相关记录，所以交换机把此数据帧从其他所有端口都发送出去。

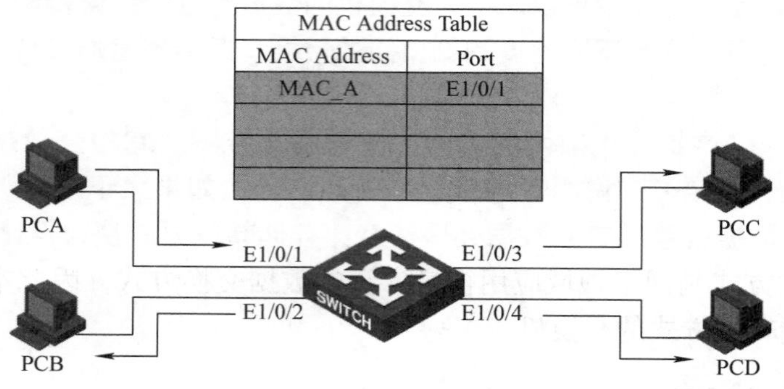

图 3-14　PCA 的 MAC 地址学习

交换机在学习 MAC 地址的同时，也给每条表项设定一个老化时间，如果在老化时间到期之前一直没有刷新，则表项会被清空。因为交换机的地址表空间有限，设定老化时间有助于回收长久不用的 MAC 表项。

同样，当网络中其他 PC 发出数据帧时，交换机也记录其中源 MAC 地址，与接收到数据帧的端口相关联起来，形成 MAC 地址表项，如图 3-15 所示。

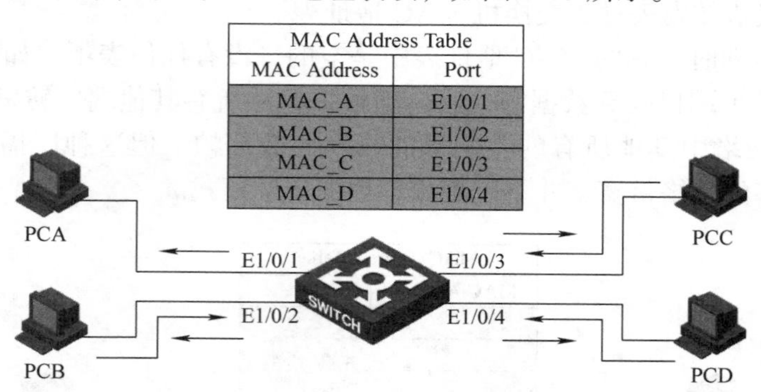

图 3-15　其他 PC 的 MAC 地址学习

当网络中所有的主机 MAC 地址都在交换机 MAC 地址表中有记录后，意味 MAC 地址学习完成，也可以说交换机知道了所有主机的位置。

但是，请注意，交换机在 MAC 地址学习时，需要遵循以下原则：

1）一个 MAC 地址只能被一个端口学习。

2）一个端口可以学习多个 MAC 地址。

2. 数据帧的转发 MAC 地址表学习完成后，交换机根据 MAC 地址表项进行数据帧转发，在转发过程中要遵循以下原则。

对于已知的数据帧（即帧目的 MAC 地址在交换机 MAC 地址表中有相应表项），则从帧目的 MAC 地址相对应的端口转发出去。

对于广播帧和未知数据帧（即帧目的 MAC 地址在交换机 MAC 地址表中无相应表项），则从除源端口以外的其他端口转发出去。

如在图 3-16 中，PCA 发出数据帧，其目的地址是 PCD 的地址 MAC_D。交换机在端口 E1/0/1 收到数据帧后，检查 MAC 地址表，发现目的 MAC 地址 MAC_D 所对应的端口是 E1/0/4，交换机就把此数据帧从端口 E1/0/4 转发出去，并不在端口 E1/0/2 和 E1/0/3 转发，PCB 和 PCC 也不会收到目的地址为 MAC_D 的数据帧。

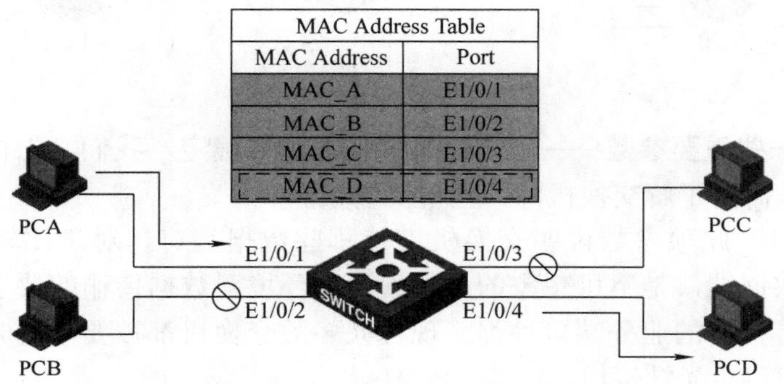

图 3-16 已知数据帧的转发

与已知数据帧的转发不同，对于未知帧交换机会从除源端口外的其他端口转发广播帧，因为广播帧的目的就是要让网络中其他的主机收到这些数据帧。而由于 MAC 地址表中无相关表项，所以交换机也要把未知数据帧从其他端口转发出去，以便网络中其他主机能收到，如图 3-17 所示。

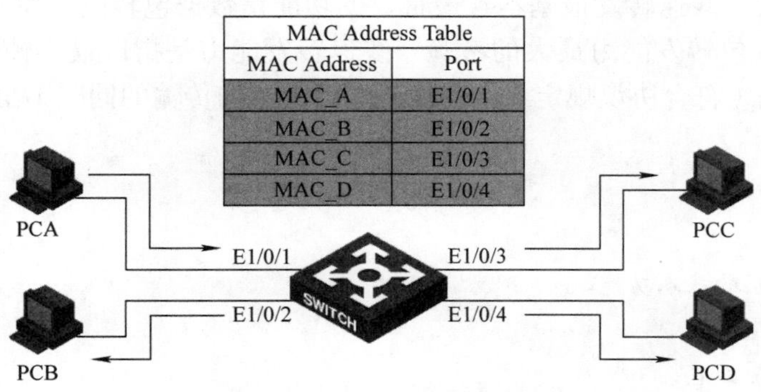

图 3-17 未知数据帧的转发

3. 数据帧的过滤 为了杜绝不必要的帧转发，交换机对符合特定条件的帧进行过滤。无论是哪种数据帧，如果数据帧的目的 MAC 地址在 MAC 地址表中有表项存在，且表项所关联的端口与接收到帧的端口相同时，则交换机对此帧进行过滤，即不转发此帧，并丢弃之。

如图 3-18 所示，PCA 发出数据帧，其目的地址为 MAC_B。交换机在端口 E1/0/1 上收到数据帧后，检查 MAC 地址表，发现 MAC_B 所关联的端口也是 E1/0/1，则交换机将此帧过滤。

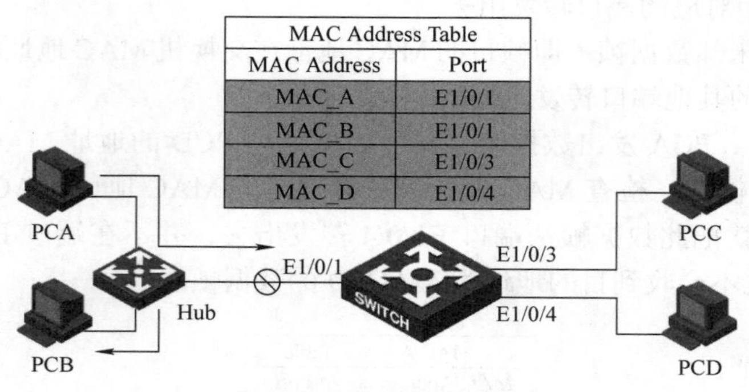

图 3-18　数据帧的过滤

4. 交换机的一些重要参数　一台交换机的性能如何确定？我们又怎样去选择合适的交换机？这个时候，需要了解交换机的一些重要参数。

（1）业务端口。此项参数说明交换机支持哪些数据端口。对于比较高级的交换机来说，只支持一种数据端口是不可想象的。随着网络环境对数据传输的要求越来越高，交换机不得不开始丰富自己的业务端口种类。现在大多数交换机都被要求同时支持铜缆口（双绞线接口）和光缆口（光纤接口）。

（2）背板带宽。交换机拥有一条很高带宽的背部总线，这条总线的数据带宽就是背板带宽，是交换机接口处理器或接口卡和数据总线间所能吞吐的最大数据量。背板带宽标志了交换机总的数据交换能力，单位为 Gbit/s，也称交换带宽，一般的交换机的背板带宽从几 Gbit/s 到上百 Gbit/s 不等。一台交换机的背板带宽越高，所能处理数据的能力就越强，但同时成本也会越高。

（3）线速转发。线速转发最基本且最重要的功能是数据包转发。在同样端口速率下转发小包是对交换机包转发能力最大的考验。线速转发能力是指以最小帧长（以太网 64 字节）和最小帧间隔（符合协议规定）在交换机端口上双向传输的同时不出现丢帧现象。

习　题

3-1　简述数据链路层的基本功能。

3-2　什么是 CSMA/CD？

3-3　简述集线器的优缺点。

3-4　和集线器相比，交换机的优势在哪里？

3-5　简单说明交换机如何进行 MAC 地址学习、数据帧的转发和过滤。

3-6　什么是冲突域，如何隔离它？

3-7　目前局域网能提供的数据传输率为（　　）。

A）1~10Mbps　　　　B）10~100Mbps

C）10~1000Mbps　　D）10~10000Mbps

3-8　在总线结构局域网中，关键是要解决（　　）。

A）网卡如何接收总线上的数据的问题

B）总线如何接收网卡上传出来的数据的问题

C）网卡如何接收双绞线上的数据的问题

D）多结点共同使用数据传输介质的数据发送和接收控制问题

3-9　Gigabit Ethernet 的传输速率比传统的 10Mbps Ethernet 快 100 倍，但是它们然保留着和传统的 Ethernet 的相同的（　　）。

A）物理层协议　　B）帧格式　　C）网卡　　D）集线器

3-10　计算机网络拓扑是通过网中结点与通信线路之间的几何关系表示（　　）。

A）网络结构　　B）网络层次　　C）网络协议　　D）网络模型

3-11　局域网的核心协议是（　　）。

A）IEEE 801 标准　　B）IEEE 802 标准　　C）SNA 标准　　D）非 SNA 标准

3-12　局域网交换机具有很多特点。下列关于局域网交换机的论述中，说法不正确的是（　　）。

A）低传输延迟

B）高传输带宽

C）可以根据用户级别设置访问权限

D）允许不同传输速率的网卡共存于同一个网络

3-13　每一块网卡拥有的全网唯一硬件地址长度为（　　）。

A）48 位　　B）32 位　　C）24 位　　D）64 位

3-14　目前各种城域网建设方案的共同点是在结构上采用 3 层模 式，这 3 层是核心交换层、业务汇聚层与（　　）。

A）数据链路层　　B）物理层　　C）接入层　　D）网络层

3-15　通常数据链路层交换的协议数据单元被称为（　　）。

A）报文　　B）帧　　C）报文分组　　D）比特

3-16　下列功能中，最好地描述了 OSI(开放系统互连）模型的数据链路层的是（　　）。

A）保证数据正确的顺序、无差错和完整

B）处理信号通过介质的传输

C）提供用户与网络的接口

D）控制报文通过网络的路由选择

3-17　下列关于虚拟局域网的说法，不正确的是（　　）。

A）虚拟局域网是用户和网络资源的逻辑划分

B）虚拟局域网中的工作站可处于不同的局域网中

C）虚拟局域网是一种新型的局域网

D）虚拟局域网的划分与设备的实际物理位置无关

3-18　IEEE 注册管理委员会为每一个网卡生产厂商分配 Ethernet 物理地址的前（　　）个字节。

A）2　　B）3　　C）4　　D）5

3-19　利用局域网交换机把计算机连接起来的局域网称为（　　）。

A）共享介质局域网　　B）交换式局域网

C）共享交换局域网　　D）交换介质局域网

3-20 下列关于交换机端口定义的虚拟局域网，说法错误的是（　　）。

A）从逻辑上将端口划分为独立虚拟子网

B）可以跨越多个交换机

C）同一端口可以属于多个虚拟局域网

D）端口位置移动后，必须重新配置成员

3-21 数据链路层的数据块称为（　　）。

A）信息　　B）报文　　C）比特流　　D）帧

3-22 快速以太网的传输速率为（　　）。

A）100Mbps　　B）10Mbps　　C）1Gbps　　D）10Gbps

第 4 章 网络层与路由器

本章讨论网络互连的问题，也就是讨论多个网络通过路由器互连成为一个互连网络。在介绍网络层提供的两种不同服务后，重点介绍了分类的 IP 地址，划分子网和构造超网以及路由选择协议和路由器的工作原理。

4.1 网 络 层

网络层涉及的是将源主机发出的分组经过各种途径送到目的主机。从源主机到目的主机可能要经过许多中间结点，这一功能与数据链路层形成鲜明的对比，数据链路层仅将数据帧从导线的一端送到另一端。因此，网络层是处理端系统到端系统数据传输的最底层。

4.1.1 网络层提供的两种服务

长期以来，计算机网络领域中都存在一个争论，那就是网络层应该向运输层提供怎样的服务（“面向连接”还是“无连接”）？这一争论实质上是：在计算机通信中，可靠交付应当由谁来负责？

是网络还是端系统？

所谓“可靠交付”指的就是怎样保证发送方发出的数据一定能被接收方收到。

在这个争论中，一方（以电信公司为代表）认为：通信子网应该提供一种（合理）可靠的、面向连接的服务。因为，一百年来，世界上电信系统的成功经验就是一个极好的范例。按照这一要求，其连接应有如下特性。

1）发送数据前，发送端网络层必须与接收端网络层建立连接。这是一个具有特殊标示的连接，一直到数据传送完毕后才能明确地释放。

2）建立连接时，两个进程可以就其服务参数、服务质量和服务开销等问题进行协商。

3）通信是双向的，分组按次序进行传输。

4）能自动提供流量控制功能，以防止一个快速发送者以高出接收者取出分组的速率发送分组，从而导致溢出。

另一方（因特网委员会为代表）则认为：通信子网的工作是在网上传递比特，除此之外，别无他事。按照他们的观点，不管怎样设计，通信子网注定是不可靠的。因此，主机应当接受这样的事实：必须自己进行差错控制（即错误检测和纠正）和流量控制。其结论就是：

1）网络层提供的服务是无连接方式。

2）分组排序和流量控制的功能由主机完成，因此网络层不必再进行这些工作。

3）由于每个被发送的分组的传送都与其前后发送的分组无关，因此，每个分组都必须带有目的端的完整地址。

面向连接和无连接两种服务方式之间的争论，实质就是将复杂的功能放在哪里完成的问题。在面向连接服务中，它们被置于网络层（通信子网），而在无连接服务中，则被置于运输层。但随着因特网的飞速发展，其影响力的逐年提高，人们已经习惯于在网络层使用无连接的服务。

4.1.2 虚电路与数据报

针对“面向连接”和“无连接”这两种方式，网络层提供了两种不同的服务，分别是面向连接的虚电路服务和无连接的数据报服务。

（1）虚电路服务。为了在计算机网络中传输数据，发送数据的源主机和接收数据的目的主机之间首先要建立一条逻辑通道。由于这条逻辑通道并不是这两台主机专用的，因此称为“虚”电路。虚电路建立后，数据就可以在两台主机之间以分组为单位依次发送，接收端接收到分组的顺序必然与发送端的发送顺序一致，因此接收端无须负责在收集分组后重新进行排序。在通信结束后，通信双方则释放掉已建立的虚电路。每台主机到其他任一台主机之间都可能先建立了若干条虚电路来支持特定的两个系统之间的数据传输。两个系统之间也可以有多条虚电路为不同的数据服务，以保证双方通信所需的一切网络资源。收发双方就可以沿着已建立的虚电路发送分组。这样的分组的首部不需要填写完整的目的主机地址，而只需要填写这条虚电路的编号（一个不大的整数），因而减少了分组的开销。这种通信方式如果再使用可靠传输的网络协议，就可使所发送的分组无差错按序到达终点。图 4-1a 就是网络提供虚电路服务的示意图。主机 H_1 和 H_2 之间交换的分组都必须在事先建立的虚电路上传送。

（2）数据报服务。与虚电路服务不同，数据报服务在发送分组时，不需要提前建立连接。每一个分组都独立发送，都携带目的地址，而且与其前后的分组无关（不进行编号）。在数据报服务中，每个分组自身都携带有足够的信息，而且每个分组的传输都是被单独处理的。数据报服务会根据每个分组所携带的目的地址来决定此分组转发的路径。但是数据报服务不提供服务质量的承诺。也就是说，数据报所传送的分组可能会出现出错、丢失、重复和失序（即不按顺序到达终点）等情况，当然也不保证分组到达目的地址的时限。相对前面提到的虚电路服务，数据报服务看上去似乎没有任何优点。但是，在有些情况下数据报服务可能会变得非常有用，因为数据报服务具有虚电路服务所望尘莫及的速度优势。比起数据报服务，虚电路服务在数据传输开始前需要提前建立连接，传输完成后又需要释放连接，大大增加了系统开销，使速度受到严重的影响。因此，在一些实时性要求较高的环境下，数据报服务还在大量使用。图 4-1b 给出了网络提供数据报服务的示意图。主机 H_1 向 H_2 发送的分组各自独立地选择路由，并且在传送的过程中还可能丢失。

表 4-1 归纳了虚电路服务与数据报服务的主要区别。

鉴于 TCP/IP 体系的网络层提供的是数据报服务，因此下面的讨论都是围绕网络层如何传送 IP 数据报这个主题。

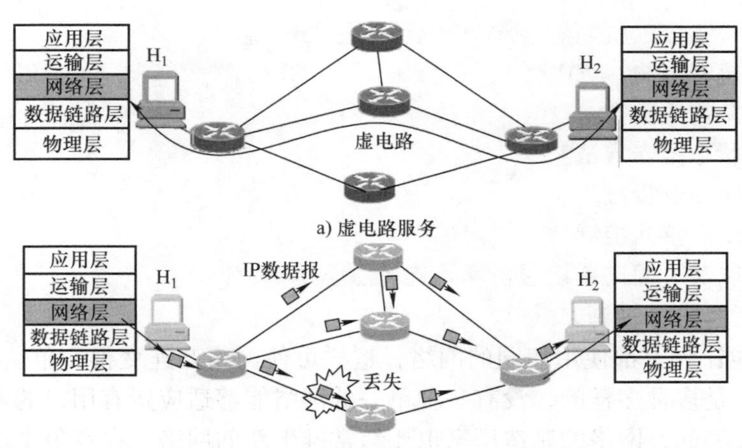

图 4-1 虚电路服务与数据报服务

表 4-1 虚电路服务与数据报服务的对比

对比的方面	虚电路服务	数据报服务
思路	可靠通信应当由网络来保证	可靠通信应当由用户主机来保证
连接的建立	必须有	不需要
终点地址	仅在连接建立阶段使用，每个分组使用短的虚电路号	每个分组都有终点的完整地址
分组的转发	属于同一条虚电路的分组均按照同一路由进行转发	每个分组独立选择路由进行转发
当结点出故障时	所有通过出故障的结点的虚电路均不能工作	出故障的结点可能会丢失分组，一些路由可能会发生变化
分组的顺序	总是按发送顺序到达终点	到达终点时不一定按发送顺序

4.2 网际协议

网际协议（Internet Protocol，IP）是 TCP/IP 体系中两个最主要的协议之一，位于 TCP/IP 体系的第 3 层，也是这一层中最重要的协议。

IP 层接收由更低层（数据链路层）发来的分组，并把该分组发送到更高层（运输层）；相反，IP 层也把从运输层接收来的分组传送到数据链路层。

在因特网中，IP 协议可以使连接到因特网上的所有计算机之间实现相互通信，它规定了计算机在因特网上进行通信时应当遵守的规则。任何厂家生产的计算机系统，只要遵守 IP 协议就可以与因特网互连互通。因此 TCP/IP 体系中的网际层常常被称为 IP 层。

在讨论网际协议之前，我们先要了解一个概念，那就是虚拟互连网络。

4.2.1 虚拟互连网络

我们知道，如果要在全世界范围内把数以百万计的网络互连起来，并且能够互相通信，那么这样的任务一定非常复杂。其中会遇到许多问题需要解决，如：

1）不同的寻址方案。

2）不同的最大分组长度。

3）不同的网络接入机制。
4）不同的超时控制。
5）不同的差错恢复方法。
6）不同的状态报告方法。
7）不同的路由选择技术。
8）不同的用户接入控制。
9）不同的服务（面向连接服务和无连接服务）。
10）不同的管理与控制方式。

那么能不能让大家都使用相同的网络，这样可使网络互连变得简单。答案是不行的。因为用户的需求是多种多样的，没有一种单一的网络能够适应所有用户的需求。另外，网络技术是不断发展的，网络的制造厂家也要经常推出新的网络，在竞争中求生存。因此在市场上总是有很多种不同性能、不同网络协议的网络，供不同的用户选用。

既然统一网络无法做到，那么有没有其他办法解决呢？ TCP/IP 体系给出一个方法。

TCP/IP 体系在网络互连上采用的做法是在网际层（即 IP 层）采用了标准化协议，但相互连接的网络则可以是异构的。图 4-2a 表示的许多计算机网络通过一些路由器进行互连。由于参加互连的计算机网络都使用相同的网际协议，因此可以把互连以后的计算机网络看成如图 4-2b 所示的虚拟互连网络。所谓虚拟互连网络也就是逻辑互连网络，它的意思就是互联起来的各种物理网络的异构性本来是客观存在的，但是利用 IP 协议就可以使这些性能各异的网络从用户看起来好像是一个统一的网络。这种使用 IP 协议的虚拟互连网络可简称为 IP 网。使用 IP 网的好处是：当互联网上的主机进行通信时，就好像在一个网络上通信一样，而看不见互连的各具体的网络异构细节。

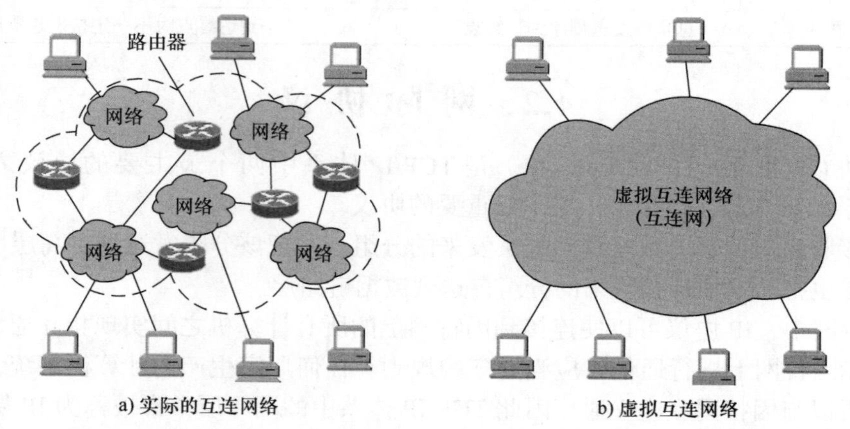

图 4-2　实际与虚拟互连网络

当很多异构网络通过路由器互连起来时，如果所有的网络都使用相同的 IP 协议，那么在网络层讨论问题就显得很方便。现在用一个例子来说明。

在图 4-3 所示的互联网中的源主机 H_1 要把一个 IP 数据报发送给目的的主机 H_2。主机 H_1 先要查找自己的路由表，看目的主机是否就在本网络上。如果是，则不需要经过任何路由器，而是直接交付，任务完成了。如果不是，则必须把 IP 数据报发送给某个路由器（图

中的 R_1）。R_1 要查找了自己的路由表后，知道应当把数据报转发给 R_2 进行间接交付。这样一直转发下去，最后由路由器 R_5 知道自己是和 H_2 连接在同一个网络上，不需要再使用别的路由器转发了，于是就把数据报直接交付给目的主机 H_2。图中画了源主机、目的主机以及各路由器的各协议栈。我们注意到，主机的协议栈共有 5 层，而路由器的协议栈只有 3 层。图中还画了数据在各协议栈中流动的方向。还可注意到，在 R_4 和 R_5 之间使用了卫星链路，而 R_5 所连接的是一个无线局域网。在 R_1 ~ R_4 之间的 3 个网络则可以是任意类型的网络。总之，这里强调的是：互联网可能由多种异构网络互连而成。

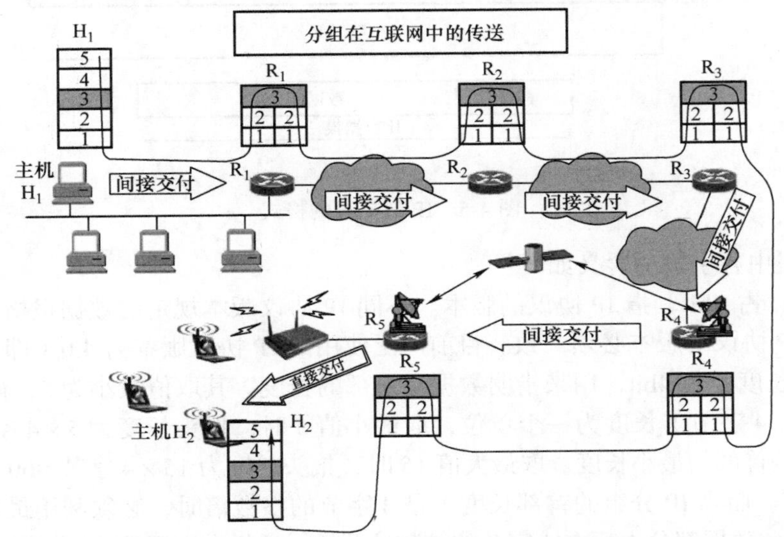

（图中协议栈中的数字 1~5 分别表示物理层、数据链路层、网络层、运输层和应用层）

图 4-3　分组在互联网中的传送

如果只从网络层考虑问题，那么 IP 数据报就可以想象是在各主机和路由器的网络层中传送（见图 4-4）。这样就不必画出许多完整的协议栈，使问题的讨论更加简单。

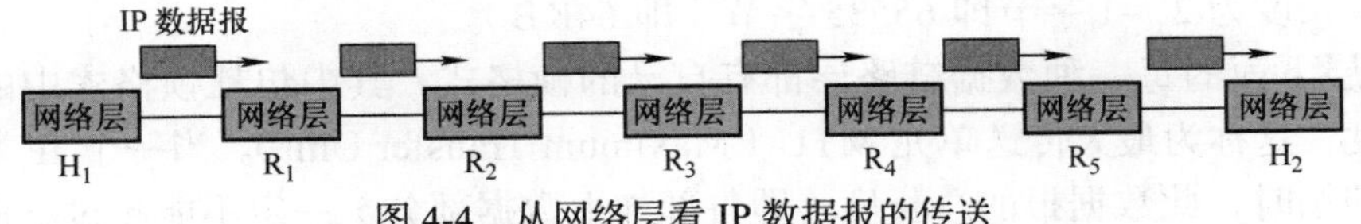

图 4-4　从网络层看 IP 数据报的传送

有了虚拟互连网络的概念后，再讨论在这样的虚拟网络上如何寻址。

4.2.2　IP 数据报的格式

TCP/IP 在其网际层定义了一个在因特网上传输的包，称为 IP 数据报（IP Datagram）。有时也称其为分组（Packet）。这两种说法在实际使用中并没有区别。

下面介绍一下 IP 数据报的格式，如图 4-5 所示。

在 TCP/IP 的标准中，各种数据格式常常以 32 位（即 4 字节）为单位来描述。也就是图 4-5 中的第 1 行。IP 数据报由首部和数据两部分组成。首部的前一部分是固定长度，共 20 字节，是所有 IP 数据报必须具有的。在首部的固定部分的后面是一些可选字段，其长度是可变的。而数据部分则是运输层向网络层下发的数据，不对其做任何改变。

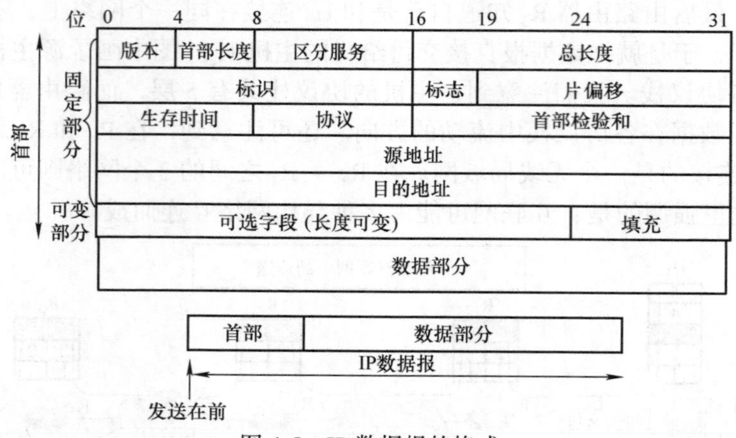

图 4-5　IP 数据报的格式

IP 数据报中各字段的含义如下：

1）版本：占 4bit，指 IP 协议的版本。不同 IP 协议版本规定的数据报格式不同。通信双方使用的 IP 协议的版本必须一致。目前广泛使用的 IP 协议版本为 4.0（即 IPv4）。

2）首部长度：占 4bit，用来指明数据报首部的长度。其取值最小为 5，最大为 15。以 32 位（相当于 4 字节）长度为一个单位，取最小值 5 时，报头长度为 5 × 4 字节 =20 字节，这 20 字节就是首部的最小长度。取最大值 15 时，报头长度为 15 × 4 字节 =60 字节，这是首部的最大长度。而当 IP 分组的首部长度不是 4 字节的整数倍时，必须利用最后的填充字段加以填充。因此数据部分永远在 4 字节的整数倍开始，这样在实现 IP 协议时较为方便。

3）区分服务：占 8 位，用来获得更好的服务。这个字段在旧标准中称作服务类型，但实际上一直没有被使用过。1998 年 IETF 把这个字段改名为区分服务 DS（Differentiated Services）。只有在使用区分服务时，这个字段才起作用。在一般情况下，不使用这个字段。

4）总长度：占 16bit，数据报的总长度，包括头部和数据，以字节为单位。因此，数据报的最大长度为 $2^{16}-1$ 字节即 65535 字节（即 64KB）。

在 IP 层下面的每一种数据链路层都有自己的帧格式，其中包括帧格式中的数据字段的最大长度，这称为最大传送单元 MTU（Maximum Transfer Unit）。当一个 IP 数据报封装成链路层的帧时，此数据报的总长度（即首部加上数据部分）一定不能超过下面的数据链路层的 MTU 值。虽然使用尽可能长的数据报会使传输效率提高，但由于以太网的普遍应用，所以实际上使用数据报长度很少超过 1 500 字节。

5）标识：占 16bit，标识数据报。IP 软件在存储器中维持一个计数器，每产生一个数据报，计数器就加 1，并将此值赋给标识字段。但这个“标识”不是序号，因为 IP 是无连接服务，数据报不存在按序接收的问题。当数据报长度超出网络最大传输单元（MTU）时，必须要进行分割（分成数据报片），并且需要为分割片（Fragment）提供标识。这个标识字段的值就被复制到所有的数据报片的标识字段中。相同的标识字段的值使分片后的各数据报片最后能正确地重装成为原来的数据报。

6）标志：占 3bit，指出该数据报是否可分片。目前只有前两个比特有意义。标志字段中的最低位记为 MF（More Fragment）。MF=1 即表示后面“还有分片”的数据报。MF=0 表示这已是若干数据报片中的最后一个。标志字段中间的一位记为 DF（Don’t Fragment）。只有当 DF=0 时才允许分片。

7）片偏移：占 13bit，若有分片时，用以指出该分片在数据报中的相对位置，也就是说，相对于用户数据字段的起点，该片从何处开始。片偏移以 8 字节为偏移单位，即每个分片的长度一定是 8 字节（64 bit）的整数倍。

【例 4-1】一数据报的总长度为 3 820 字节，其数据部分为 3 800 字节长（使用固定首部），需要分片为长度不超过 1 420 字节的数据报片。因固定首部长度为 20 字节，因此每个数据报片的数据部分长度不能超过 1 400 字节。于是分为 3 个数据报片，其数据部分的长度分别为 1 400、1 400 和 1 000 字节。原始数据报首部被复制为各数据报片的首部，但必须修改有关字段的值。图 4-6 给出分片后得出的结果（请注意片偏移的数值）。

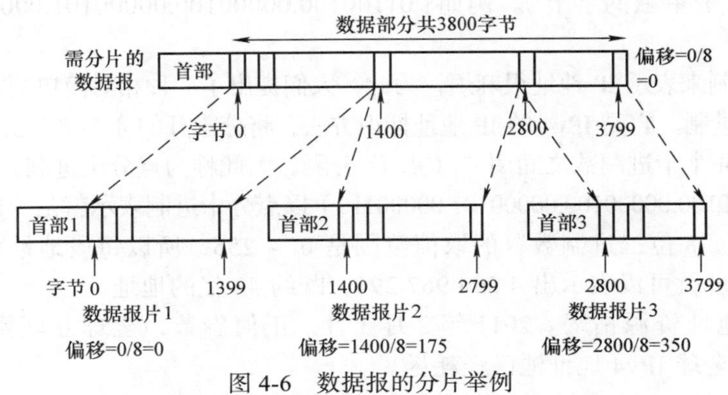

图 4-6　数据报的分片举例

8）生存时间或生命期：占 8bit，记为 TTL（Time To Live），即数据报在网络中的寿命，以秒来计数，建议值是 32s，最长为 $2^8-1=255$s。生存时间每经过一个路由结点都要递减，当生存时间减到零时，分组就要被丢弃，并向源主机发送一个警告。设定生存时间是为了防止数据报在网络中无限制地漫游。

9）协议：占 8bit，指示运输层所采用的协议，如 TCP、UDP 或 ICMP 等。指出此数据报携带的数据使用何种协议以便目的主机的 IP 层将数据部分上交给相应处理过程，如图 4-7 所示。

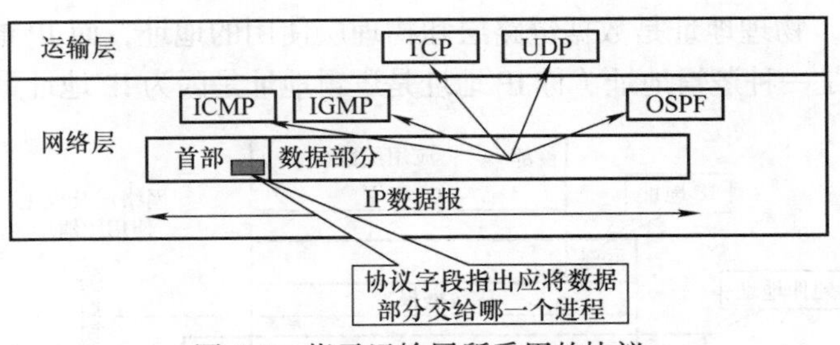

图 4-7　指示运输层所采用的协议

10）首部校验和：占 16bit，此字段只检验数据报的首部，不包括数据部分。若数据报正确到达时，校验和应为零。

11）源地址与目的地址：各占 32 bit，32 位的源地址与目的地址分别表示该 IP 数据报发送者和接收者地址。在整个数据报传送过程中，无论经过什么路由，无论如何分片，此两字段一直保持不变。

4.2.3 IP 地址

首先声明，本章所有内容全部以 IPv4 为准。

把整个因特网看成为一个单一的、抽象的网络，IP 地址就是给每个连接在因特网上的主机（或路由器）的每个接口分配一个在全世界范围是唯一的 32 位的标识符。IP 地址的结构使人们可以在因特网上很方便地进行寻址。IP 地址现在由互联网名称与数字地址分配机构 ICANN（Internet Corporation for Assigned Names and Numbers）进行分配。

IP 地址在主机中是以一个 32 位的二进制数的形式存在，通常被分割为 4 个 8 位二进制数（也就是 4 个单独的字节）。例如：01100100.00000100.00000101.00000110 就是一个 IP 地址。

但是用二进制来表示 IP 地址很麻烦，为此，人们提出了一种相对简单的方法来记录 IP 地址，称为点分十进制。它是 IPv4 的 IP 地址标识方法，将分割开的 4 个 8 位二进制数分别转换成十进制数，在 4 个十进制数之间用“.（点）”分隔，因此称为点分十进制。前面提到的二进制 IP 地址（01100100.00000100.00000101.00000110）以点分十进制表示就是（100.4.5.6）。

由于每一个“8 位二进制数”的取值范围是 0 ~ 255，所以每段地址就有 256 种不同的地址，四段地址就可以表示出 4 294 967 296，既约 43 亿的地址。

国际 IPv4 地址资源枯竭。2011 年 2 月 3 日，正值春节，全球互联网数字分配机构（IANA）宣布，全球 IPv4 地址池已经耗尽。

2011 年初，在 IANA 的全球地址池里，共剩余 7 个 A 类地址，其中的 5 个平均分给了五大区域互联网地址注册机构 RIR（包括负责北美地区的 ARIN，负责欧洲地区业务的 RIPE，负责拉丁美洲业务的 LACNIC，负责亚太地区的 APNIC，以及负责非洲地区的 AfriNIC），另外的 2 个地址分配给需求量大的亚太地区。

4.2.4 硬件地址与 IP 地址

下面将数据链路层的 MAC 地址和网络层的 IP 地址放到一起来进行比较。如图 4-8 所示，在数据链路层及以下使用的是 MAC 地址，而网络层及以上的使用的是前面提到的 IP 地址。从层次的角度上看，物理地址是数据链路层和物理层使用的地址，而 IP 地址是网络层和以上各层使用的地址，是一种逻辑地址（称 IP 地址是逻辑地址是因为 IP 地址是用软件实现的）。

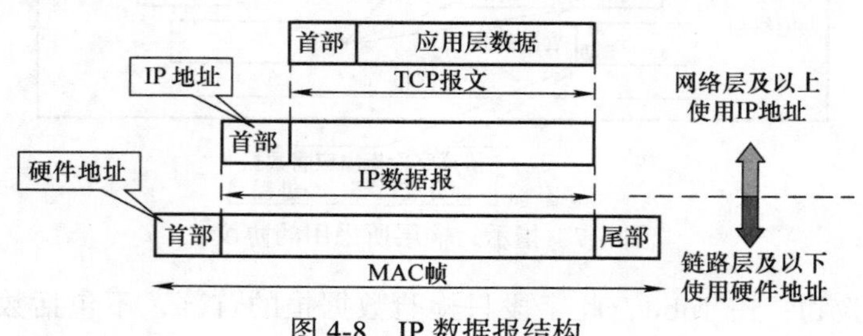

图 4-8　IP 数据报结构

在发送数据时，数据从高层下到低层，然后才到通信链路上传输。使用 IP 地址的 IP 数据报一旦交给数据链路层，就被封装成 MAC 帧。MAC 帧在传送时使用的源地址和目的地址都是硬件地址，这两个硬件地址都写在 MAC 帧的首部中。

连接在通信链路上的设备（主机或路由器）在接 MAC 帧时，其根据的是 MAC 帧首部中的硬件地址。在数据链路层看不到隐藏在 MAC 帧的数据中的 IP 地址。只有在剥去 MAC 帧的首部和尾部后，把数据链路层的数据上交给网络层后，网络层才能在 IP 数据报的首部中找到源 IP 地址和目的 IP 地址。

总之，IP 地址放在 IP 数据报的首部，而硬件地址则放在 MAC 帧和首部。在网络层和网络层以上使用的是 IP 地址，而数据链路层及以下使用的是硬件地址。在图 4-8 中，当 IP 数据报放入数据链路层的 MAC 帧中后，整个的 IP 数据报就成为 MAC 帧的数据，因而在数据链路层看不见数据报的 IP 地址。

图 4-9a 中的 3 个局域网用两个路由器 R_1 和 R_2 互连起来。现在主机 H_1 要和主机 H_2 通信。这两台主机的 IP 地址分别是 IP_1 和 IP_2，而它们的硬件地址分别是 HA_1 和 HA_2。通信的路径是：H_1→经过 R_1 转发→再经过 R_2 转发→H_2。路由器 R_1 因同时连接到两个局域网上，因此它有两个硬件地址，即 HA_3 和 HA_4。同理路由器 R_2 也有两个硬件地址 HA_5 和 HA_6。

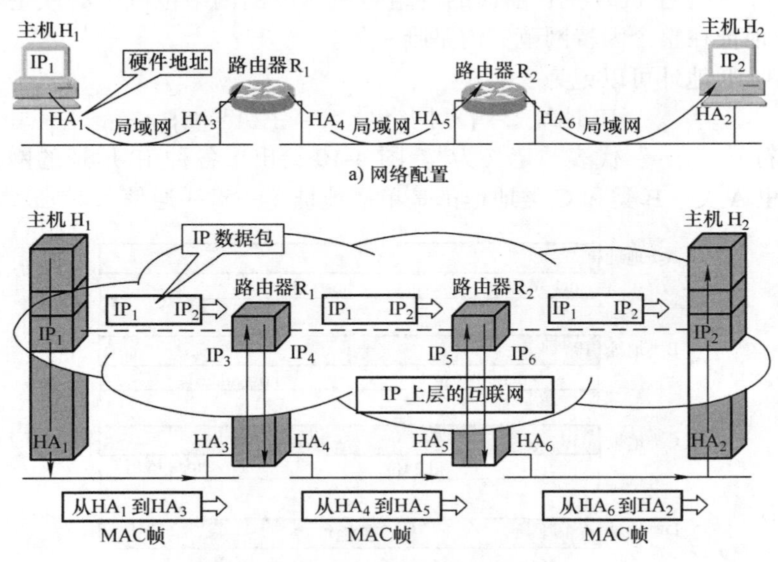

图 4-9　从不同层次上看 IP 地址和硬件地址

这里要强调指出的是：

1）在 IP 层抽象的互联网上只能看到 IP 数据报。图中的 $IP_1 \rightarrow IP_2$ 表示从源地址 IP_1 到目的地址 IP_2。尽管 IP 数据报经过了两台路由器的两次转发，但这两台路由器的 IP 地址并不出现在 IP 数据报的首部中。IP 数据报首部中的源地址和目的地址始终是 IP_1 和 IP_2。

2）路由器只根据目的站的 IP 地址的网络号进行路由选择，尽管 IP 数据报的首部中也包含源地址信息。

3）在具体的物理网络的链路层只能看见 MAC 帧而看不见 IP 数据报。但是要注意，

MAC 帧在不同网段上传输时，MAC 帧首部中的源地址和目的地址一直在发生变化。当然，这种 MAC 帧首部的变化，在上面的网络层上也是看不见的。

4）IP 层抽象的互联网屏蔽了下层很复杂的细节，在抽象的网络层上讨论问题，就能够使用统一的、抽象的 IP 地址，研究主机和主机或主机和路由器之间的通信。

4.2.5 分类的 IP 地址

IP 地址的编址方法共经过了三个历史阶段，这三个阶段是：

1）分类的 IP 地址：这是最基本的编址方法，在 1981 年就通过了相应的标准协议。

2）子网的划分：这是对最基本的编址方法的改进，其标准 RFC 950 在 1985 年通过。

3）构成超网：这是比较新的无分类编址方法。1993 年提出后很快就得到推广应用。

本节只讨论最基本的分类 IP 地址，子网的划分和构成超网在下一节为大家介绍。

1. 5 类 IP 地址 所谓“分类的 IP 地址”就是将所有 IP 地址划分成 5 类（A 类、B 类、C 类、D 类、E 类），其中 A、B、C 这 3 类由 IANA 在全球范围内统一分配，D、E 类为特殊地址。每一类地址都由两个固定长度的字段组成，其中一个字段是网络号（net-id），它标志主机（或路由器）所连接的网络，而第 2 个字段则是主机号（host-id），它标志该主机（或路由器）。一个主机号在它前面的网络号所指明的网络范围内必须是唯一的。由此可见，一个 IP 地址在整个因特网范围内是唯一的。

这种两级的 IP 地址可以记为：

IP 地址 ::= { < 网络号 >, < 主机号 >}

上式中的符号“ ::=”代表“定义为”。图 4-10 给出了各种 IP 地址的网络号字段和主机号字段，这里 A 类、B 类和 C 类地址都是单播地址（一对一通信），是最常用的。

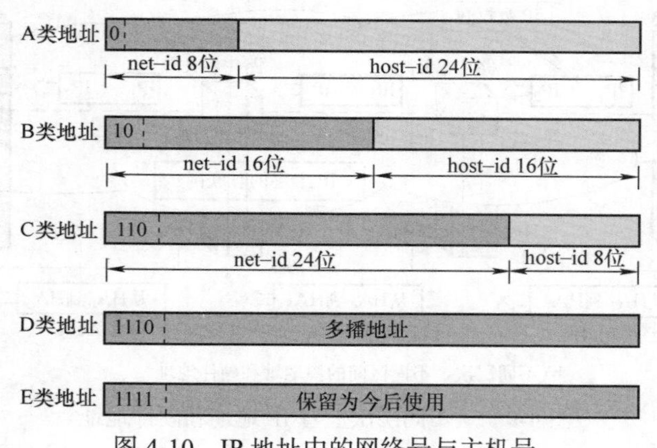

图 4-10 IP 地址中的网络号与主机号

从图 4-10 可以看出：

1）A 类、B 类和 C 类地址的网络号字段分别为 1、2 和 3 字节长，而在网络号字段的最前面有 1 ~ 3 位的类别位，其数值分别规定为 0、10 和 110。

2）A 类、B 类和 C 类地址的主机号字段分别为 3、2 和 1 字节长。

3）D 类地址（前 4 位是 1110）用于多播（一对多通信）。而 E 类地址（前 4 位是 1111）保留为以后用。

由于近年来已经广泛使用无分类的 IP 地址进行路由选择，A 类、B 类和 C 类地址的区分已经成为历史，但为了便于大家的学习，我们还是从传统的分类 IP 地址开始讲起。

从 IP 地址的结构来看，IP 地址并不仅仅指明一个主机，还指明了主机所连接到的网络。

由于各种网络的差异很大，有的网络拥有很多主机，而有的网络上的主机则很少，把 IP 地址划分为 A 类、B 类和 C 类是为了更好地满足不同用户的要求。当某个单位申请到一个 IP 地址时，实际上是获得了具有同样网络号的地址，其中具体的各个主机号则由该单位自行分配，只要做到在该单位管辖的范围内无重复的主机号即可。

A 类地址的网络号字段占 1 字节，有 7 位可供使用（该字段的第一位已固定为 0），可指派的网络号是 126 个（即 2^7-2）。减 2 的原因是：第一，IP 地址中的全 0 表示“这个（this）”。网络号字段为全 0 的 IP 地址是保留地址，意思是“本网络”。第二，网络号为 127（即 01111111）保留作为本地软件环回测试本主机的进程之间的通信之用。

A 类地址的主机号占 3 字节，因此每一个 A 类网络中的最大主机数是 2^{24}–2，即 16777214。这里减 2 的原因：全 0 的主机号字段表示该 IP 地址是“本主机”所连接到的单个网络地址（例如，一主机的 IP 地址为 5.6.7.8，则该主机所在的网络地址就是 5.0.0.0），而全 1 表示“所有的（all）”，因此全 1 的主机号字段表示该网络上的所有主机。

IP 地址空间共有 2^{32}（即 4 294 967296）个地址。整个 A 类地址空间共有 2^{31} 个地址，占的整个 IP 地址空间的 50 %。

B 类地址的网络号字段有 2 字节，但前面两位（10）已经固定了，只剩下 14 位可以进行分配。因为网络号字段后面的 14 位无论怎样取值也不可能出现使整个 2 字节的网络号字段成为全 0 或全 1，因此这里不存在网络总数减 2 的问题。但实际上 B 类网络地址 128.0.0.0 是不指派的，而可以指派的 B 类最小网络地址是 128.1.0.0。因此 B 类地址可指派的网络数为 2^{14}–1，即 16 383。B 类地址的第一个网络上的最大主机数是 2^{16}–2，即 65 534，这里需要减 2 是因为要扣除主机位中主机号为全 0 和全 1 的两个地址。整个 B 类地址空间共约有 2^{30} 个地址，占整个 IP 地址空间的 25 %。

C 类地址有 3 字节的网络号字段，最前面的 3 位是（110），还有 21 位可以进行分配。C 类网络地址 192.0.0.0 也是不指派的，可以指派的 C 类最小网络地址是 192.0.1.0，因此 C 类地址可指派的网络总数是 2^{21}–1，即 2 097 151。每一个 C 类地址的最大主机数是 2^8–2，即 254。整个 C 类地址空间共约有 2^{29} 个地址，占整个 IP 地址空间的 12.5 %。

这样，就可得出表 4-2 所示的 IP 地址的指派范围。

表 4-2　IP 地址的指派范围

网络类别	最大网络数	第一个可用的网络号	最后一个可用的网络号	每个网络中最大的主机数
A	126（2^7-2）	1	126	16，777，214
B	16，383（2^{14}-1）	128.1	191.255	65，534
C	2，097，151（2^{21}-1）	192.0.1	223.255.255	254

综上所述，可以计算得出，A 类 IP 地址的地址范围是从 1.0.0.0 到 126.255.255.255；B 类 IP 地址的地址范围是 128.0.0.0 ~ 191.255.255.255；而 C 类 IP 地址的地址范围是 192.0.0.0 ~ 223.255.255.255。

2. 公有地址和私有地址 公有地址由 IANA 统一分配，用于因特网通信；私有地址可以自由分配，用于私有网络内部通信。换句话说，公有地址可以在因特网上使用，而私有地址不行。

根据 RFC 1918 的规定，IPv4 的单播地址中预留了 3 个私有地址段（即 A、B、C 三类地址中每一类预留了一个地址段），供使用者任意支配，但仅限于私有网络使用。分别是：

A 类 10.0.0.0 ~ 10.255.255.255

B 类 172.16.0.0 ~ 172.31.255.255

C 类 192.168.0.0 ~ 192.168.255.255

IP 地址具有以下一些重要特点。

1）每一个 IP 地址都由网络号和主机号两部分组成，从这个意义上说，IP 地址是一种分等级的地址结构。分两个等级的好处是：第一，IP 地址管理机构在分配 IP 地址时只分配网络号（第一级），而剩下的主机号（第二级）则由得到该网络号的单位自行分配。这样就方便了 IP 地址的管理。第二，路由器仅根据目的主机所连接的网络号来转发分组（而不考虑目的主机号），这样就可以使路由表中的项目数大幅度减少，从而减小了路由表所占的存储空间及查找路由表的时间。

2）实际上 IP 地址是标志一个主机（或路由器）和一条链路的接口。当一个主机同时连接到两个网络上时，该主机就必须同时具有两个相应的 IP 地址，其网络号必须是不同的。这种主机称为多归属主机（Multihomed Host）。由于一个路由器至少应当连接到两个网络（这样它才能将 IP 数据报从一个网络转发到另一个网络），因此一个路由器至少应当有两个不同的 IP 地址。

3）按照因特网的观点，一个网络是指具有相同网络号的主机的集合，因此，用集线器或网桥连接起来的若干个局域网仍为一个网络，因为这些局域网都具有同样的网络号 net-id。具有不同网络号的局域网必须使用路由器进行互连。

4）在 IP 地址中，所有分配到网络号的网络（不管是范围很小的局域网，还是可能覆盖很大地理范围的广域网）都是平等的。

图 4-11 中的 3 个局域网（LAN_1、LAN_2 和 LAN_3）通过 3 个路由器（R_1、R_2 和 R_3）互连起来构成的一个互联网（此互联网用虚线圆角方框表示）。其中局域网 LAN_2 是由两个网段通过网桥 B 互连的。图中的小圆圈表示需要有一个 IP 地址。

应当注意：

1）在同一个局域网上的主机或路由器 IP 地址中的网络号必须是一样的。图 4-11 中所示的网络号就是 IP 地址中的网络号字段的值。

2）用网桥（它只在链路层工作）互连的网段仍然是一个局域网，只能有一个网络号。

3）路由器总是具有两个或两个以上的 IP 地址。即路由器的每一个接口都有一个不同网络号的 IP 地址。

4）两个路由器直接相连的接口处，可指明也可不指明 IP 地址。如指明 IP 地址，则这一段连线就构成了一种只包含一段线路的特殊"网络"。现在常不指明 IP 地址（不分配 IP 地址），通常把这样的特殊网络称作无编号网络或无名网络。

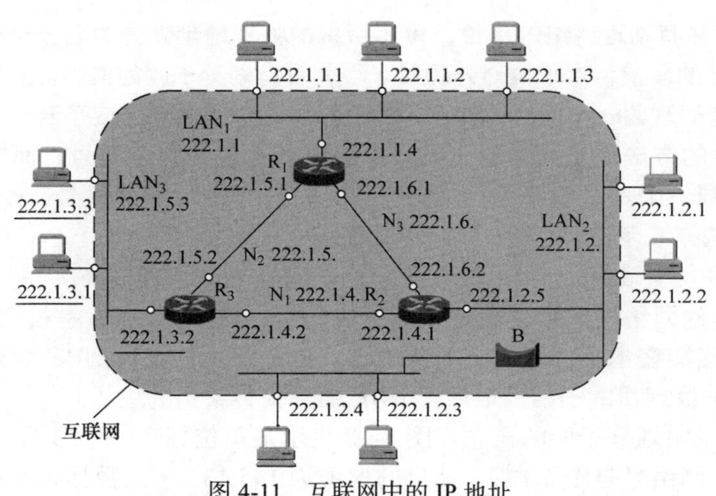

图 4-11　互联网中的 IP 地址

4.3　划分子网和构成超网

4.3.1　划分子网

在今天看来，早期使用的分类的 IP 地址的设计确实不够合理，有以下原因。

（1）IP 地址空间的利用率有时很低。每一个 A 类地址网络可连接的主机数超过 1 000 万，而每一个 B 类地址网络可连接的主机数也超过 6 万。然而有些网络对连接在网络上的计算机数目有限制，根本达不到这样大的数值。例如：10BASE-T 以太网规定其最大结点数只有 1 024 个。这样的以太网若使用一个 B 类地址就浪费 6 万多个 IP 地址，地址空间的利用率还不到 2 %，而其他单位的主机无法使用这些被浪费的地址。有的单位申请到了一个 B 类地址网络，但所连接的主机数并不多，可是又不愿意申请一个足够使用的 C 类地址，理由是考虑到今后可能的发展。IP 地址的浪费还会使 IP 地址空间的资源过早地被用完。

（2）给每一个物理网络分配一个网络号会使路由表变得太大因而使网络性能变差。每一个路由器都应当能够从路由表查出应怎样到达其他网络的下一跳路由器。因此因特网中的网络数越多，路由器的路由表的项目数也就越多。即使拥有足够多的 IP 地址资源可以给每一个物理网络分配一个网络号，也会导致路由器中的路由表中的项目数过多，这不仅增加了路由器的成本（需要更多的存储空间），而且使查找路由时耗费更多的时间，同时也使路由器之间定期交换的路由信息急剧增加，因而使路由器和整个因特网的性能都下降了。

（3）两级的 IP 地址不够灵活。有时情况紧急，一个单位需要在新的地点马上开通一个新的网络，但是申请到一个新的 IP 地址之前，新增加的网络是不可能连接到因特网上工作的。人们希望有一种方法，使一个单位能随时灵活地增加本单位的网络，而不必事先到因特网管理机构去申请新的网络号，原来的两级 IP 地址无法做到这一点。

为了解决上面提到的种种问题，从 1985 年起在 IP 地址中又增加了一个“子网号字段”，使原来 2 级的 IP 地址变成为 3 级的 IP 地址，这种做法通常称为划分子网（Subnetting）。

划分子网的基本思路如下。

1）一个拥有许有物理网络的单位，可将所属的物理地址划分为若干个子网。划分子网纯属一个单位内部的事情，本单位对外仍然表现为没有划分子网的网络。也就是说，从外面看来，本单位还是表现为一个网络，然而内部已经将这个网络划分成了若干个小的子网。

2）划分子网的方法是从网络的主机号中借用若干位作为子网号，而主机号也就相应减少了同样的位数。于是 2 级 IP 地址就变化为 3 级 IP 地址：网络号、子网号和主机号。也可以用以下记法来表示：

IP 地址 ::= {< 网络号 >, < 子网号 >, < 主机号 >}

3）凡是从其他网络发送给本单位某个主机的 IP 数据报，仍然是根据 IP 数据报的目的网络号先找到连接在本单位网络上的路由器。但此路由器在收到 IP 数据报后，再按目的网络号和子网号找到目的子网，最后把 IP 数据报交付给目的主机。

下面用例子说明划分子网的概念。图 4-12 表示某单位拥有一个 B 类 IP 地址，网络地址是 145.13.0.0（网络号是 145.13）。凡目的地址为 145.13.x.x 的数据报都被送到这个网络上的路由器 R_1。现把网络划分为 3 个子网如图 4-13 所示。这里假定子网号占用 8 位，因此在增加了子网后，主机号就只有 8 位。所划分的 3 个子网分别是：145.13.3.0、145.13.7.0 和 145.13.21.0。在划分子网后，整个网络对外部仍表现为 1 个网络，其网络地址仍为 145.13.0.0，但网络 145.13.0.0 上的路由器 R_1 在收到外来的数据报后，再根据数据报的目的地址把它转发到相应的子网。

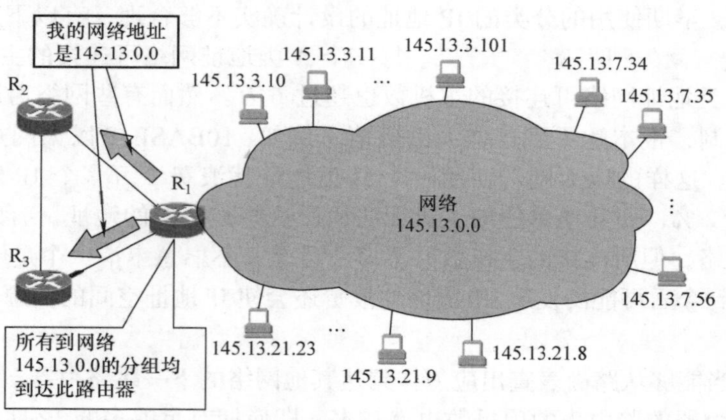

图 4-12　一个 B 类网络 145.13.0.0

总之，当没有划分子网时，IP 地址是 2 级结构，划分子网后 IP 地址就变成了 3 级结构。划分子网只是把 IP 地址的主机号部分进行再划分，而不改变 IP 地址原来的网络号。

前面已经了解了子网划分的概念和思路，那么用什么方法来完成子网的划分呢？

同样，可以通过一个例子来学习这个问题。例如：在图 4-13 中，假定有一个数据报（其目的地址是 145.13.3.10）已经到达了路由器 R_1。那么这个路由器如何把它转发到子网 145.13.3.0 呢？

我们知道，从 IP 数据报的首部并不知道源主机或目的主机所连接的网络是否进行了子网的划分，这是因为 32 位的 IP 地址本身以及数据报的首部都没有包含任何有关子网划分的信息，因此必须另外想办法，这个办法就是使用子网掩码（Subnet Mask）。

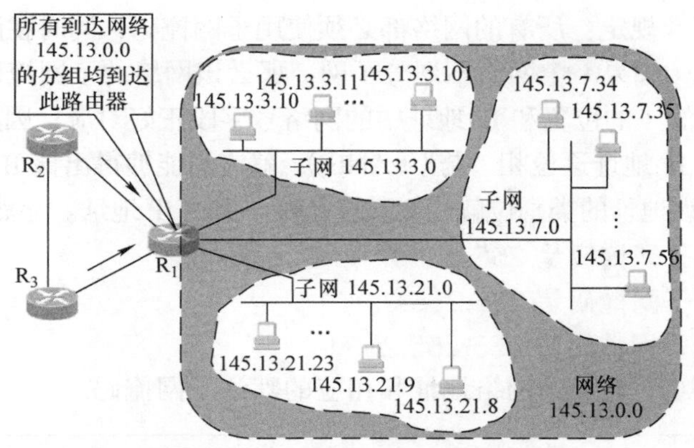

图 4-13　把一个 B 类网络划分为三个子网

子网掩码是一个 32 位的 2 进制数，由一串 1 和跟随的一串 0 组成。子网掩码中的 1 对应于 IP 地址中原来的网络号加上子网号，1 的数目等于网络号加上子网号的长度，而子网掩码中的 0 对应于经过子网划分后的主机号，0 的数目等于主机号的长度。虽然 RFC 文档中没有规定子网掩码中的一串 1 必须是连续的，但却极力推荐在子网掩码中选用连续的 1，以免出现可能发生的差错。所以，在通常情况下，我们认为子网掩码是由一段连续的 1 加上一段联续的 0 组成的。但是，子网掩码不能单独存在，它必须结合 IP 地址一起使用。同样，子网掩码也可以使用“点分十进制”来表示。

通过二进制形式的 IP 地址与二进制形式的子网掩码进行“与（AND）”运算，可以确定某台主机的网络地址和主机号，也就是说可以通过子网掩码分辨一个网络的网络部分和主机部分。子网掩码一旦设置，网络地址和主机地址就固定了。

图 4-14 为同一主机中的 2 级 IP 地址和 3 级 IP 地址，也就是说，现在从原来 16 位的主机号中拿出 8 位作为子网号，而主机号减少到 8 位。为了使路由器 R_1 能够很方便地从数据报中的目的 IP 地址中提取出所要找的子网的网络地址，路由器 R_1 就要使用子网掩码。R_1 把子网掩码和收到的数据报的目的 IP 地址 145.13.3.10 逐位相“与”（AND），得出了所要找的子网的网络地址 145.13.3.0。

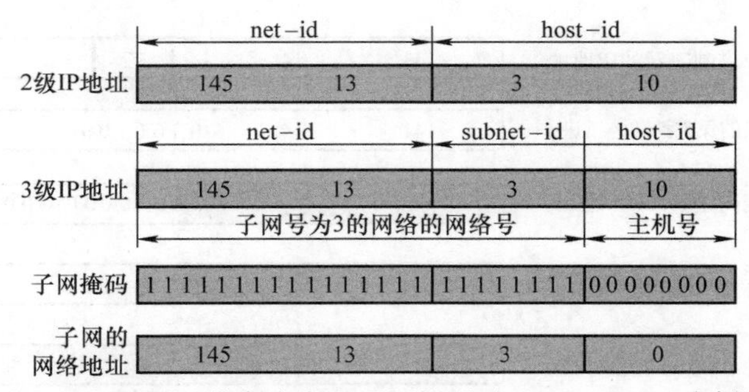

图 4-14　IP 地址的各字段和子网掩码（以 145.13.3.0 为例）

使用子网掩码的好处就是：不管网络有没有划分子网，只要把子网掩码和 IP 地址进行逐位的“与”运算（AND），就立即得出网络地址。这样在路由器处理到来的分组时就可采用同样的算法。

现在因特网的标准规定：所有的网络都必须使用子网掩码，同时在路由器的路由表中也必须有子网掩码一项，如果一个网络不划分子网，那么该网络的子网掩码就使用默认子网掩码。默认子网掩码中的 1 的位置和 IP 地址中的网络号字段正好对应。因此若用默认子网掩码和某个不划分子网的 IP 地址逐位相“与”（AND），就应当能够得出该 IP 地址的网络地址来。这样做可以不用查找该地址的类别位就能知道这是哪一类的 IP 地址。显然，有以下结论：

A 类地址的默认子网掩码是 255.0.0.0。

B 类地址的默认子网掩码是 255.255.0.0。

C 类地址的默认子网掩码是 255.255.255.0。

图 4-15 是这三类 IP 地址的网络地址和相应的默认子网掩码。

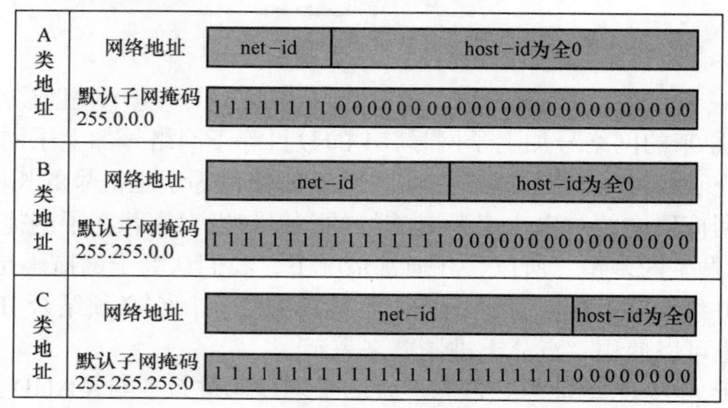

图 4-15　A 类、B 类和 C 类 IP 地址的默认子网掩码

下面，用两个例子来了解子网的划分。

【例 4-2】已知 IP 地址是 141.14.72.24，子网掩码是 255.255.192.0。试求网络地址。

【解】子网掩码是 11111111 11111111 1100000 00000000。掩码的前两字节都是 1，因此网络地址的前两字节可写为 141.14.。子网掩码的第 4 字节是全 0，因此网络地址的第 4 字节全是 0，只要把 IP 地址和子网掩码的第 3 字节用二进制表示，就可以很容易地得出网络地址（见图 4-16）。

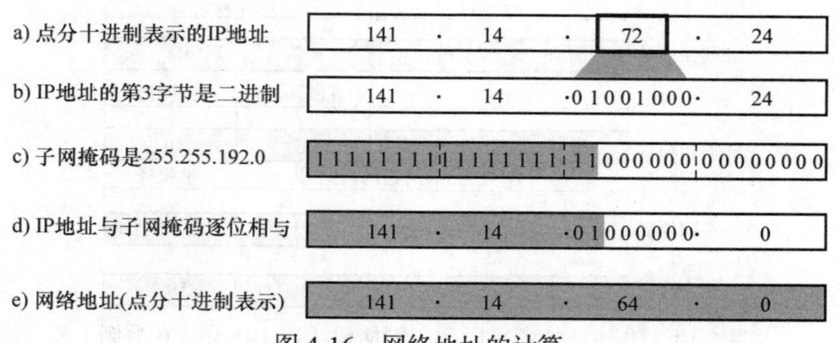

图 4-16　网络地址的计算

【例 4-3】在上例中，若子网掩码改为 255.255.224.0。试求网络地址，讨论所得结果。

【解】用同样方法，可以得出网络地址是 141.14.64.0，与例 4-2 的结果完全一样（见图 4-17）。

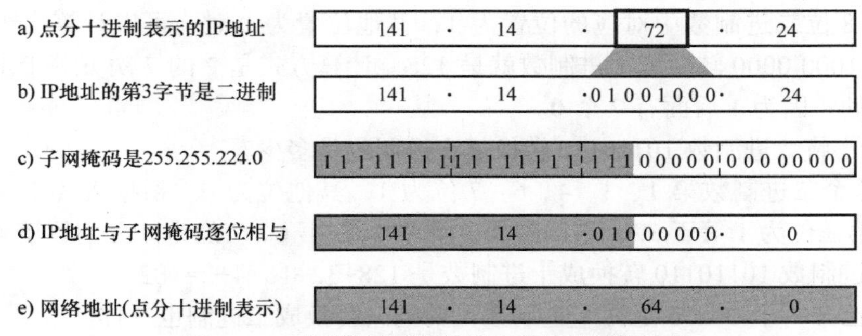

图 4-17　不同的子网掩码得出相同的网络地址

这个例子说明，同样的 IP 地址和不同的子网掩码可以得出相同的网络地址。但是，不同的掩码的效果是不同的。在例 4-1 中，子网号是 2 位，主机号是 14 位。在例 4-2 中，子网号是 3 位，主机号是 13 位。因此这两个例子中可划分的子网数和每一个子网中的最大主机数都是不一样的。

划分子网时，随着子网地址借用主机位数的增多，子网的数目随之增加，而每个子网中的可用主机数逐渐减少。以 C 类网络为例，原有 8 位主机号，2 的 8 次方即 256 个主机地址，默认子网掩码 255.255.255.0。借用 1 位主机号，产生 2 个子网，每个子网有 126 个主机地址，子网掩码变为 255.255.255.128；借用 2 位主机号，产生 4 个子网，每个子网有 62 个主机地址，子网掩码变为 255.255.255.192……如表 4-3 所示。

表 4-3　C 类地址的子网划分选择

子网数量	子网号位数	主机号位数	子网掩码	每个子网的主机数
2	1	7	255.255.255.128	2^7-2=126
4	2	6	255.255.255.192	2^6-2=62
8	3	5	255.255.255.224	2^5-2=30
16	4	4	255.255.255.240	2^4-2=14
32	5	3	255.255.255.248	2^3-2=6
64	6	2	255.255.255.252	2^2-2=2

如表 4-3 所示的 C 类网络中，若子网借用 7 位主机号时，主机号只剩一位，无论设为 0 还是 1，都意味着主机号是全 0 或全 1。由于主机号全 0 表示本网络，全 1 留作广播地址，这时子网实际没有可用主机地址，所以主机号至少应保留 2 位。

作为初学者，往往会在 IP 地址的计算上花费不少时间，还没什么太好的效果。现在介绍一种简单的关于 IP 地址二进制和十进制转换的计算方法。

从一个 IP 地址中提出一段（也就是 8 位二进制数）来进行分析。这个 8 位二进制数中，左边为高位，右边为低位，如表 4-4 所示。

表 4-4　二进制和十进制速算表

二进制	十进制	二进制	十进制
1000 0000	2^7=128	0000 1000	2^3=8
0100 0000	2^6=64	0000 0100	2^2=4
0010 0000	2^5=32	0000 0010	2^1=2
0001 0000	2^4=16	0000 0001	2^0=1

当这个 8 位二进制数中对应的位置为 1，其他位置为 0 时，可以计算出十进制的值。如二进制数 1000 0000 转换成十进制数就是 128。计算方式是 2 的 7 次方等于 128，这个 7 次方怎么来的？因为 1 后面有 7 个 0。

【例 4-4】将二进制数 10110110 转换成十进制数是多少？

【解】这个二进制数第 1、3、4、6、7 位为 1，其他位为 0。根据表 4-4，第 1 位为 1 等于 128，第三位为 1 等于 32，第四位为 1 等于 16，第 6、7 位为 1 分别等于 4 和 2。

所以二进制数 10110110 转换成十进制数是 128+32+16+4+2=182。

反过来已知一个 0~255 之间十进制数，要把它转换成二进制也一样。

【例 4-5】将十进制数 123 转换成二进制数是多少？

【解】将上面的方法反过来即可。

123=64+32+16+8+2，根据表 4-4 可得出，此二进制数第 2、3、4、5、7 位为 1，其他位为 0。所以此二进制数为 0111 1010。

4.3.2 构成超网（无分类编址 CIDR）

划分子网在一定程度上缓解了因特网在发展中遇到的困难。然而在 1992 年因特网仍然面临三个必须尽早解决的问题，这就是：

1）B 类地址在 1992 年已分配了近一半，在 1994 年 3 月全部分配完毕。

2）因特网主干网上的路由表中的项目数急剧增长（从几千个增长到几万个）。

3）整个 IPv4 的地址空间最终将全部耗尽，这在 2011 年已经成为现实。

当时预计这些问题会非常严重，因此 IETF 很快就研究出采用无分类编址的方法来解决前两个问题。而第三个问题则专门成立了 IPv6 工作组来负责研究新版本 IP 协议。

1987 年，RFC 1009 就指明了在一个划分子网的网络中可同时使用几个不同的子网掩码。使用变长子网掩码 VLSM（Variable Length Subnet Mask）可进一步提高 IP 地址资源的利用率。在 VLSM 的基础上又进一步研究出无分类编址方法，它的正式名字是无分类域间路由选择 CIDR（Classless Inter-Domain Routing）。在 1993 年形成了 CIDR 的 RFC 文档：RFC 1517 ~ 1519 和 1520。现在 CIDR 已成为因特网建议标准协议。

无分类域间路由是一个用于给用户分配 IP 地址以及在因特网上有效地路由 IP 数据报，以对 IP 地址进行归类的方法。

CIDR 最主要的特点有两个。

1）CIDR 消除了传统的 A 类、B 类和 C 类地址以及划分子网的概念，因而可以更加有效地分配 IPv4 的地址空间。并且可以在新的 IPv6 使用之前容许因特网的规模继续增长。CIDR 把 32 位的 IP 地址划分为两个部分。前面的部分是“网络前缀（network-prefix）”（或简称为“前缀”），用来指明网络，后面的部分则用来指明主机。因此 CIDR 使 IP 地址从 3 级前缀（使用子网掩码）又回到了 2 级编址，但这已是无分类的 2 级前缀。它的记法是：

IP 地址 ::= {< 网络前缀 >, < 主机号 >}

CIDR 还使用“斜线记法”（Slash Notation），它又称为 CIDR 记法，即在 IP 地址后面加上一个斜线“/”，然后写上网络前缀所占的位数（这个数值对应于 3 级编址中子网掩码中 1 的个数）。

2）CIDR 把网络前缀都相同的连续的 IP 地址组成“CIDR 地址块”。只要知道 CIDR 地址块中的任何一个地址，就可以知道这个地址块的起始地址（即最小地址）和最大地址，以及地址块中的地址数。

例如：已知 IP 地址 128.14.35.7/20 是某个 CIDR 地址块中的一个地址，把它用 2 级制表示，其中前 20 位是网络前缀（下画线部分），后面 12 位是主机号。

128.14.35.7/20=10000000 00001110 00100011 00000111

通常用地址块中的最小地址加上网络前缀的位数来表示这个地址块。因此，上面这个 CIDR 地址块可记录为：10000000 00001110 00100000 00000000，转换成十进制就是 128.14.32.0/20。

从图 4-18 中可知：

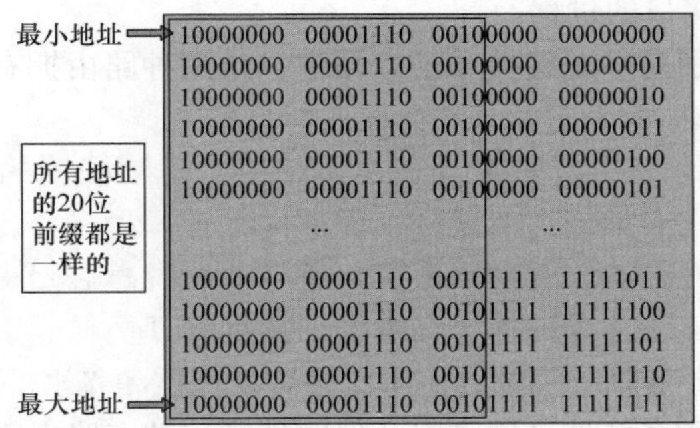

图 4-18　128.14.32.0/20 表示的地址（2^{12} 个地址）

128.14.32.0/20 地址块的最小地址：128.14.32.0。

128.14.32.0/20 地址块的最大地址：128.14.47.255。

其中，全 0 和全 1 的主机号地址一般不使用。128.14.32.0/20 表示的地址块共有 2^{12} 个地址（因为斜线后面的 20 是网络前缀的位数，所以这个地址的主机号是 12 位）。

斜线记法的另一个好处就是，它除了表示一个 IP 地址之外，还提供了一些其他的信息，如网络前缀长度、地址块中地址数量等，当然，通过一定的计算还可以知道这个地址块的最小地址、最大地址。

由于一个 CIDR 地址块中有很多地址，所有在路由表中就利用 CIDR 地址块来查找目的网络。这种地址的聚合常称为路由聚合（Route Aggregation），它使得原来传统分类的 IP 地址的很多个路由可以用一条路由替代。所以，路由聚合也称为构成超网。

构成超网与前面提到的子网划分有类似的概念，只不过，与子网划分是把大网络分成若干小网络相反，构成超网是把一些小网络组合成一个大网络。

假设现在有 16 个 C 类网络，从 201.66.32.0 到 201.66.47.0，它们可以用子网掩码 255.255.240.0 统一表示为网络 201.66.32.0，或用斜线记法记为 201.66.32.0/20。其计算方法如下：

201.66.32.0 转换为二进制数是 11001001.01000010.00100000.00000000。

201.66.47.0 转换为二进制数是 11001001.01000010.00101111.00000000。

比较上面两个二进制数，发现它们的前 20 位完全相同，所以前 20 位为这个 CIDR 地址块的网络前缀，后 12 位为主机号。主机号的取值范围从全 0 一直到全 1，转换后为

201.66.32.0 ~ 201.66.47.255。正好包括这 16 个 C 类网络。

正是利用了 IP 地址的这种记法，大大减少了因特网中路由器中的路由数量，降低了路由器的工作压力，提高了数据转发的效率。

4.4 路由与路由协议

前面几节中经常提到路由这个词，这一节中，将详细介绍它。

4.4.1 路由概述

简单地说，路由就是网络信息从信息的出发地到信息的目的地所要经过的路径。如果从路由器的角度来描述就是：路由器从一个接口上收到数据报，根据数据报的目的地址进行定向并转发到另一个接口的过程。

路由分为两种，分别是静态路由和动态路由。这两种路由拥有不同的特性，适用于不同的场合。

（1）静态路由。静态路由是由管理员在路由器中手动配置的固定路由，路由明确地指定了数据报到达目的地必须经过的路径，除非网络管理员干预，否则静态路由不会发生变化。静态路由不能对网络的改变做出反应，所以一般说静态路由用于网络规模不大、拓扑结构相对固定的网络环境，在这样的环境中，网络管理员易于清楚地了解网络的拓扑结构，便于设置正确的路由信息。静态路由也比较容易配置和管理。

使用静态路由的另一个好处是网络安全保密性高。动态路由因为需要路由器之间频繁地交换各自的路由表，而对路由表的分析可以揭示网络的拓扑结构和网络地址等信息。因此，网络出于安全方面的考虑也可以采用静态路由。

（2）动态路由。动态路由是网络中的路由器之间相互通信，传递路由信息，利用收到的路由信息更新路由表，并且能够根据实际情况的变化适时地对路由表进行调整，以适应不断变化的网络，无须人工干预，是基于某种路由协议实现的。多应用于大型网络或者网络拓扑变化比较频繁的网络中。现在的因特网中，绝大部分都使用动态路由。

路由协议就是在路由指导 IP 数据报发送过程中事先约定好的规定和标准。换句话说，路由协议是运行在路由器上的协议，主要作用是用来进行路径选择。

路由协议的核心就是路由算法，即需要用何种算法来获得路由表中的各项目。一个理想的路由算法应具有如下的一些特点。

1）算法必须是正确的和完整的。“正确”的含义是沿着各路由表所指引的路由，分组一定能够最终到达的目的网络和目的主机。

2）算法在计算上应简单。路由选择的计算不应使网络通信量增加太多额外的开销。

3）算法应能适应通信量和网络拓扑的变化，这就是说，要有自适应性。算法能自适应地改变路由以均衡各链路的负载。

4）算法应具有稳定性。在网络通信量和网络拓扑相对稳定的情况下，路由算法应收敛于一个可以接受的解，而不应使得出的路由不停地变化。

5）算法应是公平的。路由选择算法应对所有用户（除对少数优先级高的用户）都是平等的。

6）算法应是最佳的。路由选择算法应当能够找出最好的路由，使得分组平均时延最小而网络的吞吐量最大。不存在一种绝对的最佳路由算法，所谓“最佳”只能是相对于某一种特定要求下得出的较为合理的选择而已。

实际的路由算法，应尽可能接近于理想的算法。路由选择是个非常复杂的问题，它是网络中的所有结点共同协调工作的结果。路由选择的环境往往是不断变化的，而这种变化有时无法事先知道。

静态路由算法很难算得上是算法，只不过是开始路由前由网络管理员建立的路由表映射。90 年代后主要的路由算法都是动态路由算法，通过分析收到的路由更新信息来适应网络环境的改变。如果信息表示网络发生了变化，路由软件就重新计算路由并发出新的路由更新信息。这些信息渗入网络，促使路由器重新计算并对路由表做相应的改变。

因此，下面将把重点放在动态路由协议上。

4.4.2 路由协议的分类

对于路由协议，通常使用两种分类方式。第一种是根据路由协议工作的层次来分类，或者通俗一点说，是根据路由协议工作的位置分类。第二种是根据路由协议的算法分类。

1. 分层次的路由协议 由于以下两个原因，因特网采用分层次的路由协议。

1）因特网的规模非常大。如果让所有的路由器知道所有的网络应怎样到达，则这种路由表将非常大，处理起来也太花时间。而所有这些路由器之间交换路由信息所需的带宽就会使因特网的通信链路饱和。

2）许多单位不愿意外界了解自己单位网络的布局细节和本部门所采用的路由选择协议（这属于本部门内部的事情），但同时还希望连接到因特网上。

为此，因特网将整个网络划分为许多较小的自治系统 AS（Autonomous System）。

自治系统的定义：在单一的技术管理下的一组路由器，而这些路由器使用一种 AS 内部的路由选择协议和共同的度量以确定分组在该 AS 内的路由，同时还使用一种 AS 之间的路由选择协议用以确定分组在 AS 之间的路由。

现在对自治系统 AS 的定义是强调下面的事实：尽管一个 AS 使用了多种内部路由选择协议和度量，但重要的是一个 AS 对其他 AS 表现出的是一个单一的和一致的路由选择策略。

在目前的因特网中，一个大的 ISP 就是一个自治系统。这样，因特网就把路由协议划分为两大类。

1）内部网关协议 IGP（Interior Gateway Protocol），即在一个自治系统内部使用的路由选择协议。目前这类路由选择协议使用得最多，如 RIP 和 OSPF 协议。

2）外部网关协议 EGP（External Gateway Protocol）。如果源主机和目的主机处在不同的自治系统中，当数据报传到一个自治系统的边界时，就需要使用一种协议将路由选择信息传递到另一个自治系统中。这样的协议就是外部网关协议 EGP。在外部网关协议中目前使用最多的是 BGP-4。自治系统之间的路由选择也称作域间路由选择（Interdomain Routing），在自治系统内部的路由选择叫作域内路由选择（Intradomain Routing）。

图 4-19 是两个自治系统互连在一起的示意图。每个自治系统自己决定在本自治系统内部运行哪一个内部网关协议，但每个自治系统都有一个或多个路由器（图中路由器 R_1 和 R_2）除运行本系统的内部路由选择协议外，还要运行自治系统间的路由选择协议。

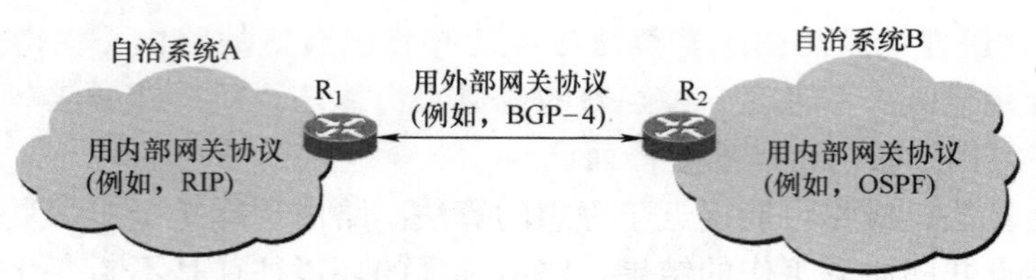

图 4-19　自治系统和内部网关协议、外部网关协议

这时需要指出以下两点。

1）因特网的早期 RFC 文档中未使用“路由器”而是使用“网关”这一名词。但是在新的 RFC 文档中又使用了“路由器”这一名词。应当把这两个术语当作同义词。

2）IGP 和 EGP 是协议类别的名称。但 RFC 在使用 EGP 这个名词时出现了一些混乱，因为最早的一个外部网关协议的协议名字正好也是 EGP。因此在遇到名词 EGP 时，应弄清它是指旧的协议 EGP 还是指外部网关协议 EGP 这个类别。

总之，使用分层次的路由选择方法，可将因特网的路由选择协议划分为以下两类。

1）内部网关协议 IGP：具体的协议有多种，如 RIP 和 OSPF 等。

2）外部网关协议 EGP：目前使用的协议就是 BGP。

2. 根据算法对路由协议分类　常见的路由协议算法有两大类：距离矢量路由协议和链路状态路由协议。下面分别对这两种路由协议算法进行介绍。

1）距离矢量（Distance Vector）路由协议名称的由来是因为路由是以矢量（距离、方向）的方式被通告出去的，这里的距离是根据度量来决定的。通俗说就是：往某个方向上的距离。

例如：“朝下一个路由器 X 的方向可以到达网络 A，距此 5 跳之远”。

每台路由器在信息上都依赖于自己的相邻路由器，而它的相邻路由器又是通过它们自己的相邻路由器处学习路由，依此类推。所以就好像街边巷尾的小道新闻 ——一传十，十传百，很快就使所有人都知道了。正因为如此，一般把距离矢量路由协议称为“依照传闻的路由协议”。

距离矢量协议的特点是直接传送各自的路由表信息。网络中的路由器从自己的邻居路由器得到路由信息，并将这些路由信息连同自己的本地路由信息发送给其他邻居，这样一级级地传递下去以达到全网同步。每个路由器都不了解整个网络拓扑，它们只知道与自己直接相连的网络情况，并根据从邻居得到的路由信息更新自己的路由表。距离矢量协议无论是实现还是管理都比较简单，但是它的收敛速度慢，报文量大，占用较多网络开销，并且为避免路由环路得做各种特殊处理。

目前基于距离矢量算法的协议包括 RIP、IGRP、EIGRP、BGP。

2）链路状态路由协议又称为最短路径优先协议，它基于最短路径优先（SPF）算法。它比距离矢量路由协议复杂得多，但基本功能和配置却很简单，甚至算法也容易理解。

运行链路状态路由协议的网络中的路由器并不向邻居传递“路由项”，而是通告给邻居一些链路状态。与距离矢量路由协议相比，链路状态协议对路由的计算方法有本质的差别。距离矢量协议是平面式的，所有的路由学习完全依靠邻居，交换的是路由项。而链路状态协议只是通告给邻居一些链路状态。运行该路由协议的路由器不是简单地从相邻的路由器学习路由，而是收集所有的路由器的链路状态信息，根据状态信息生成网络拓扑结构，每一个路由器再根据拓扑结构计算出路由。

目前基于链路状态算法的协议包括 OSPF 和 ISIS。

4.4.3 RIP

路由信息协议（Routing Information Protocol，RIP）是内部网关协议 IGP 中最先得到广泛使用的协议，也是一种分布式的基于距离向量的路由选择协议，是因特网的标准协议，其最大优点就是简单。

RIP 协议要求网络中的每一个路由器都要维护从它自己到其他每一个目的网络的距离记录。

RIP 协议将“距离”的定义如下：

从一台路由器到直接连接的网络的距离定义为 1。从一个路由器到非直接连接的网络的距离定义为所经过的路由器数加 1。“加 1”是因为到达目的网络后就进行直接交付，而到直接连接的网络的距离已经定义为 1。

RIP 协议中的“距离”也称为“跳数”（Hop Count），因为每经过一个路由器，跳数就加 1。这里的“距离”实际上指的是“最短距离”。RIP 认为一个好的路由就是它通过的路由器的数目少，即“距离短”。RIP 允许一条路径最多只能包含 15 台路由器。“距离”的最大值为 16 时即相当于不可达。可见 RIP 只适用于小型互联网。

RIP 不能在两个网络之间同时使用多条路由。RIP 会选择一个具有最少路由器的路由（即最短路由），哪怕还存在另一条高速（低时延）但路由器较多的路由。

RIP 协议的特点：

1）仅和相邻路由器交换信息。如果两个路由器之间的通信不需要经过另一个路由器，那么这两个路由器就是相邻的。RIP 协议规定，不相邻的路由器不交换信息。

2）交换的信息是当前本路由器所知道的全部信息，即自己的路由表。

3）按固定的时间间隔交换路由信息，然后路由器根据收到的路由信息更新路由表。当网络拓扑发生变化时，路由器也及时向相邻路由器通告拓扑变化后和路由信息。

路由表的建立：

路由器在刚刚开始工作时，只知道到直接连接的网络的距离（此距离定义为 1）。以后，每一个路由器也只和数目非常有限的相邻路由器交换并更新路由信息。经过若干次更新后，所有的路由器最终都会知道到达本自治系统中任何一个网络的最短距离和下一跳路由器的地址。一般情况下，RIP 协议可以收敛（Convergence），并且过程较快。

“收敛”即在自治系统中所有的结点都得到正确的路由选择信息的过程。

路由器之间交换信息：

RIP 协议让互联网中的所有路由器都和自己的相邻路由器不断交换路由信息，并不断更新其路由表，使得从每一个路由器到每一个目的网络的路由都是最短的（即跳数最少）。虽然所有的路由器最终都拥有了整个自治系统的全局路由信息，但由于每一个路由器的位置不同，它们的路由表也应当是不同的。

RIP 协议的优缺点：

RIP 协议最大的优点就是实现简单，开销较小。

其不足之处在于：

1）过于简单，以跳数为依据计算度量值，经常得出非最优路由。

2）RIP 限制了网络的规模，它能使用的最大距离为 15（16 表示不可达）。

3）安全性差，接受来自任何设备的路由更新。无密码验证机制，默认接受任何地方任何设备的路由更新。不能防止恶意的 RIP 欺骗。

4）收敛性差，时间经常大于 5min。

5）消耗带宽很大。完整的复制路由表，把自己的路由表复制给所有邻居，尤其在低速广域网链路上更以显式的全量更新。

4.4.4 OSPF

OSPF（Open Shortest Path First 开放式最短路径优先）是一个内部网关协议，用于在单一自治系统内完成路由，是一种典型的链路状态路由协议。

请注意：OSPF 只是一个协议的名字，并不表示其他的路由协议不是“最短路径优先”。

OSPF 的“链路状态”中的链路实际上就是指“和路由器接口连接的网络”，OSPF 通过在路由器之间通告网络接口的状态来建立链路状态数据库，生成最短路径树，每个 OSPF 路由器使用这些最短路径树来构造路由表。

和 RIP 协议相比，OSPF 的三个要点和 RIP 的都不一样。

1）向本自治系统中所有路由器发送信息，这里使用的方法是洪泛法。就是说，路由器通过所有的活动端口向所有相邻的路由器发送信息。而 RIP 协议仅仅向自己的邻居发送信息。

2）发送的信息就是与本路由器相邻的所有路由器的链路状态，但这只是路由器所知道的部分信息。“链路状态”就是说明本路由器都和哪些路由器相邻，以及该链路的“度量（Metric）”。

3）只有当链路状态发生变化时，路由器才用洪泛法向所有路由器发送此信息。而不像 RIP，不管网络拓扑有无变化，都定时交换路由表信息。

由于各路由器之间频繁地交换链路状态信息，因此所有的路由器最终都能建立一个链路状态数据库。这个数据库实际上就是全网的拓扑结构图，它在全网范围内是一致的（这称为链路状态数据库的同步）。OSPF 的链路状态数据库能较快地进行更新，使各个路由器能及时更新其路由表。OSPF 的更新过程收敛得快是其重要优点。

为了使 OSPF 能够用于规模很大的网络，OSPF 将一个自治系统再划分为若干个更小的范围，称作区域。图 4-20 表示一个自治系统划分为 4 个区域，每一个区域都有一个 32 位的区域标识符（用点分十进制表示）。区域也不能太大，在一个区域内的路由器最好不超过 200 个。

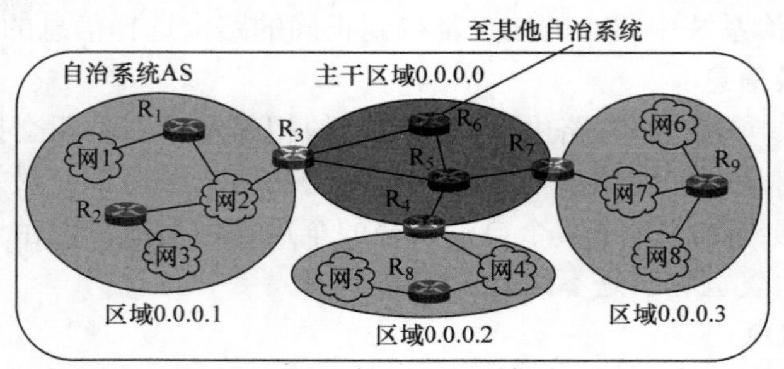

图 4-20 OSPF 的分区

划分区域的好处就是将利用洪泛法交换链路状态信息的范围局限于每一个区域而不是整个的自治系统，这就减少了整个网络上的通信量。在一个区域内部的路由器只知道本区域的完整网络拓扑，而不知道其他区域的网络拓扑的情况。OSPF 使用层次结构的区域划分，在上层的区域叫作主干区域（Backbone Area）。主干区域的标识符规定为 0.0.0.0。主干区域的作用是用来连通其他下层的区域。

4.4.5 BGP

BGP（Border Gateway Protocol，边界网关协议）是不同自治系统的路由器之间交换路由信息的协议。BGP 的较新版本是 2006 年 1 月发表的 BGP-4（BGP 第 4 个版本），即 RFC 4271~4278。可以将 BGP-4 简写为 BGP。

与 RIP 和 OSPF 这种内部网关协议不同，BGP 是一个外部网关协议，也是唯一一个用来处理像因特网那样大小的网络的协议，也是唯一能够妥善处理好不相关 AS 间的多路连接的协议。

由于 BGP 使用的环境不同，遇到的困难也不同。

1）因特网的规模太大，使得自治系统之间路由选择非常困难。

2）自治系统之间的路由选择必须考虑有关策略。

出于上述情况，边界网关协议 BGP 只能是力求寻找一条能够到达目的网络且比较好的路由（不能兜圈子），而并非要寻找一条最佳路由。

4.5 路 由 器

路由器（Router）工作在 TCP/IP 体系中的网际层，是网络之间互连的设备。如果说交换机的作用是实现计算机、服务器等设备之间的互联，从而构建局域网络，路由器的作用则是实现网络与网络之间的互连，从而组成更大规模的网络。

4.5.1 认识路由器

路由器（Router）是连接因特网中各局域网、广域网的设备，它会根据信道的情况自动选择和设定路由，以最佳路径，按前后顺序发送信号的设备。路由器是互连网络的枢纽、“交通警察”。目前路由器已经广泛应用于各行各业，各种不同档次的产品已成为实现各种骨干网内部连接、骨干网间互连和骨干网与因特网互连互通业务的主力军。

图 4-21 接入级路由器

如果按照功能划分，通常将路由器划分为“骨干级路由器”“企业级路由器”和“接入级路由器”3 类。接入级路由器通常用于家庭和小型企业内部，支持少量主机访问因特网。图 4-21 中是一种常见的家庭用接入级路由器。路由器上的 5 个接口分为两种，一种接口连接因特网，数量只有 1 个，通常称为 WAN 口或 Internet 口；另一种接口数量是 4 个，这 4 个接口可以直接连接主机，通常把这种接口称为 LAN 口。所有 LAN 接口上的主机可同时访问因特网。随着无线技术的发展，这种接入级的路由器大都整合了无线功能，可以为家庭或者企业内部的无线设备（如：笔记本式计算机、智能手机、平板电脑等）提供因特网访问。

这种接入级路由器已经开始提供不止 SLIP 或 PPP 连接。诸如 ADSL 等技术将很快提高各家庭的可用带宽，这将进一步增加接入路由器的负担。由于这些趋势，接入路由器将来会支持许多异构和高速端口，并在各个端口能够运行多种协议，同时还要避开电话交换网。

企业或校园级路由器连接因特网和单位内部网络，作为单位网络的出口，通常对安全性、稳定性、可靠性等方面有一定要求，且数据流量较大，同时还要求能够支持不同的服务质量。其多用于学校、机关单位、中型企业等地方。对数据吞吐量有一定要求，另外还要求企业级路由器有效地支持广播和组播。企业网络还要处理历史遗留的各种 LAN 技术，支持多种协议，包括 IP、IPX 和 Vine。它们还要支持防火墙、包过滤以及大量的管理和安全策略以及 VLAN。

企业级路由器的优点就是适用于大规模的企业网络连接，可以采用复杂的网络拓扑结构，负载共享和最优路径，能更好地处理多媒体，安全性高，隔离不需要的通信量，减少主机负担。企业路由器的缺点也是很明显的，就是不支持非路由协议、安装复杂以及价格比较高等，如图 4-22 所示。

图 4-22　企业级路由器

骨干级路由器在因特网中位于网络核心，主要用于数据分组选路和转发，一般具有较大的吞吐量，它可以实现企业级网络的互连。对骨干级路由器的要求是速度和可靠性，而价格则处于次要地位。硬件可靠性可以采用电话交换网中使用的技术，如热备份、双电源、双数据通路等来获得。这些技术对所有骨干路由器来说是必需的。骨干网上的路由器终端系统通常是不能直接访问的，它们往往用于连接长距离骨干网上的 ISP 和企业网络，如图 4-23 所示。

图 4-23　骨干级路由器

4.5.2　路由器功能

路由器是一种具有多个输入端口和多个输出端口的专用计算机，其任务是转发分组。也就是说，将路由器某个输入端口收到的分组，按照分组要去的目的地（即目的网络），把该分组从路由器的某个合适的输出端口转发给下一跳路由器。下一跳路由器也按照这种方法处理分组，直到该分组到达终点为止。

路由器的主要功能如下。

1. 连接网络　大型企业处在不同地域的局域网之间通过路由器连接在一起可以构建企业广域网。企业局域网内的计算机用户要访问因特网，可以使用路由器将局域网连接到 ISP 网络，实现与全球因特网的连接和共享接入。实际上因特网本身就是由数以万计的路由器互相连接而构成的超大规模的全球性公共信息网。

2. 隔离以太广播　交换机会将广播包发送到每一个端口，大量的广播会严重影响网络的传输效率。当由于网卡等设备发生硬件损坏或计算机遭受病毒攻击时，网络内广播包的数量将会剧增，从而导致广播风暴，使网络传输阻塞或陷于瘫痪。

路由器可以隔离广播。路由器的每个端口均可视为一个独立的网络，它会将广播包限定在该端口所连接的网络之内，而不会扩散到其他端口所连接的网络，如图 4-24 所示。

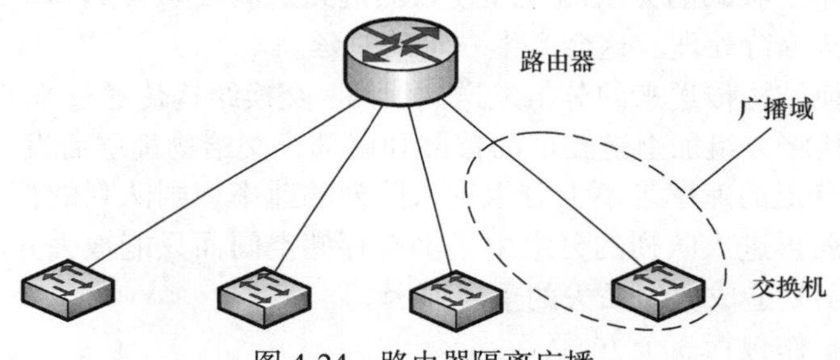

图 4-24　路由器隔离广播

3. 路由选择和数据转发　“路由”功能是路由器最重要的功能。所谓路由，就是把要传送的数据从一个网络经过优选的传输路径最终传送到目的网络。传输路径可以是一条链路，也可以是由一系列路由器及其链路组成。

路由器是智能很高的一类设备，它能根据管理员的设置和运用路由协议，自动生成一个到各个目的网络的路由表，当网络状态发生变化时，路由器还能动态地修改、更新路由表。当路由器收到 IP 数据报时，路由器根据数据报中的目的 IP 地址查找路由表，从所有路由条目中选出一条最佳路由，作为数据报转发的出口，将该数据报进行第 2 层封装后再发送出去。

网络中的每个路由器都维护着一张路由表，如果每一个路由表都是正确的话，那么，IP 数据报就会一跳一跳地经过一系列路由器，最终到达目的主机，这就是 IP 网（也是整个因特网）运作的基础。

4.5.3　路由器工作原理

图 4-25 给出了一种典型的路由器的结构框图。

“转发”和“路由选择”的是有区别的。在互联网中，“转发”就是路由器根据转发表将用户的 IP 数据报从合适的端口转发出去。“路由选择”则是按照分布式算法，根据从各相邻路由器得到的关于网络拓扑的变化情况，动态地改变所选择的路由。路由表是根据路由选择算法得出的，而转发表是从路由表得出的。在讨论路由选择的原理时，往往不去区分转发表和路由表的区别。

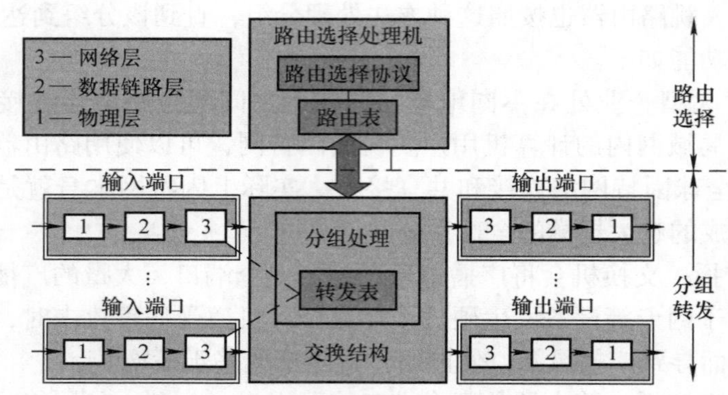

图 4-25 典型的路由器的结构

输入端口对线路上收到的分组的处理：数据链路层剥去帧首部和尾部后，将分组送到网络层的队列中排队等待处理。这会产生一定的时延。

输出端口将交换结构传送来的分组发送到线路：交换结构传送过来的分组先进行缓存。数据链路层处理模块将分组加上链路层的首部和尾部，交给物理层后发送到外部线路。

若路由器处理分组的速率赶不上分组进入队列的速率，则队列的存储空间最终必定减少到零，这就使后面再进入队列的分组由于没有存储空间而只能被丢弃。路由器中的输入或输出队列产生溢出是造成分组丢失的重要原因。

路由器的主要工作包括 3 个方面：

1）生成和动态维护路由表。

2）根据收到的数据报中的 IP 地址信息查找路由表，确定数据转发的最佳路由。

3）数据转发。

下面按照这 3 个方面介绍路由器的工作原理。

1. 生成和动态维护路由表 每台路由器上都存储着一张关于路由信息的表格，这个表格称之为路由表。路由表中记录了从路由器到达所有目的网络的路径，即目的网络号（网络前缀）与本路由器数据转发接口之间的对应关系。路由表中有很多路由条目，每一个条目就是一条到达某个目的网络的路由。

（1）路由表的组成。路由器的路由表中有许多条目，每个条目就是一条路由。每个路由条目至少要包含以下内容：路由条目的来源、目的网络地址及其子网掩码、下一跳（Next Hop）地址或数据报转发接口，如图 4-26 所示。

在路由器 R_1 的路由表中，第 1 项表示凡是到网络 10.120.2.0 的 IP 数据报，都要从 E0 接口转发出去；第 2 项表示凡是到网络 172.16.1.0 的数据报，都要从 S0 接口转发到下一跳路由器，也可用路由器接口的 IP 地址（192.168.0.5）表示。

（2）路由器生成和更新路由表的工作过程。路由器启动后能够自动发现直接相连的网络，它会把这些网络的 IP 地址、子网掩码、接口信息记录在路由表中，并将该条目的来源标记为“直连”。路由器会把网络管理员人工设定的路由直接添加到路由表中，并标记为“静态路由”。路由器运行路由协议，与相邻的路由器之间相互交换路由信息，根据收集到的信息了解网络的结构，发现目的网络，按照特定的路由算法进行计算，生成到达目的网络的路由条目，添加到路由表中，并将该条目的来源标记为生成它所使用的路由协议。路由器会根据网络状态的变化随时更新这些通过学习而得到的路由，因此这些路由统称为动态路由。

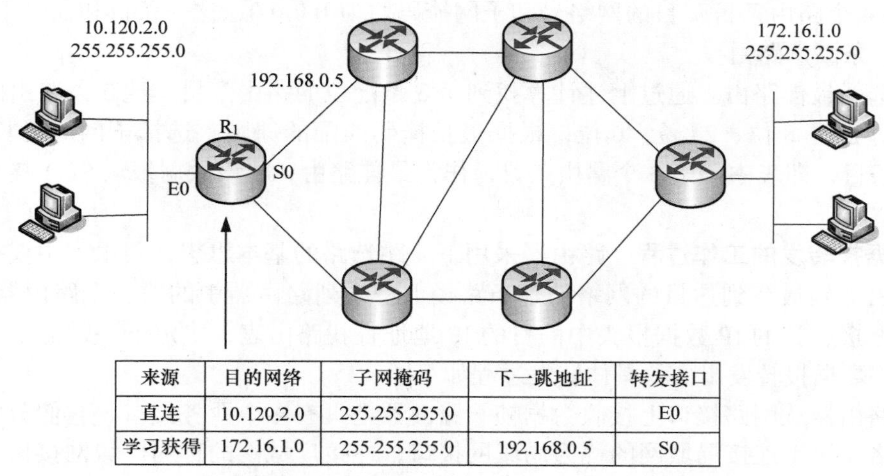

来源	目的网络	子网掩码	下一跳地址	转发接口
直连	10.120.2.0	255.255.255.0		E0
学习获得	172.16.1.0	255.255.255.0	192.168.0.5	S0

图 4-26 路由表的组成示意图

在网络的运行过程中，各路由器之间周期性地交换路由信息。当网络或链路状态变化时，路由器会及时发出有关信息的通告，其他路由器收到通告信息后会重新进行路由计算并更新相应的路由条目，以保证路由的正确、有效。

2. 最佳路由选择过程 在路由表中，如果到达某一目的网络存在多个路由条目时，路由器则会选择子网掩码最长的条目为数据转发的路由。

下面，通过一个具体的例子来说明路由器选择数据报转发路由的过程。表 4-5 是一个简化的路由表，路由器要转发一个目的 IP 地址为 10.1.1.1 的数据报。

表 4-5 某路由器的路由表

目的网络	子网掩码	下一跳地址	转发接口
192.168.1.0	255.255.255.0	2.0.0.1	S0/0
10.0.0.0	255.0.0.0	3.0.0.1	E0/0
10.1.1.0	255.255.255.0	4.0.0.1	S0/1
0.0.0.0	0.0.0.0	5.0.0.1	E0/1

路由器的路由选择过程如下。

（1）找出所有匹配的路由条目。将目的 IP 地址与路由表中所有条目中的子网掩码分别进行“与”运算，如果结果与本条目中的目的网络号（网络前缀）相同，则认为是匹配。

1）第 1 个路由条目：10.1.1.1 同 255.255.255.0 进行与运算后的结果 10.1.1.0，与目的网络号 192.168.1.0 不同，不匹配。

2）第 2 个路由条目：10.1.1.1 同 255.0.0.0 进行与运算后的结果 10.0.0.0，与目的网络号 10.0.0.0 相同，匹配。

3）第 3 个路由条目：10.1.1.1 同 255.255.255.0 进行与运算后的结果 10.1.1.0，与目的网络号 10.1.1.0 相同，匹配。

4）第 4 个路由条目：目的网络号和子网掩码均为 0.0.0.0，这一条目和任一 IP 地址都匹配，是一条默认路由。

（2）选择最佳路由。通过上述计算找到了 3 条配位的路由条目，这 3 条路由的子网掩码的长度分别是 8 位、24 位、0 位，根据最长掩码匹配的原则，选择子网掩码长度为 24 位的路由条目，即表中的第 3 个路由条目，作为最佳路由，将该数据报从 S0/1 接口转发出去。

3. 数据报转发的工作过程 路由器采用下一跳选路的基本思想，路由表中仅指定数据报从该路由器到最终到达目的网络的整条路径上一系列路由器中的第一个路由器的路径。路由器根据接收到的 IP 数据报头中的目的 IP 地址查找路由表，决定下一跳路由，从相应的接口上将数据报转发出去，具体转发过程如下。

（1）路由器从网路接口上接收数据帧。路由器上具有多个业务接口，它们分别连接至不同的网络，用于连接局域网的称为局域网接口，连接广域网的称为广域网接口。对于不同的信号传输介质，路由器具有相应的物理接口，如对应于以太网，路由器有各类以太网接口；对应于异步通信电路，路由器有串行接口等。

（2）对数据帧进行链路层处理。路由器根据网络物理接口的类型，调用相应的链路层协议，以处理数据帧中的链路层报头，并对数据进行完整性验证，如 CRC 校验、帧长度检查等。

（3）网络层数据处理。路由器除去数据帧的帧头、帧尾，得到 IP 数据报，读取报头中的目的 IP 地址。

（4）选择数据报转发的最佳路由。路由器按照上一节所述过程，查找路由表，根据匹配情况决定最佳转发路由。

1）如果有多个匹配条目，则选择子网掩码位数最长的网络条目为下一跳路由。

2）如果只有一个匹配条目（包括默认路由），则选择该条目为下一跳路由。

3）如果没有找到匹配的路由条目，则宣告路由错误，向数据报的源端主机发送一条 Unreachable（路由不可达）的 ICMP 报文，丢弃该数据报。

（5）转发数据报。路由器将 IP 数据报头中的 TTL（Time To Live）数值减 1，并重新计算数据报的校验和（Checksum），然后交给数据链路层进行第 2 层封装成帧，最后从路由指定的转发接口上将数据帧发送出去。

如果转发接口是以太网口，路由器将在本机的 MAC 地址缓存表中查找对端以太网端口的 MAC 地址，如果找不到则通过广播方式查找，然后将 IP 数据报封装上相应的以太网数据帧帧头，将该数据帧从以太网接口上发送出去。在数据的逐级转发过程中，IP 数据报报头中的源 IP 地址和目的 IP 地址用于第 3 层端到端寻址，始终是不变的；而以太帧头中的源 MAC 地址和目的 MAC 地址用于第 2 层链路寻址，每次转发时都要更换为本条链路两端接口的 MAC 地址。

如果转发接口是其他类型的物理接口，路由器则会将 IP 数据报封装成与之相应类型的数据帧进行转发。

习 题

4-1 网络层向上提供的服务有哪两种？试比较其优缺点。

4-2 IP 地址分为几类？各如何表示？IP 地址的主要特点是什么？

4-3 试说明 IP 地址与硬件地址的区别，为什么要使用这两种不同的地址？

4-4 （1）子网掩码为 255.255.255.0 代表什么意思？

（2）一网络的掩码为 255.255.255.248，问该网络能够连接多少个主机？

（3）一 A 类网络和一 B 类网络的子网号 subnet-id 分别为 16 个 1 和 8 个 1，问这两个子网掩码有何不同？

（4）一个 B 类地址的子网掩码是 255.255.240.0。试问在其中每一个子网上的主机数最多是多少？

4-5 某单位分配到一个 B 类 IP 地址，其 net-id 为 129.250.0.0，该单位有 4 000 台机器，分布在 16 个不同的地点。如选用子网掩码为 255.255.255.0，试给每一个地点分配一个子网掩码号，并算出每个地点主机号码的最小值和最大值。

4-6 某单位分配到一个地址块 136.23.12.64/26。现在需要进一步划分为 4 个一样大的子网。试问：

（1）每一个子网的网络前缀有多长？

（2）每一个子网中有多少个地址？

（3）每一个子网的地址是什么？

（4）每一个子网可分配给主机使用的最小地址和最大地址是什么？

4-7 简述路由器的数据报转发过程。

4-8 什么是路由，什么是静态路由，什么是动态路由？

4-9 路由协议怎么分类？列出每种路由协议的典型代表。

4-10 关于因特网中的主机和路由器，以下哪种说法是错误的（ ）。

A）主机通常需要实现 TCP 协议

B）主机通常需要实现 IP 协议

C）路由器必须实现 TCP 协议

D）路由器必须实现 IP 协议

4-11 是网络与网络连接的桥梁，属于因特网中最重要的设备是（ ）。

A）中继器 B）集线器 C）路由器 D）服务器

4-12 因特网采用的主要通信协议是（ ）。

A）TCP/IP B）CSMA/CD C）Token Ring D）FTP

4-13 222.0.5 代表的是（ ）。

A）主机地址 B）组播地址 C）广播地址 D）单播地址

4-14 如果 IP 地址为 202.130.191.33，屏蔽码为 255.255.255.0，那么网络地址是（ ）。

A）202.130.0.0 B）202.0.0.0 C）202.130.191.33 D）202.130.191.0

4-15 下列不是网络层的功能的是（ ）。

A）路由选择　　B）流量控制　　C）建立连接　　D）分组和重组

4-16 TCP/IP 是一组（　　）。

A）局域网技术

B）广域网技术

C）支持同一种计算机网络互联的通信协议

D）支持异种计算机网络互联的通信协议

4-17 因特网中有一种非常重要的设备，它是网络与网络之间连接的桥梁。这种设备是（　　）。

A）服务器　　B）客户机　　C）防火墙　　D）路由器

4-18 IP 协议是指网际协议，它对应于开放系统互连参考模型中的哪一层（　　）。

A）物理层　　B）数据链路层　　C）运输层　　D）网络层

4-19 下列属于 A 类 IP 地址的是（　　）。

A）61.11.68.1　　B）128.168.119.102　　C）202.199.15.32　　D）294.125.13.1

4-20 IP 地址采用分段地址方式，长度为 4 个字节，每个字节对应一个（　　）进制数。

A）二　　B）八　　C）十　　D）十六

4-21 C 类 IP 地址中，前 3 个字节为（　　）。

A）主机号　　B）主机名　　C）网络名称　　D）网络号

4-22 在因特网上进行通信时，为了标识网络和主机，需要给它们定义唯一的（　　）。

A）主机名称　　B）服务器标识　　C）IP 地址　　D）通信地址

4-23 下列 IP 地址属于 B 类 IP 地址的是（　　）。

A）103.111.168.1　　B）128.108.111.2　　C）202.199.1.35　　D）294.125.13.110

4-24 IP 数据报的分片控制域中不含（　　）。

A）标识　　B）标志　　C）片起始　　D）片偏移

第5章　运　输　层

计算机网络中进行通信的真正实体是位于通信两端主机中的进程。如何为运行在不同主机上的应用进程提供直接的通信服务是运输层的任务，运输层协议又称为端到端协议。运输层位于应用层和网络层之间，是整个网络体系结构中的关键层次之一。

5.1　运输层概述

运输层（Transport Layer），也称传输层。运输层位于网络层之上、应用层之下，是整个网络体系结构中的关键层次之一。它利用网络层提供给它的服务开发本层的功能，并实现本层对应用层的服务。

由于实质上在计算机网络中进行通信的真正实体是位于通信两端主机中的进程，所以运输层的任务是为运行在不同主机上的应用进程提供直接的通信服务。换句话说，运输层负责解决的是计算机程序（进程）到计算机程序（进程）之间的通信问题，即所谓的"端"到"端"的通信。

运输层的主要功能有两点：

1）为端到端连接提供传输服务。这种传输服务分为可靠和不可靠的，其中 TCP 是典型的可靠传输，而 UDP 则是不可靠传输。

2）为端到端连接提供流量控制，差错控制，服务质量（Quality of Service，QoS）等管理服务。

5.1.1　进程间的通信

在开始学习这一节前，首先需要了解什么是端到端的通信。

网络体系结构中的物理层、数据链路层和网络层是面向网络通信的低 3 层，为网络环境中的主机提供点对点通信服务。这种通信是直接相连的结点对等实体的通信，它只提供一台机器到另一台机器之间的通信，不会涉及程序或进程的概念。同时点到点通信并不能保证数据传输的可靠性，也不能说明源主机与目的主机之间是哪两个进程在通信。

端到端通信建立在点到点通信的基础上，它是由多个点到点通信信道构成的，是比点到点通信更高一级的通信方式，用来完成应用程序（进程）之间的通信。TCP/IP 体系中的运输层的功能就是最终完成端到端的可靠连接。端是指用户应用程序的端口，而端口号标识了应用层中不同的进程，多个进程的数据传递通过不同的端口完成。

从通信和信息处理的角度看，运输层向它上面的应用层提供通信服务，它属于面向通信部分的最高层，同时也是用户功能中的最低层。如图 5-1 所示。

从图 5-2 中可以看出，当位于网络边缘部分的两台主机使用网络核心部分的功能进行端到端的通信时，只有主机的协议栈才有运输层，而网络核心部分中的路由器在转发分组时都只用到下 3 层的功能。

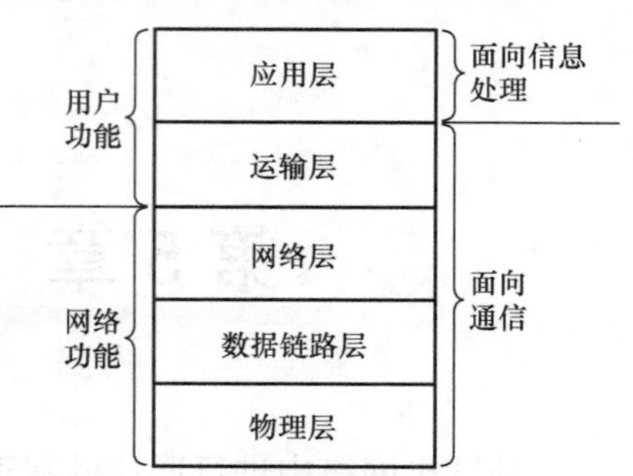

图 5-1 运输层的地位

图 5-2 中，局域网 LAN_1 上的主机 A 通过广域网 WAN 与局域网 LAN_2 上的主机 B 进行通信。网络层的 IP 协议已经能够按照 IP 数据报首部中的目的地址将源主机发送出去的数据报送达目的地址。那么，运输层的作用是什么？

从网络层的角度来说，通信的起点和终点是两台主机。所以，在 IP 数据报的首部中明确标识了这两台主机的 IP 地址。然而，严格地讲，两台主机进行通信实质上是两台主机中的应用程序进程互相通信，而 IP 协议虽然能将 IP 数据报送到目的主机，但 IP 协议无法确定将这个数据报交付给哪个应用程序进程。

从运输层的角度来看，通信的真正终点不是主机而是主机中的应用程序进程。一个主机中往往有多个应用程序进程同时分别和另一个主机中的多个应用程序进程通信。例如：某用户一边挂着 QQ，一边浏览网页，那么其主机的应用层就要同时运行两个进程：QQ 软件进程和浏览器客户进程。这两个进程分别与因特网上的另一台主机上的进程同时进行通信。图 5-2 中，主机 A 的应用程序进程 AP_1 和主机 B 的应用程序进程 AP_3 通信，同时，主机 A 的应用程序进程 AP_2 也和主机 B 的应用程序进程 AP_4 在通信。

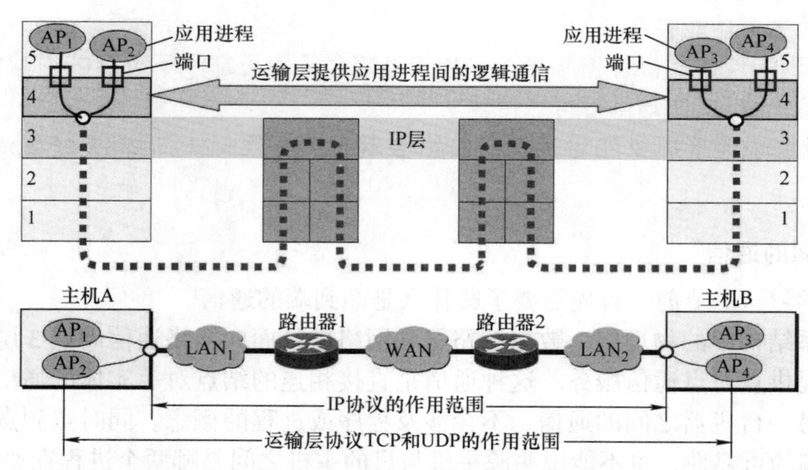

图 5-2 运输层提供端到端的通信

从这里可以看出，网络层和运输层有着很大的不同。网络层是为主机之间提供逻辑通信，而运输层是为应用程序进程之间提供端到端的逻辑通信。

根据需求的不同，运输层为应用层提供了两种不同的运输层协议，即面向连接的 TCP 协议和无连接的 UDP 协议。

运输层向应用层的应用程序进程屏蔽了下面 3 层的网络拓扑、低层协议等细节，它使应用程序进程看见的仅仅是一条端到端的逻辑通信信道，这条信道就架设在两个运输层实体之间，如图 5-3 所示。

“逻辑通信”的意思是：运输层之间的通信好像是沿水平方向传送数据。但事实上这两个运输层之间并没有一条水平方向的物理连接。

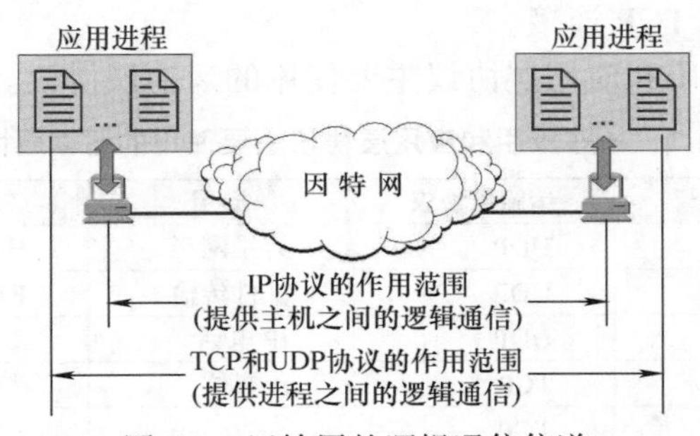

图 5-3　运输层的逻辑通信信道

当运输层采用面向连接的 TCP 协议时，尽管下面的网络是不可靠的，但这种逻辑通信信道对于端到端的通信双方来说就相当于一条全双工的可靠信道。当运输层采用无连接的 UDP 协议时，这种逻辑信道则是一条不可靠的信道。

5.1.2　运输层的协议

上一章中提到过，因特网的网际层使用的是无连接的数据报服务。因此，在因特网上网际层为主机之间的通信提供的是一种尽最大努力交付的数据报服务。也就是说，在传送过程中，IP 数据报可能会出现丢失、出错和失序等情况。对于一些数据安全性要求较高的应用，如电子银行、万维网、电子邮件等，数据丢失会造成灾难性的后果，所以，对于这些应用，需要可靠的数据传输服务。然而，对于另一些应用，如实时的音视频、图像等，可以忍受少量的数据丢失，因为少量的数据丢失不会对这些应用产生大的影响，但无法容忍长时间的等待。所以，对于这些应用，需要高速度、低时延的数据传输服务。

针对这两种不同的需求，因特网为上层（应用层）提供了两种不同的运输层协议（见图 5-4），即

1）用户数据报协议（User Datagram Protocol，UDP）。

2）传输控制协议（Transmission Control Protocol，TCP）。

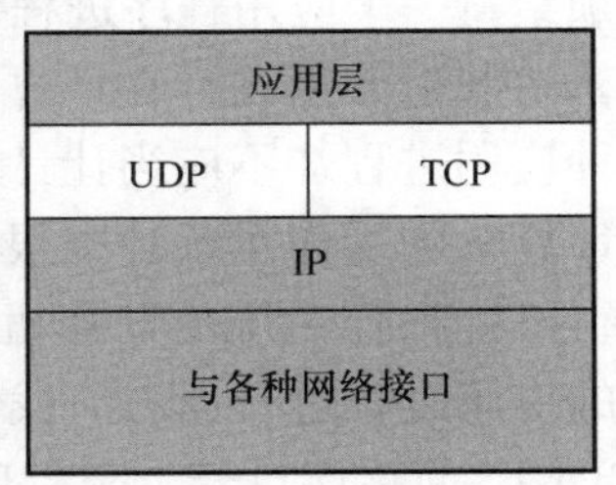

图 5-4　两种运输层协议

UDP 是一种无连接的运输层协议，在传输数据之前源主机和目的主机之间不建立连接。也就是说，当数据报文发送之后，UDP 是无法得知其是否安全完整到达的。由于 UDP 省略了大量的可靠性要求，使得 UDP 成为一个高速度、高效率但是不够安全可靠的协议。

TCP 则提供面向连接的数据传输服务。在传输数据前必须先建立连接，数据传送结束后要释放连接。由于 TCP 提供的服务是面向连接的可靠交付，因此不可避免地增加了许多开销，如确认、流量控制、连接管理等。这些功能保证了数据的可靠传输，但在很大程度上影响了数据传递的效率。

请注意：运输层的 UDP 用户数据报与网络层的 IP 数据报有很大区别。IP 数据报要经过互联网中许多路由器的存储转发，但 UDP 用户数据报是在运输层的端到端抽象的逻辑信道中传送的。TCP 报文段是在运输层抽象的端到端逻辑信道中传送，这种信道是可靠的全双工信道，但这样的信道却不知道究竟经过了哪些路由器，而这些路由器也根本不知道上面的运输层是否建立了 TCP 连接。

表 5-1 给出了一些应用和应用层协议主要使用的运输层协议。

表 5-1 一些应用和应用层协议主要使用的运输层协议

应用	应用层协议	运输层协议	应用	应用层协议	运输层协议
域名转换	DNS	UDP	万维网	HTTP	TCP
路由选择协议	RIP	UDP	文件传输	FTP	TCP
IP 地址配置	DHCP	UDP	IP 电话	专用协议	TCP 或 UDP
电子邮件	SMTP	TCP	流媒体	专用协议	TCP 或 UDP
远程终端	TELNET	TCP	—	—	—

5.1.3 复用和分用

运输层有一个很重要的功能就是复用（Multiplexing）和分用（Demultiplexing）。

复用就是发送方的多个应用进程可同时使用同一个运输层协议来传递数据，而分用则是接收方的运输层把收到的信息分别交付给上面应用层中的相应的进程。

举个例子，就好比你要给在外地的朋友寄卡片，朋友们都分布在天南海北，你不会写好一张卡片就寄一张卡片，而是会把所有的卡片写好，一次性交给邮局。这就是复用。而邮局在收到一堆卡片后，会根据收信地址将卡片一张张地送到你朋友的手上。这就是分用。

5.1.4 端口

运输层完成的是端到端的数据传递。那么运输层在向应用层分用时，怎么确定一个数据要送到哪一个应用程序进程中去呢？

显然，我们需要一个标志。运输层要正确地将数据交付给指定的应用程序进程，就必须给每一个应用程序进程设定一个明确的标志。

我们知道运行在计算机中的进程是用进程标识符来标志的。然而，运行在应用层的各种应用进程却不应当让计算机操作系统指派它的进程标识符。这是因为在因特网上使用的计算机的操作系统种类很多，而不同的操作系统又使用不同格式的进程标识符。为了使运行不同操作系统的计算机的应用进程能够互相通信，就必须用统一的方法对 TCP/IP 体系的应用进程进行标志。我们使用了一种与操作系统无关的协议端口号（Protocol Port Number），简称端口号，来实现对运输层通信的应用进程标志。

端口用一个 16 位的端口号进行标志。但端口号只具有本地意义，即端口号只是为了标志本计算机应用层中的各进程。在因特网中不同计算机上的相同端口号是没有联系的，而且 TCP 和 UDP 端口号之间也没有任何联系。

如果把主机比作一间房子，端口就是出入这间房子的门。真正的房子只有几个门，但是一个主机的端口可以有 65 536（即：2^{16}）个之多。端口是通过端口号来标记的，端口号只有整数，范围是从 0 到 65 535。

端口是应用层与运输层之间接口的抽象，我们可以把端口号想象成为应用程序进程的运输层地址。为此，在运输层协议数据单元（TPDU）的首部中必须包含两个字段：源端口号和目的端口号。当运输层收到网络层上交的数据，就要根据其目的端口号来决定将这个数据通过哪个端口上交给应用程序进程。如图 5-5 所示，应用层和运输层中间的小方框就是端口。

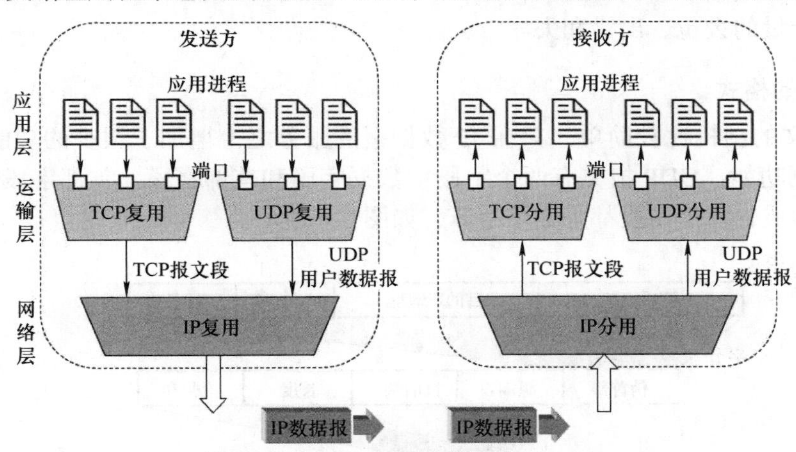

图 5-5 端口在进程通信中的作用

对于不同的操作系统，端口的实现方法可能有很大差别。因此端口的基本概念就是：发送方主机的应用层的源进程将报文发送给运输层的某个端口，而接收方主机的应用层的目的进程从端口接收报文。

在因特网上，一台拥有 IP 地址的主机可以提供许多服务，比如 Web 服务、FTP 服务、SMTP 服务等，这些服务完全可以通过 1 个 IP 地址来实现。那么，主机是怎样区分不同的网络服务呢？显然不能只靠 IP 地址，因为光靠 IP 地址是没法确定某个数据报属于哪个网络服务的，还需要运输层协议和端口的帮助。因此，在逻辑上，IP 地址、运输层协议加上端口 3 个要素可以唯一标识因特网中的一个通信进程。显然，65 535 个端口号足够使用了。

按端口号，可以把端口可分为 3 大类。

1）公认端口（Well-known Ports）：范围是从 0 到 1023。这类端口由 IANA 负责分配，它们紧密绑定于一些常用的服务。通常这些端口的通信明确表明了某种服务的协议。例如：80 端口实际上总是负责 HTTP 通信。

2）注册端口（Registered Ports）：也称登记端口，其范围是从 1 024 到 49151。它们松散地绑定于一些服务。也就是说有许多服务绑定于这些端口，这些端口同样用于许多其他目的。例如：许多系统处理动态端口从 1 024 左右开始。

3）动态 / 私有端口（Dynamic/Private Ports）：从 49 152 到 65 535。这类端口留给客户进程选择作为临时端口使用。理论上，不应为服务分配这些端口。实际上，机器通常从 1 024 起分配动态端口。但也有例外：如 SUN 的 RPC 端口从 32 768 开始。

5.2 用户数据报协议 UDP

UDP 是一种无连接的运输层协议，它主要用于不要求分组顺序到达的传输中，分组传输顺序的检查与排序由应用层完成。包括网络视频会议系统在内的众多的客户 / 服务器模式的网络应用都需要使用 UDP 协议。

UDP 使用网络层的 IP 协议来传送报文，同 IP 协议一样，UDP 只提供不可靠的无连接数据报传输服务。它不提供报文到达确认、排序及流量控制等功能。因此，UDP 应用一般必须允许一定量的丢包、出错和失序。

5.2.1 UDP 的格式

UDP 报文的结构比较简单，只在 IP 数据报的服务之上增加了很少的功能，即端口功能和差错检测功能。UDP 报文有两个字段：数据字段和首部字段。首部字段长为 8 字节，由 4 个字段组成，每个字段都是 2 个字节，如图 5-6 所示。

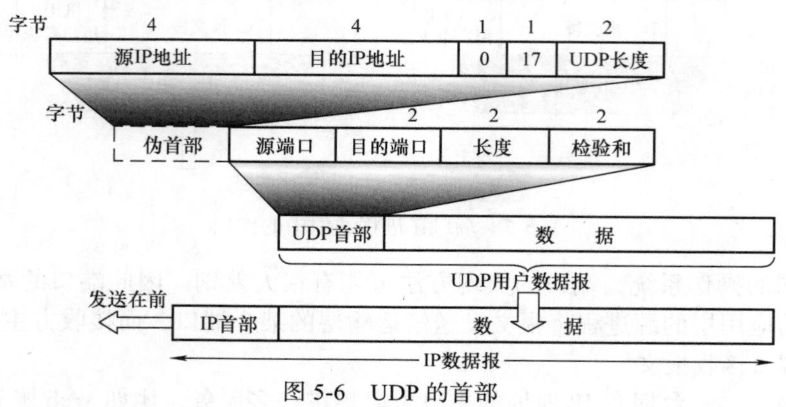

图 5-6 UDP 的首部

1）源端口。源主机上的应用程序进程所使用的端口号，长度为 16 位。

2）目的端口。目的主机上的应用程序进程所使用的端口号，长度为 16 位。

3）长度。UDP 报文的长度。

4）校验和。差错校验码，防止 UDP 用户数据报在传输中出错。

UDP 协议使用端口号为不同的应用保留其各自的数据传输通道。数据发送一方（可以是客户端或服务器端）将 UDP 数据报通过源端口发送出去，而数据接收一方则通过目标端口接收数据。UDP 和 TCP 协议正是采用这一机制实现复用的功能。

数据报的长度是指包括报头和数据部分在内的总的字节数。因为报头的长度是固定的，所以该字段主要被用来计算可变长度的数据部分（又称为数据负载）。数据报的最大长度根据操作环境的不同而各异。从理论上说，包含报头在内的数据报的最大长度为 65 535 字节。不过，一些实际应用往往会限制数据报的大小，有时会降低到 8 192 字节。

UDP 协议使用报头中的校验值来保证数据的安全。校验和首先在数据发送方通过特殊的算法计算得出，数据在传递到接收方之后，还需要再重新计算校验和。如果某个数据报在传输过程中被第三方篡改或者由于线路噪音等原因受到损坏，发送和接收方的校验和将不会相符，由此 UDP 协议可以检测是否出错。但检测到错误时，UDP 不做错误校正，只是简单地把损坏的消息段扔掉，或者给应用程序提供警告信息。

在计算校验和时，要在 UDP 用户数据报之前增加 12 个字节的伪首部。“伪首部”是指这种伪首部并不是 UDP 用户数据报真正的首部。伪首部仅仅是为了计算校验和，伪首部既不向上传，也不向下送。

5.2.2 UDP 的特点

尽管 UDP 只能提供不可靠的交付，但是 UDP 服务在某些方面有其特殊的优点。

1）UDP 是一个无连接协议，传输数据之前无须建立连接，当然，数据传递结束后也无须释放连接。当 UDP 需要传送时就简单地去抓取来自应用程序的数据，并尽可能快地把它放到网络上。因此，减少了开销和发送数据前的时延。在发送端，UDP 传送数据的速度仅仅受应用程序生成数据的速度、计算机的能力和传输带宽的限制；在接收端，UDP 把每个消息段放在队列中，应用程序每次从队列中读一个消息段。

2）由于传输数据不建立连接，因此也就不需要维护连接状态，包括收发状态等，因此一台服务机可同时向多个客户机传输相同的消息。换句话说，UDP 支持一对一、一对多、多对一和多对多的交互通信。

3）UDP 报文的首部很短，只有 8 字节。相对于 TCP 报文 20 字节的首部来说，开销很小。

4）UDP 没有拥塞控制，吞吐量不受拥挤控制算法的调节，只受应用软件生成数据的速率、传输带宽、源端和终端主机性能的限制。这对某些实时应用来说是非常重要的，这些应用允许一定的数据丢失，但却不允许数据有太大的时延。

5）UDP 使用“最大努力交付”，即不保证可靠交付，因此主机不需要维持复杂的链接状态表（这里面有许多参数）。

6）UDP 是面向报文的。也就是说，发送方的 UDP 对应用层进程交下来的报文不做任何处理，直接添加首部后就向下交付给网络层。既不拆分，也不合并，而是保留这些报文的边界。同样接收方的 UDP 从网络层接收到 IP 数据报后，也只是简单的剥去首部后交给应用层进程。因此，应用程序需要选择合适的报文大小，报文太大或太小对数据传递都会有不良的影响。

既然 UDP 是一种不可靠的网络协议，那么还有什么使用价值或必要呢？其实不然，在有些情况下 UDP 可能会变得非常有用。因为 UDP 具有 TCP 所望尘莫及的速度优势。虽然 TCP 中植入了各种安全保障功能，但是在实际执行的过程中会占用大量的系统开销，无疑使速度受到严重的影响。反观 UDP 由于排除了信息可靠传递机制，将安全和排序等功能移交给上层应用来完成，极大降低了执行时间，使速度得到了保证。

关于 UDP 的最早规范是 RFC768，1980 年发布。尽管时间已经很长，但是 UDP 仍然继续在主流应用中发挥着作用。包括视频电话会议系统在内的许多应用都证明了 UDP 的存在价值。因为相对于可靠性来说，这些应用更加注重实际性能，所以为了获得更好的使用效果（例如，更高的画面刷新速率）往往可以牺牲一定的可靠性（例如，画面质量）。这就是 UDP 和 TCP 两种协议的权衡之处。根据不同的环境和特点，两种传输协议都将在今后的网络世界中发挥更加重要的作用。

5.3 传输控制协议 TCP

传输控制协议 TCP 是一种面向连接的、可靠的、基于字节流的全双工运输层通信协议。与 UDP 不同，TCP 是面向连接的。因此，TCP 比 UDP 要复杂得多。

5.3.1 TCP 的特点

TCP 是 TCP/IP 体系中非常复杂的一个协议，下面先介绍其主要特点。

1）TCP 是面向连接的运输层协议。这就是说，应用程序进程在使用 TCP 之前，必须先建立 TCP 连接。在传送数据完毕后，必须释放已经建立的 TCP 连接。

2）每一条 TCP 连接只能有两个端点，即每一条 TCP 连接只能是点对点的，这条连接被通信两端的端点确定，这两个端点由 IP 地址和端口号唯一标识。

3）TCP 提供可靠交付的服务。也就是说，通过 TCP 连接传送的数据，无差错、不丢失、不重复、并且按序到达。

4）TCP 提供全双工通信。TCP 允许通信双方的应用进程在任何时候都能发送数据。TCP 连接的两端都设有发送缓存和接收缓存，用来临时存放双向通信的数据。在发送时，应用程序在把数据传送给 TCP 的缓存后，就可以做自己的事，而 TCP 在合适的时候把数据发送出去。在接收时，TCP 把收到的数据放入缓存，上层的应用进程在合适的时候读取缓存中的数据。

5）面向字节流。所谓面向字节是指：虽然在应用程序进程和 TCP 的交互是一次一个数据块（数据块大小不等），但 TCP 把应用程序交下来的数据看成是一串连续的无结构的字节流。TCP 不保证接收方应用程序所收到的数据块和发送方应用程序所发出的数据块具有对应大小的关系，但接收方应用程序收到的字节流必须和发送方应用程序发出的字节流完全一样。

5.3.2 TCP 的报文格式

TCP 虽然是面向字节流的，但 TCP 在传送数据时使用的协议数据单元却是报文段。和 UDP 相比，TCP 的报文段要复杂得多。一个 TCP 报文段由两部分组成，即首部和数据部分。首部中又有固定长度和选项两部分组成，前者长度为 20 固定字节。应当指出，TCP 的全部功能都体现在它首部中各字段的作用，如图 5-7 所示。

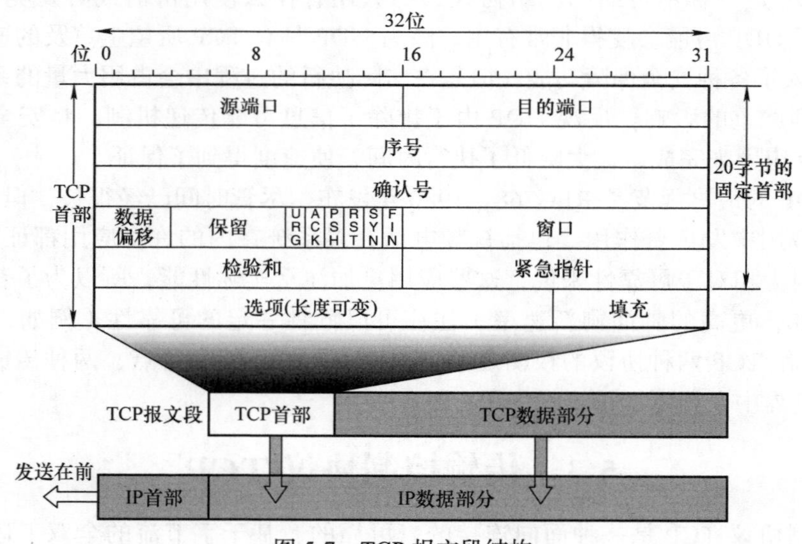

图 5-7 TCP 报文段结构

1）源端口（Source Port）和目的端口（Destination Port）：各占 2 字节（16 位），每个 TCP 报文段都包括源端口和目的端口，用于寻找发送端和接收端的应用进程。这两个值加上 IP 数据报首部的源 IP 地址和目的 IP 地址唯一确定一个 TCP 连接，用于运输层的复用和分用。

2）序号（Sequence Number）：占 4 字节。该字段用来标识 TCP 源端设备向目的端设备发送的字节流，它表示在这个报文段中的第几个数据字节。

3）确认号（Acknowledge Number）：占 4 字节。TCP 使用 32 位的确认号字段标识期望收到的下一个段的第一个字节，并声明此前的所有数据已经正确无误地收到，因此，确认号应该是上次已成功收到的数据字节序列号加 1。收到确认号的源计算机会知道特定的段已经被收到。确认号的字段只在 ACK 标志被设置时才有效。

4）数据偏移（Data Offset）：这个 4 位字段包括 TCP 头大小。它指出 TCP 报文段的数据起始处距离 TCP 报文段的起始处有多远。这实际上就是首部的长度。由于首部可能含有选项内容，因此 TCP 首部的长度是不确定的。

5）保留（Reserved）：占 6 位，置 0 的字段。为将来定义新的用途保留。

6）控制位（Control Bits）：共 6 位，也叫标志位。每一位标志位可以打开一个控制功能。

- URG（Urgent Pointer Field Significant，紧急指针字段标志）：当 URG = 1 时，表明紧急指针字段有效。它告诉系统此报文段中有紧急数据，应尽快传送（相当于高优先级的数据）。
- ACK（Acknowledgement Field Significant，确认字段标志）：取 1 时表示确认号字段有效，为 0 则反之。
- PSH（Push Function，推送）：这个标志位为 1 时，表示 Push 操作。所谓 Push 操作就是指在数据包到达接收端以后，立即送给应用程序，而不是在缓冲区中排队。
- RST（Reset The Connection，复位）：当 RST = 1 时，表明 TCP 连接中出现严重差错（如由于主机崩溃或其他原因），必须释放连接，然后再重新建立运输连接。
- SYN（Synchronize Sequence Numbers，同步序列号）：用来建立一个连接。当 SYN=1 而 ACK=0 时，表明这是一个连接请求报文段。对方若同意建立连接，则应在响应的报文段中使 SYN=1 和 ACK=1。因此 SYN 置为 1，就表示这是一个连接请求或连接接受报文。
- FIN（No More Data From Sender，终止）：表示发送端已经发送到数据末尾，数据传送完成，发送 FIN 标志位的 TCP 段，连接将被断开。

7）窗口（Window）: 目的主机使用 16 位的窗口字段告诉源主机它期望每次收到的数据的字节数。

8）校验和（Checksum）: 占 16 位，校验和字段检验的范围包括首部和数据这两部分。在计算校验和时，要在 TCP 报文段的前面加上 12 字节的伪首部。源主机和目的主机要进行相同的计算，如果收到的内容没有错误过，两个计算应该完全一样，从而证明数据的有效性。

9）紧急指针（Urgent Pointer）：紧急指针字段是一个可选的 16 位指针，指向段内的最后一个字节位置，这个字段只在 URG 标志被设置时才有效。

10）选项（Option）: 长度可变。TCP 首部可以有多达 40 字节的可选信息，用于把附加信息传递给终点，或用来对齐其他选项。

11）填充（Padding）:这个字段中加入额外的零，以保证 TCP 首部长度是 4 字节的整数倍。

5.3.3 TCP 的连接管理

TCP 是一个面向连接的协议，每次数据的传递都伴随着连接的建立和释放。因此 TCP

连接应包括3个阶段，即连接建立、数据传送和连接释放。TCP连接的管理涉及连接的建立和释放。

1. 连接建立 TCP的连接建立采用客户/服务器方式。主动发起连接建立的应用进程称作客户（Client），被动等待连接建立的应用进程称作服务器（Server）。

为了确保TCP连接的成功建立，TCP采用了一种称为三次握手（Three Way Handshake）的方式，三次握手方式使得“序号/确认号”系统能够正常工作，从而使它们的序号达成同步。如果三次握手成功，则连接建立成功，可以开始传送数据信息，如图5-8所示。

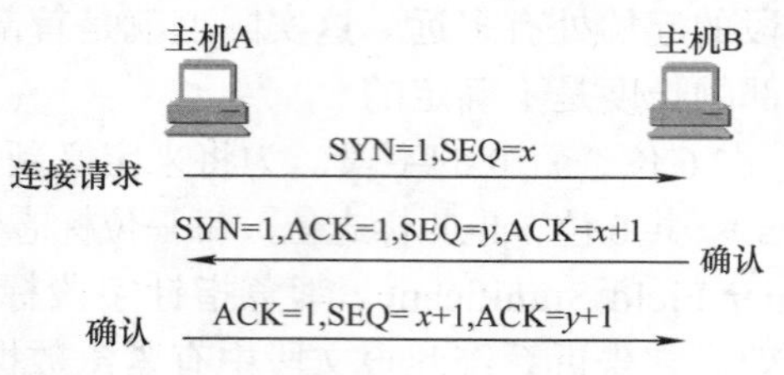

图5-8 TCP连接的建立（三次握手）

第1步：源主机A的TCP向主机B发出连接请求报文段，其首部中的SYN（同步）标志位应置为1，表示想与目标主机B进行通信，并发送一个同步序列号 x（例：SEQ=100）进行同步，表明在后面传送数据时的第一个数据字节的序号是 $x+1$（即101）。SYN同步报文会指明客户端使用的端口以及TCP连接的初始序号。

第2步：目标主机B的TCP收到连接请求报文段后，如同意，则发回确认。在确认报文段中应将ACK位和SYN位置1，表示客户端的请求被接受。确认号应为 $x+1$（图5-8中为101），同时也为自己选择一个序号 y。

第3步：源主机A的TCP收到目标主机B的确认后要向目标主机B给出确认报文段，其ACK置1，确认号为 $y+1$，而自己的序号为 $x+1$。TCP的标准规定，SYN置1的报文段要消耗掉一个序号。

运行客户进程的源主机A的TCP通知上层应用进程，连接已经建立。当源主机A向目标主机B发送第一个数据报文段时，其序号仍为 $x+1$，因为前一个确认报文段并不消耗序号。

当运行服务进程的目标主机B的TCP收到源主机A的确认后，也通知其上层应用进程，连接已经建立。至此建立了一个全双工的连接。

2. 连接释放 一个TCP连接建立之后，即可发送数据，一旦数据发送结束，就需要关闭连接。由于TCP连接是一个全双工的数据通道，一个连接的关闭必须由通信双方共同完成。当通信的一方没有数据需要发送给对方时，可以使用FIN段向对方发送关闭连接请求。这时，它虽然不再发送数据，但并不排斥在这个连接上继续接收数据。只有当通信的对方也递交了关闭连接的请求后，这个TCP连接才会完全关闭。

在关闭连接时，既可以由一方发起而另一方响应，也可以双方同时发起。无论怎样，收到关闭连接请求的一方必须使用确认报文段予以确认。实际上，TCP连接的关闭过程也是一个三次握手的过程。

在关闭连接之前，为了确保数据正确传递完毕，仍然需要采用类似三次握手的方式来关闭连接，如图 5-9 所示。

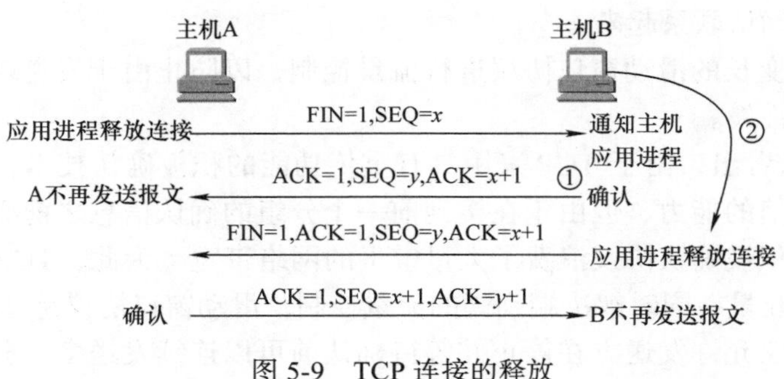

图 5-9 TCP 连接的释放

第 1 步：源主机 A 的应用进程先向其 TCP 发出连接释放请求，并且不再发送数据。TCP 通知对方要释放从 A 到 B 这个方向的连接，将发往主机 B 的 TCP 报文段首部的终止比特 FIN 置 1，其序号 x 等于前面已传送过的数据的最后一个字节的序号加 1。

第 2 步：目标主机 B 的 TCP 收到释放连接通知后即发出确认，其序号为 y，确认号为 x+1，同时通知高层应用进程，如图中的箭头①。这样，从 A 到 B 的连接就释放了，连接处于半关闭状态，相当于主机 A 向主机 B 说："我已经没有数据要发送了。但如果还发送数据，我仍接收。" 此后，主机 B 不再接收主机 A 发来的数据。但若主机 B 还有一些数据要发送主机 A，则可以继续发送。主机 A 只要正确收到数据，仍应向主机 B 发送确认。

第 3 步：若主机 B 不再向主机 A 发送数据，其应用进程就通知 TCP 释放连接，如图中的箭头②。主机 B 发出的连接释放报文段必须将终止 FIN 和确认 ACK 置 1，并使其序号仍为 y，但还必须重复上次已发送过的 ACK = x+1。主机 A 必须对此发出确认，将 ACK 置 1, ACK = y+1，而自己的序号是 x+1。这样才把从 B 到 A 的反方向的连接释放掉。主机 A 的 TCP 协议再向其应用进程报告，整个连接已经全部释放。

5.3.4 TCP 的可靠数据传输

TCP 实现了看起来不太可能的一件事：底层使用 IP 协议提供的是不可靠的数据报服务，但却为应用程序进程提供了一个可靠的数据传输服务。那么 TCP 是怎么做到的呢?

TCP 采用了许多与数据链路层类似的机制来保证可靠的数据传输，如采用序列号、确认、滑动窗口协议等。只不过 TCP 的目的是为了实现端到端结点之间的可靠数据传输，而数据链路层协议则为了实现相邻结点之间的可靠数据传输。

第一，TCP 要为所发送的每一个报文段加上序列号，保证每一个报文段能被接收方接收，并只被正确地接收一次。

第二，TCP 采用具有重传功能的积极确认（Positive Acknowledge With Retransmission）技术作为可靠数据流传输服务的基础。这里，"确认" 是指接收端在正确收到报文段之后向发送端回送一个确认（ACK）信息。发送方将每个已发送的报文段备份在自己的发送缓冲区里，而且在收到相应的确认之前不会丢弃所保存的报文段。"积极" 是指发送方在每一个报文段发送完毕的同时启动一个定时器，假如定时器的定时期满而关于报文段的确认信息尚未到达，则发送方认为该报文段已丢失并主动重发。为了避免由于网络延迟引起迟到的确认和重复的确认，TCP 规定在确认信息中捎带一个报文段的序号，使接收方能正确地将报文段与确认联系起来。

第三，采用可变长的滑动窗口协议进行流量控制，以防止由于发送端与接收端之间的不匹配而引起数据丢失。

从图 5-10 可以看出，由于 TCP 采用具有重传功能的积极确认技术，所以虽然网络具有同时进行双向通信的能力，但由于在接到前一个分组的确认信息之前必须推迟下一个分组的发送，简单的积极确认协议浪费了大量宝贵的网络带宽。为此，TCP 使用滑动窗口的机制来提高网络吞吐量，同时解决端到端的流量控制。滑动窗口协议是 TCP 使用的一种流量控制方法。该协议允许发送方在停止并等待确认前可以连续发送多个分组。由于发送方不必每发一个分组就停下来等待确认，因此该协议可以加速数据的传输。只有在接收窗口向前滑动时（与此同时也发送了确认），发送窗口才有可能向前滑动。收发两端的窗口按照以上规律不断地向前滑动，因此这种协议又称为滑动窗口协议。

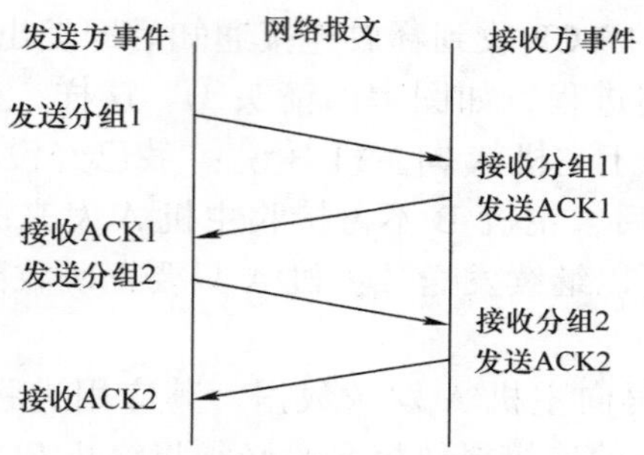

图 5-10　带重传功能的积极确认协议

运输层采用的滑动窗口协议与数据链路层的滑动窗口协议在工作原理上是完全相同的，唯一的区别在于滑动窗口协议用于运输层是为了在端到端结点之间实现流量控制，而用于数据链路层是为了在相邻结点之间实现流量控制。TCP 采用可变长的滑动窗口，使得发送端与接收端可根据自己的 CPU 和数据缓存资源对数据发送和接收能力来做出动态调整，从而灵活性更强，也更合理。

TCP 采用大小可变的滑动窗口进行流量控制，窗口大小的单位是字节。在 TCP 报文段首部的窗口字段写入的数值就是当前给对方设置的发送窗口数值的上限。TCP 发送方已发送的未被确认的字节数不能超过发送窗口的大小。发送窗口在连接建立时由双方商定。但在通信的过程中，接收端可根据自己的资源情况，随时动态地调整对方的发送窗口上限值（可增大或减小）。

如图 5-11 所示，假设发送窗口的大小为 500 字节。

图 5-11a 表明，发送端要发送 900 字节长的数据，划分为 9 个 100 字节长的报文段，而发送窗口确定为 500 字节。发送方的 TCP 要维护一个指针，每发送一个报文段，指针就向前移动一个报文段的距离。图中指针指在序号为 1 的位置，表明还未开始发送数据。发送端只要收到接收端的确认，就可以开始发送数据，发送窗口就可前移。

图 5-11b 中可以看出，发送端已发送了 400 字节的数据，但只收到对前 200 字节数

据的确认，同时窗口大小不变。现在发送端还可发送 300 字节。

图 5-11c 则表明，发送端收到了对方对前 400 字节数据的确认，但对方通知发送端必须把窗口减小到 400 字节。现在发送端最多还可发送 400 字节的数据。

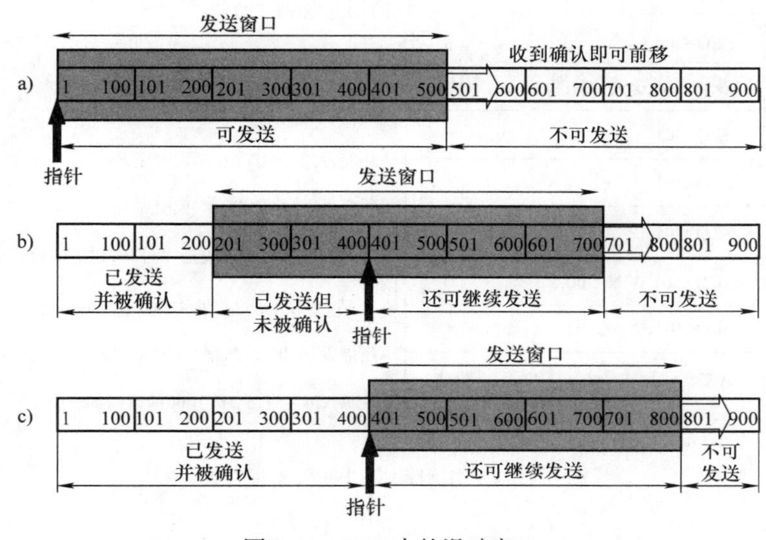

图 5-11 TCP 中的滑动窗口

5.3.5 流量控制

前面提到过，一个 TCP 连接的双方都为该连接设置了接收缓存。TCP 连接接收到数据后，就将其放入接收缓存，相关联的应用程序进程就会从缓存中读取数据。但应用程序进程不一定能立即将数据取走。如果应用程序进程读取数据比较慢，而发送方发送数据很快很多，那么就很容易造成接收缓存溢出的状况。

为了避免这种情况的发生，TCP 提供了一种基于滑动窗口协议的流量控制服务来解决这个问题。简单地说，就是用接收端接收能力（缓冲区的容量）的大小来控制发送端发送的数据量。

在建立连接时，通信双方使用 SYN 报文段或 ACK 报文段中的窗口字段捎带着各自的接收窗口尺寸，即通知对方从而确定对方发送窗口的上限。在数据传输过程中，发送方按接收方通知的窗口尺寸和序号发送一定量的数据，接收方根据接收缓冲区的使用情况动态调整接收窗口尺寸，并在发送 TCP 报文段或确认报文段时捎带新的窗口尺寸和确认号通知发送方。

如图 5-12 所示，设主机 A 向主机 B 发送数据。双方确定的窗口值是 400。设一个报文段为 100 字节长，序号的初始值为 1（即 SEQ = 1）。在图 5-12 中，主机 B 进行了 3 次流量控制。第 1 次将窗口减小为 300 字节，第 2 次将窗口又减为 200 字节，最后一次减至零，即不允许对方再发送数据。这种暂停状态将持续到主机 B 重新发出一个新的窗口值为止。

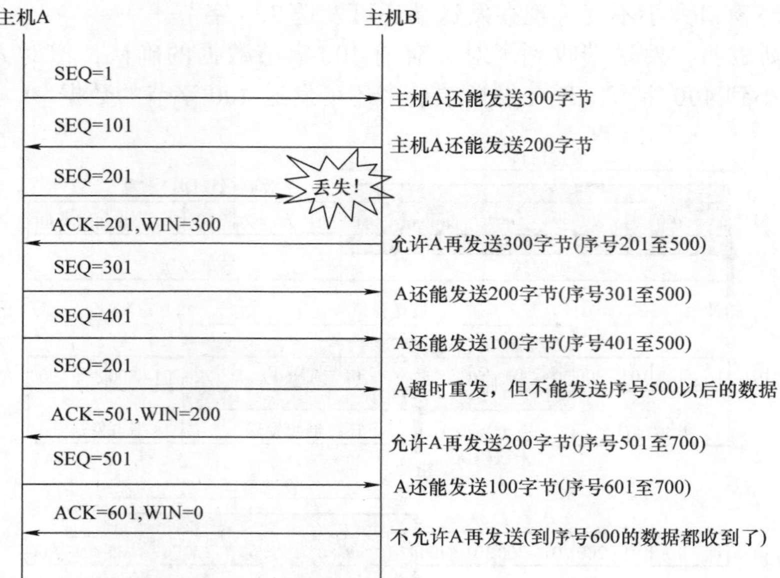

图 5-12 利用滑动窗口进行流量控制

习　　题

5-1 说明运输层的作用。网络层提供数据报或虚电路服务对上面的运输层有何影响?

5-2 试用示意图来解释运输层的复用。一个给定的运输连接能否分裂成许多条虚电路？试解释之；画图说明许多个运输用户复用到一条运输连接上，而这条运输连接又复用到若干条网络连接（虚电路）上。

5-3 UDP 提供什么样的服务?

5-4 TCP 与 UDP 的区别是什么?

5-5 TCP 怎样保证可靠传输?

5-6 TCP 报文段的首部由几部分构成?

5-7 用户数据报 UDP 有几个字段，各有几个字节?

5-8 端口分为几类?

5-9 运输层有哪些功能?

第 6 章　Web 服务器的架设和管理

在计算机网络中，特别是因特网中，Web 服务是应用最为广泛的网络服务。除了提供信息服务外，它还突破了计算机局域网的限制，把计算机应用扩展到整个因特网中，彻底改变了网络环境下的计算模式。要配置一台 Web 服务器，根据操作系统不同，需要安装相应的服务软件。在 Windows 服务器操作系统中，需要安装 Internet Information Server（IIS）服务组件，通过 IIS 可以配置 Web 服务器。此外，还可以通过 Apache Tomcat 软件来架设 Web 服务器。通过 Web 服务器，除了可以提供 Web 信息服务外，企业还可以部署 Web 应用，建立基于 B/S 三层结构的应用系统。

6.1　Web 服务与 B/S 三层体系结构

计算机网络的建立除了可以实现计算机之间的通信和资源共享外，还推动了计算机软件体系结构的改变，将最早的单机应用程序发展为基于网络的计算模式。在 20 世纪 80 年代，随着网络的发展，基于局域网的 C/S 体系结构成为局域网环境下最主要的应用体系结构。随着因特网的发展和应用的普及，基于网络的 C/S 结构已经不能适应因特网环境的需求，C/S 计算模式开始向 B/S 结构发展。到目前为止，基于 Web 的 B/S 三层结构成为最重要的计算机应用模式。

6.1.1　客户 / 服务器计算模式

随着微型计算机和网络的发展，数据和应用逐步转向了分布式，即数据和应用程序跨越多个结点机，形成了新的计算模式，这就是客户 / 服务器（Client/Server，C/S）计算模式，这是一种典型的两层计算模式。

C/S 计算模式将应用一分为二：前端是客户机，一般使用微型计算机，安装用户应用程序。几乎所有的应用逻辑都在客户端进行表达，客户机完成与用户的交互任务，具有强壮的数据操纵和事务处理能力。后端是服务器，可使用各种类型的主机、服务器负责数据管理，提供数据库的查询和管理、大规模的计算等服务。

C/S 计算模式具有以下几个方面的优点：可以实现数据库层次的应用集成，能够协调现有的各种 IT 基础结构；分布式管理；能充分发挥客户端 PC 的处理能力，安全、稳定、速率快，且可以脱机操作。

但随着应用规模的日益扩大，应用程序的复杂程度不断提高，C/S 结构逐渐暴露出许多缺点和不足。一方面，它必须在客户端安装大量的应用程序（客户端软件），开发成本较高，移植困难，用户界面风格不统一，维护复杂，升级麻烦。另一方面，各种客户端应用程序必须在企业局域网中运行，不适合移动办公用户，不适应因特网的发展。

6.1.2 浏览器 / 服务器计算模式

进入 20 世纪 90 年代以后，随着因特网技术的不断发展，尤其是基于 Web 的信息发布和检索技术、Java 技术以及网络分布式对象技术的飞速发展，很多时候都是成千上万台客户机同时需要向服务器发出请求，这就使很多应用系统的体系结构不得不从 C/S 结构向更加灵活的多级分布式浏览器 / 服务器（Browser/Server,B/S）计算模式演变。

B/S 计算模式是一种基于 Web 的协同计算，是一种 3 层架构“瘦”客户机 / 服务器计算模式。第 1 层为客户端表示层，与 C/S 结构中的“肥”客户端不同，3 层架构的客户层只保留一个 Web 浏览器，不存放任何应用程序，其运行代码可以从位于第 2 层的 Web 服务器下载到本地的浏览器中执行，几乎不需要任何管理工作。第 2 层是应用服务层，由一台或多台服务器（Web 服务器也位于这一层）组成，处理应用中的所有业务逻辑以及对数据库的访问等工作，该层具有良好的可扩充性，可以随着应用的需要任意增加服务器的数目。由于管理工作主要针对 Web 服务器进行，相对于 C/S 而言无论是工作的复杂性还是工作量都大幅减少。第 3 层是数据中心层，主要由数据库系统组成，由数据库服务器完成。

B/S 计算模式与传统的 C/S 结构相比体现了集中式计算的优越性：具有良好的开放性，利用单一的访问点，用户可以在任何地点使用系统，不再局限于企业局域网内部；用户可以跨平台以相同的浏览器界面访问系统；因为在客户端只需要安装浏览器，基本上取消了客户端的维护工作，有效地减少了整个系统的运行和维护成本。

更为重要的是，Web 应用突破了传统的 C/S 结构必须运行在局域网环境的约束，将应用扩展到了整个因特网中。在 B/S 模式下，每个用户都有相对应的账户、角色，不管其是否在企业局域网中，只要能连接到因特网，就可以通过浏览器登录 Web 服务器，完成和自身角色、权限相关的工作。当前，Web 应用已经成为最主要的计算机应用模式。

6.1.3 Web 服务器及其工作原理

Web 是由分布在因特网中的 Web 服务器组成的。所谓 Web 服务器，就是指对信息进行组织存储并发布到因特网中，从而使得因特网中的其他计算机可以读取 Web 服务器上信息的计算机。

要使一台计算机成为一台 Web 服务器，必须安装 UNIX、Windows Server 等网络服务器操作系统。根据操作系统的不同，还需要安装相应的信息服务器程序，例如 Windows Server 中的 IIS、Apache Tomcat 等。要成为 Web 客户机很简单，可将计算机连接到因特网并安装浏览器软件，例如 Internet Explorer、Netscape 等。

在 Web 中使用的通信协议是 HTTP，通过 HTTP 实现客户端（浏览器）和 Web 服务器的信息交换。Web 的基本工作原理如图 6-1 所示。

当用户通过 Web 浏览器向 Web 服务器提出 HTTP 请求时，Web 服务器根据请求调出相应的 HTML、XML 文档或 ASP、JSP 文件。如果是 ASP 或 JSP 文档，Web 服务器首先执行文档中的服务端脚本程序，然后把执行结果返回给客户端浏览器。

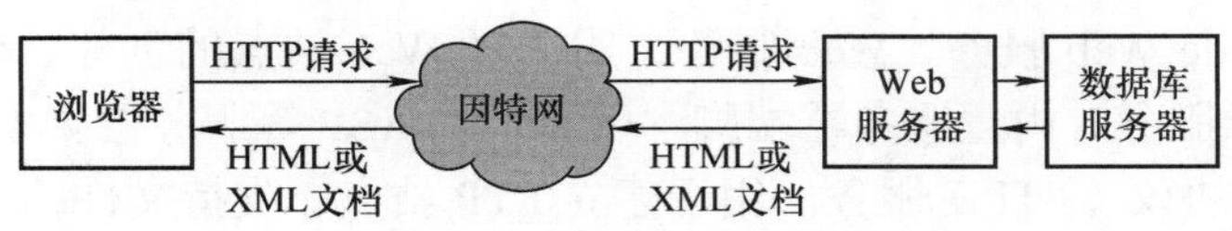

图 6-1　Web 的工作原理

现在一般的 Web 应用都是和数据库结合在一起的，服务器端脚本程序主要负责通过 ODBC 与数据库服务器建立连接并完成必要的数据查询、插入、删除、更新等数据库操作，然后利用获得的数据产生一个新的包含动态数据的 HTML 或 XML 文档，并将其发送回客户端 Web 浏览器。最后，由 Web 浏览器解释该文档，在浏览器窗口中展示给客户。

6.2　Windows 服务器操作系统和 Internet 信息服务

在因特网中，Windows 服务器操作系统是应用非常广泛的网络操作系统，本身具有强大的内嵌网络功能，其中 Internet 信息服务组件 IIS 是面向 Web 应用的服务组件，广泛地安装在企业网络服务上，以提供 Web 服务、FTP 服务、E-mail 服务以及用于部署企业基于 Web 的应用。

无论是 Windows 2000 Professional、Windows 2000 Server，还是 Windows Server 2003，都可以安装 Internet 信息服务组件 IIS 成为 Web 服务器，构建 Web 站点，提供 Web 服务。在 Windows 2000 Server 中，IIS 是默认安装的，在 Windows 2000 Professional 中需要通过“添加 / 删除程序”功能完成 IIS 的安装。如果在 Windows Server 2003 中安装 IIS，需要添加“应用服务器”角色。

6.2.1　Internet 信息服务的概念

Internet 信息服务是一组 Windows 操作系统组件，此组件可以使公司很方便地创建自己的 Web 服务器、FTP 服务器、E-mail 服务器和 NNTP 服务器，从而将信息和业务应用程序发布到 Web 中。IIS 使用户能更加容易地为网络应用程序和通信创建功能强大的服务平台。

对于 IIS，它本质上是由一系列 ASP 对象组成的，负责 ASP 页面中服务端脚本程序的解析工作，同时为用户开发基于 Web 的应用提供一个开发环境。

6.2.2　Internet 信息服务的组成

在 Windows 2000 中内置了 IIS5.0。从 Windows Server 2003 开始，IIS 升级为 IIS6.0，将 IIS5.0 中的 SMTP 服务器升级为完整的 E-mail 服务器。IIS 由若干可选组件构成，用户可以根据需要选择不同的组件进行安装和配置。下面介绍几个主要的组件功能。

（1）Internet 服务管理器。用于配置和管理 IIS，可以在 MMC 中以管理单元的形式显示。该管理工具还在控制面板的“管理工具”文件夹中创建了一个快捷方式。

（2）NNTP 服务。NNTP（Network News Transfer Protocol）即网络新闻传播协议，是 TCP/IP 套件的成员，负责将新闻函件分发到因特网上的 NNTP 服务器和 NNTP 客户端。设置了 NNTP 以后，就可以将新闻文章存储在服务器上的中央数据库，用户可以选择指定的项目阅读。

（3）SMTP 服务。SMTP（Simple Mail Transfer Protocol）即简单邮件传输协议，是 TCP/IP 套件的成员，用来管理邮件代理之间的电子邮件交换。

（4）World Wide Web 服务。Web 服务，用于对 Web 站点的创建、管理以及为用户访问 Web 服务器提供服务，内置服务器端脚本引擎，是 ASP 等服务器脚本规范的容器。

（5）文档传输协议（FTP）服务。用于建立 FTP 站点，支持文件的上传和下载。

6.2.3 安装 IIS

默认情况下，安装 Windows 2000 Server 时，IIS 5.0 被一起安装。在 Windows 2000 Professional 中，用户也可以通过“控制面板”中的“添加 / 删除程序”“添加 / 删除 Windows 组件”来安装 IIS。在 Windows Server 2003 中，IIS 组件称为“应用服务器”，除了可以通过“添加 / 删除 Windows 组件”方式来安装外，可以通过管理工具中的“管理您的服务器”程序添加“应用程序服务器”，来完成 IIS6.0 的安装。

下面以 Windows Server 2003 企业版为例，说明 IIS 的安装方法。具体操作如下。

1）将 Windows Server 2003 系统光盘插入光盘驱动器。

2）在控制面板窗口中，双击“添加 / 删除程序”图标，在“添加 / 删除程序”窗口中单击“添加 / 删除 Windows 组件”，打开“Windows 组件导向”对话框，在组件列表中选择应用程序服务器（在 Windows 2000 Server 中为 Internet 信息服务），然后单击“详细信息”按钮，弹出“应用程序服务器”对话框，如图 6-2 所示。

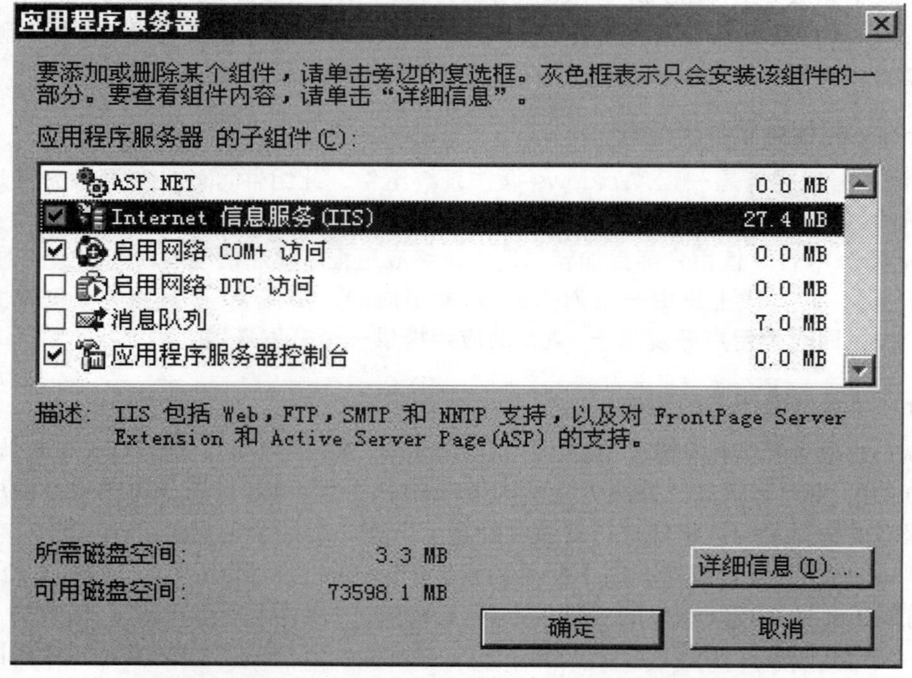

图 6-2 Windows Server 2003 的应用程序服务器组件列表

3）在组建列表中选择“Internet 信息服务（IIS）”选项，然后单击“详细信息”按钮，弹出“Internet 信息服务（IIS）”对话框，显示 Windows Server 2003 中相关组件，如图 6-3 所示。

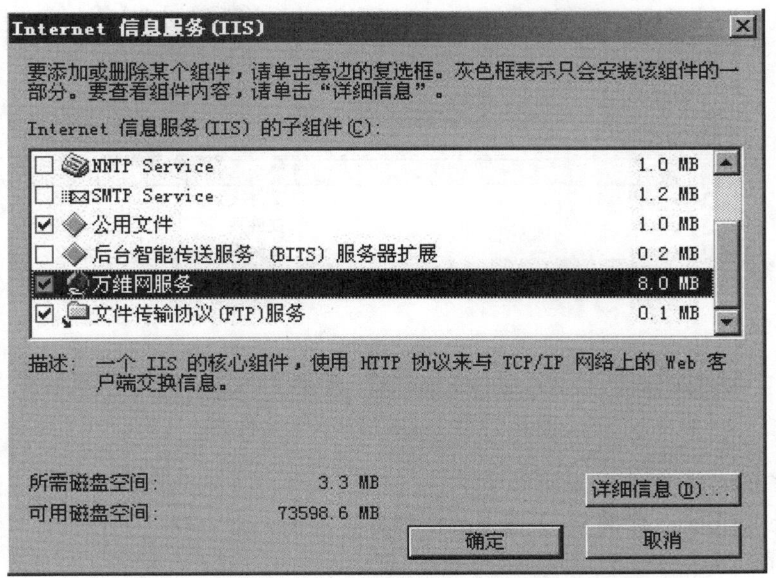

图 6-3　Internet 信息服务组件列表

4）选择“万维网服务”选项，然后单击“详细信息”按钮，显示万维网服务的子组件列表，如图 6-4 所示。

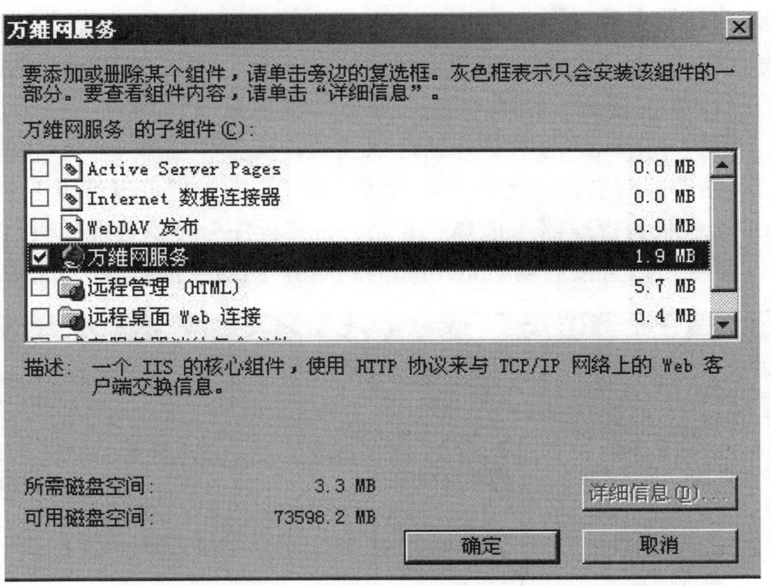

图 6-4　万维网服务组件列表

5）在组件列表中选择相应的组件，包括“万维网服务”“远程管理（HTML）”和“远程桌面 Web 连接”，然后单击“确定”按钮，向导从光盘复制文件并进行相关的配置。安装结束后，在“控制面板”的管理工具中将增加“Internet 信息服务管理器”“远程桌面”等程序。在服务器 C 盘根据目录下创建一个 Inetpub 文件夹，如图 6-5 所示。

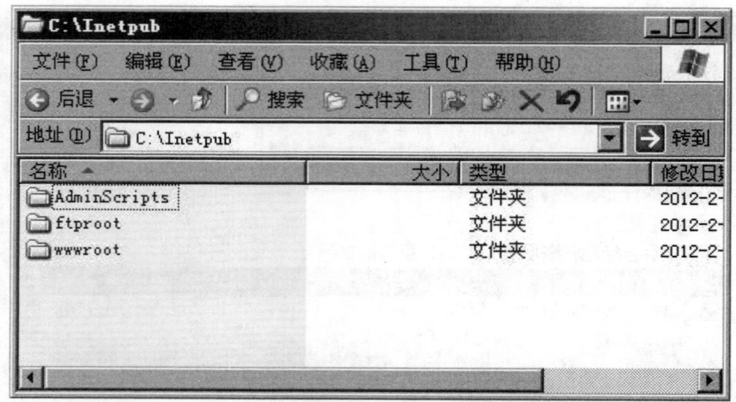

图 6-5 安装 IIS 后相关的文件夹

Inetpub 中的各子文件夹说明如下。

- AdminScripts：存储 CGI 脚本的根目录。
- ftproot：FTP 服务根目录。
- Mailroot：SMTP 服务器根目录。
- nntpfile：新闻组信息的根目录。
- wwwroot：默认 Web 站点的根目录。

6.2.4 Internet 信息服务管理器

IIS 安装完成后，在“管理工具”中增加“Internet 服务管理器”工具。同时，在 Web 服务器的“计算机管理”控制台的“服务和应用程序”结点下将增加“Internet 信息服务”结点。通过 Internet 服务管理器可以监视、配置和控制 Internet 信息服务，创建 Web 站点、FTP 站点并对它们进行配置和管理。对 IIS 的管理可以有以下多种途径。

1. Internet 信息服务管理器　选择“开始”→“程序”→“管理工具”→“Internet 信息服务管理器”命令可以直接启动“Internet 信息服务（IIS）管理器”，如图 6-6 所示。

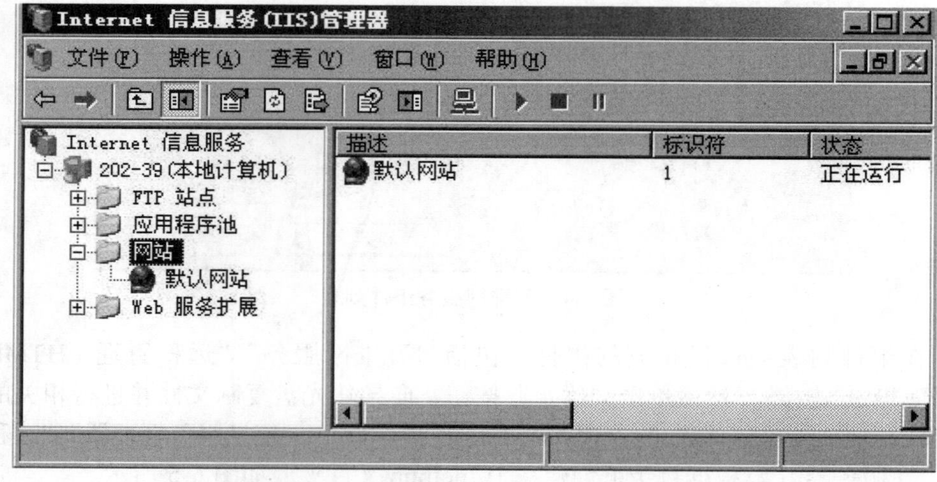

图 6-6 “Internet 信息服务（IIS）管理器”窗口

如果是在 Windows 2000 Professional 中安装 IIS，则其在 Internet 信息服务中，不能新建 Web 站点，也不包含“管理 Web 站点”和“默认 NNTP 虚拟服务器”。

2. Internet 信息服务管理单元　安装 IIS 后，Internet 服务管理器和其他管理功能集成到一起，作为一个管理单元被组织到“计算机管理”控制台中。在“控制面板”→“管理工具”中，双击“计算机管理”打开“计算机管理”窗口，已包含“Internet 信息服务（IIS）管理器”结点（管理单元）。

3. 基于浏览器的 Internet 服务管理　基于浏览器的 Internet 服务管理器可以实现对 IIS 的远程管理，需要在 Web 服务器上启用基于浏览器的 Internet 服务管理器。具体设置步骤如下。

1）在“计算机管理”控制台的“服务和应用程序”结点下，展开“Internet 信息服务（IIS）管理器”选项。

2）右键单击需要远程管理的 Web 站点，从弹出的快捷菜单中选择“属性”命令，弹出 Web 站点属性对话框。在 Web 站点选项卡中，记下该站点的 TCP 端口号。

3）选择“目录安全性”选项卡，在“IP 地址和域名限制”区域选择“编辑”按钮，弹出“IP 地址和域名限制”对话框，执行下列操作之一：

- 如果要允许所有计算机远程管理 IIS，可选择“授权访问”单选按钮。
- 选择“拒绝访问”单选按钮，然后单击“添加”按钮，弹出“授权访问”对话框，选择要授权访问的“单机”，“一组计算机”或者“域名”，按照系统提示进行操作，最后单击“确定”按钮。

当 Web 服务器上启用了基于浏览器的 Internet 服务管理器后，就可以使用基于浏览器的 Internet 服务管理器。在浏览器地址栏输入 https:// Web 服务器网址（域名或 IP 地址）：8098/，按 Enter 键，显示“连接到”对话框，输入一个管理员权限的用户账户和密码，则打开“服务管理”站点，即通过 Web 接口远程维护 Windows Server 2003 服务器界面。

通过 Web 接口，可以实现 Windows Server 2003 服务器的远程维护，包括站点、Web 服务器、网络、用户等维护功能。

6.2.5　连接到 Web 站点

Web 站点是由一系列的文件夹构成的，每个文件夹中包含一系列的文件和数据。每个 Web 站点都有一个主目录文件夹，该文件夹中包含站点的首页文件。要连接到一个 Web 站点，需要在浏览器地址栏中输入 Web 站点的 URL，一般形式为：

http:// 网址：端口号 / 路径 / 文件名？参数表

其中各选项说明如下。

1）网址：可以是域名，也可以是 IP 地址。端口号对应 Web 服务器上设置的 Web 站点的 TCP 端口，默认值为 80。如果端口号为 80，则在 URL 中可以省略不写。

2）路径：是指相对于 Web 站点主目录的相对路径，如果不指定路径，则代表站点主目录。

3）文件名：访问一个 Web 站点，即从 Web 站点中指定的路径中下载文件，并传输到客户端浏览器进行显示的过程。因此，在 URL 中需要指定要下载文件的路径和文件名。如果未指定文件名，则代表要下载网站的首页文件，首页文件在 Web 站点属性中设置，并储存在 Web 站点根目录中。

4）参数表：在访问一个网页文件时，特别是带有脚本的网页，有时候需要将一些参数传给网页中的脚本程序，这些要传递的参数在文件名后面的“？”后面列出。

如果是在 IIS 服务器计算机上，也可以输入 http://127.0.0.1 或 http://localhost 来访问本机上的 Web 站点。其中，localhost 为本机（127.0.0.1）的域名。可以用笔记本程序打开 hosts 文件（文本文件，无扩展名，储存在 \WINNT\system32\drivers\etc 文件夹中）看到 127.0.0.1 的域名为 localhost。

6.3 Web 站点的构建

当一台计算机上安装了 Internet 信息服务后，就可以创建 Web 站点，从而把该计算机配置为 Internet\Intranet 中的一台 Web 服务器，向用户提供 Web 连接服务。一般情况下，一台 Web 服务器通常配置在服务器操作系统的计算机上，例如 Windows 2000 Server，Windows Server 2003 等。虽然在 Windows 2000 Professional 计算机上可以安装 IIS，但在此 IIS 上不能创建新的 Web 站点。

6.3.1 创建 Web 站点

在 Windows Server 上安装 IIS 以后，就可以利用 IIS 创建和管理 Web 站点。下面将以 Windows Server 2003 企业版为例，介绍 IIS 中 Web 站点的创建操作。

选择“开始”→“程序”→“管理工具”→“Internet 服务（IIS）管理器”命令，打开“Internet 信息服务（IIS）管理器”窗口，右键单击“网站”结点打开快捷菜单，如图 6-7 所示。

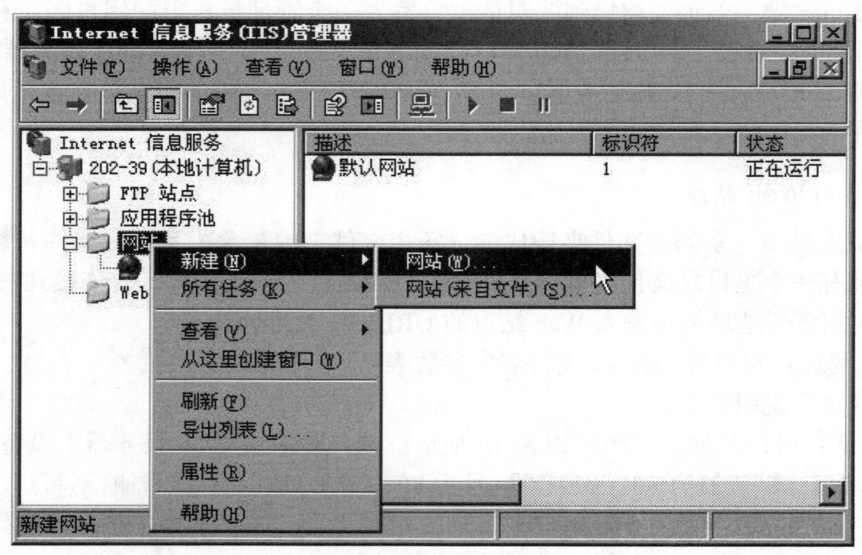

图 6-7 新建 Web 站点

从弹出的快捷菜单中，选择“新建”→“网站”命令，启动“网站创建向导”，然后单击“下一步”按钮，如图 6-8 所示。

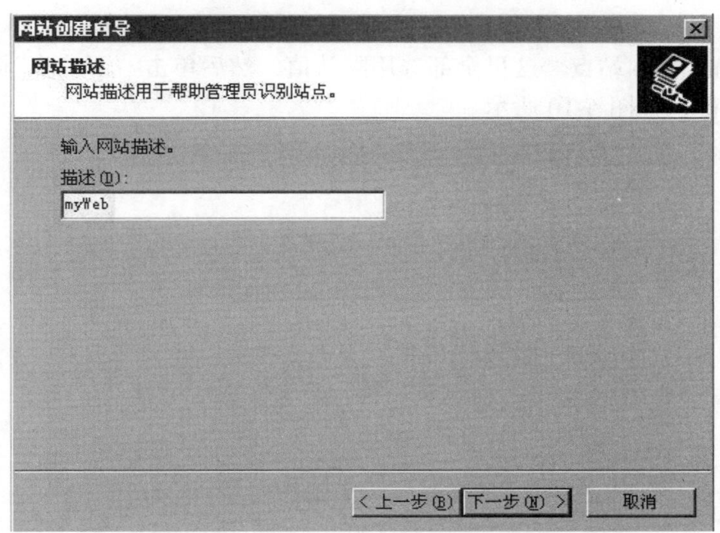

图 6-8　输入网站描述

在网络描述界面，输入 Web 站点的说明（即新站点的名称），该名称将在“Internet 信息服务（IIS）管理器”控制台中显示。单击“下一步”按钮，弹出“IP 地址和端口设置”对话框，如图 6-9 所示。

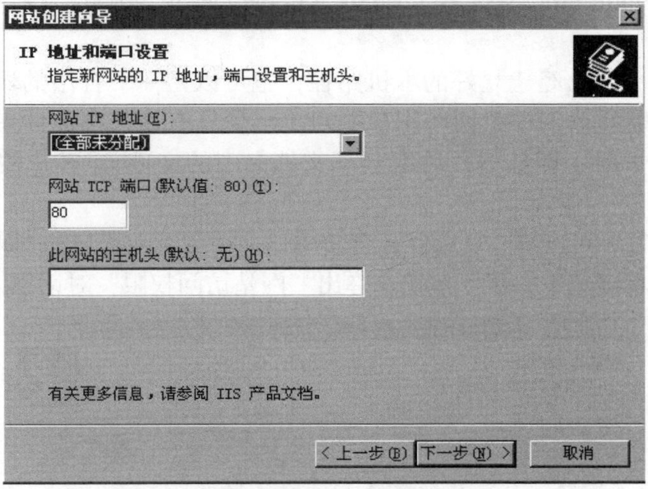

图 6-9　设置网站 IP 地址和端口

在 IP 地址后面的下列拉表中，会显示（全部未分配）以及上面设置的多个 IP 地址，可从中选择一个 IP 地址。

如果希望对每一个站点采用不同的 IP 地址，用户可以选择默认端口 80；如果需要多个 Web 站点使用同一个 IP 地址，可以为不同的 Web 站点指定不同的端口号。指定不同的端口号后，要连接到该站点，在网址（IP 地址或域名）后需要给定对应的端口号，例如 http://202.194.73.118：8080。使用非默认的端口号将使得客户端连接 Web 站点时，必须知道该站点的端口号，并在 URL 中不能省略协议的前缀 http://。

如果希望使用相同的 IP 地址，又保留 HTTP 默认的端口号 80，还可以使用不同的主机头来区分不同的 Web 站点。这里全部选用默认值，然后单击“下一步”按钮，弹出“网站主目录”对话框，如图 6-10 所示。

图 6-10　设置网站主目录

在“路径”文本框中，输入该站点的主目录，该目录保存了该 Web 站点的数据（例如，站点的首页 default.html 文件等）。此外，也可以通过“浏览”按钮选择一个目录作为网站的主目录。

该路径可以是一个已经建立好的本机路径，也可以是一个合法的域内其他计算机的共享文件夹。此时，需要输入一个网络用户账户（至少具有该共享文件夹的读取权限）和密码。当客户浏览网页时（即从远程读取共享文件夹中的文件），客户需要切换到此账户来访问数据。

选择“允许匿名访问网站”复选框，将使用户不需要输入账户和密码就可以浏览该站点的 Wed 页。然后，单击“下一步”按钮，弹出“网站访问权限”对话框，如图 6-11 所示。

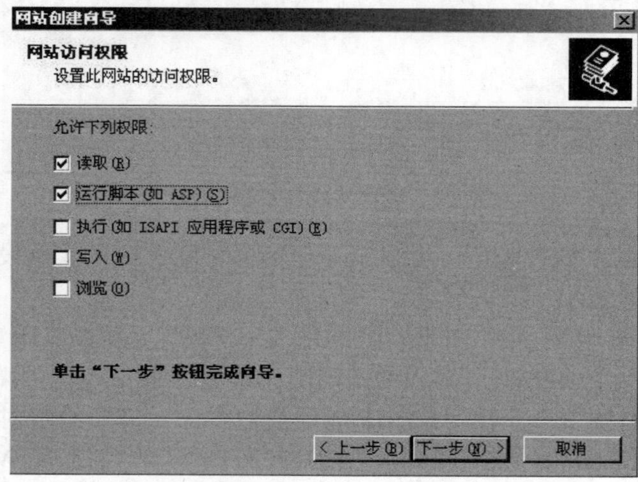

图 6-11　设置网站访问权限

根据需要，对 Web 站点的权限进行设置，从允许的权限中选择相应的权限。一般情况下，需要选择“读取”权限和“运行脚本”权限。有关权限设置的详细介绍可参见 6.4 节。然后，单击“下一步”按钮，显示“已经完成 Web 站点创建向导”。

最后，单击“完成”按钮，返回到“Internet 信息服务（IIS）管理器”窗口，如图 6-12 所示。

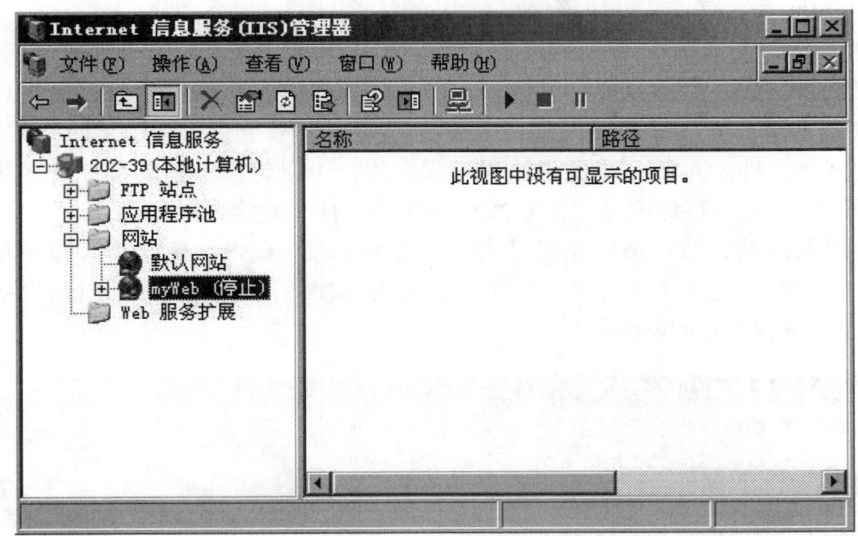

图 6-12　“Internet 信息服务（IIS）管理器”窗口

新站点创建完成后，主目录中没有任何内容。如果新建的 Web 站点和已经存在的 Web 站点的 IP 地址和端口号完全一样，新站点将被标记为“停止”。

6.3.2　启动、停止和暂停 Web 站点

由于新建的站点和默认的 Web 站点的 IP 地址和端口号完全一样，因此新建站点被停止。如果要启动停止的 Web 站点，可右键单击被停止的 Web 站点，从弹出的快捷菜单中选择“启动”命令。

如果要停止一个 Web 站点，可右键单击该站点，从弹出的快捷菜单中选择“停止”命令。

当管理人员需要维护系统或网页的数据时，可以暂停 Web 站点，站点暂停后，将不接受客户浏览器的连接，等用户工作结束后，再启动该站点。

如果用户试图连接一个暂停的站点，客户端浏览器将显示“找不到该页”消息（HTTP 404- 未找到文件）。如果试图连接一个停止的站点，客户端浏览器将显示“该页无法显示”的消息（找不到服务器或 DNS 错误）。

6.3.3　规划 Web 应用

一个 Web 站点建立以后，就意味着一个 Web 应用的开始。所谓 Web 应用，是指在因特网环境中，应用程序开发和使用的模式，它是 B/S 结构下应用程序的实现形式。一个 Web 网站可以简单地看做一个 Web 应用，它是由主目录下所有的子目录及各种文件构成的。

1. 网站首页 传统的应用程序都有一个主用户界面，包含菜单栏、工具栏等，用户可通过菜单命令或工具按钮执行特定的程序功能。在 B/S 结构中，一个 Web 应用是从网站首页开始的，相当于传统的应用程序主用户界面。首页（HomePage）是当客户连接到一个站点时首先看到的 Web 页面，含有可以转到各种功能页面的超链接。通常，可以用 FrontPage、Dreamweaver 等工具编辑站点的首页文件。首页的默认文件名一般为 index.htm、default.htm 等，首页文件应该保存在 Web 站点的主目录下。

2. 规划网站的文件结构 一个网站，即一个 Web 应用，应该根据用户需求来设计网站的功能或栏目。为了管理方便，应该根据网站功能对网站文件夹结构进行认真规划。一般情况下，在主目录下往往需要创建多个子文件夹，每个子文件夹用于网站的一个功能，存储相关的网页文件。对于一些公用的程序或图片，可以定义单独的文件夹。此外，还可以规划数据库文件夹，存储网站用到的数据库文件，便于整个网站的备份。

对于新建的网站，假设该网站设计有 3 个主要功能：BBS、在线聊天和即时消息，在主目录下可以分别创建 3 个文件夹，分别存储开发 BBS、在线聊天和即时消息所用到的网页文件，文件结构如图 6-13 所示。

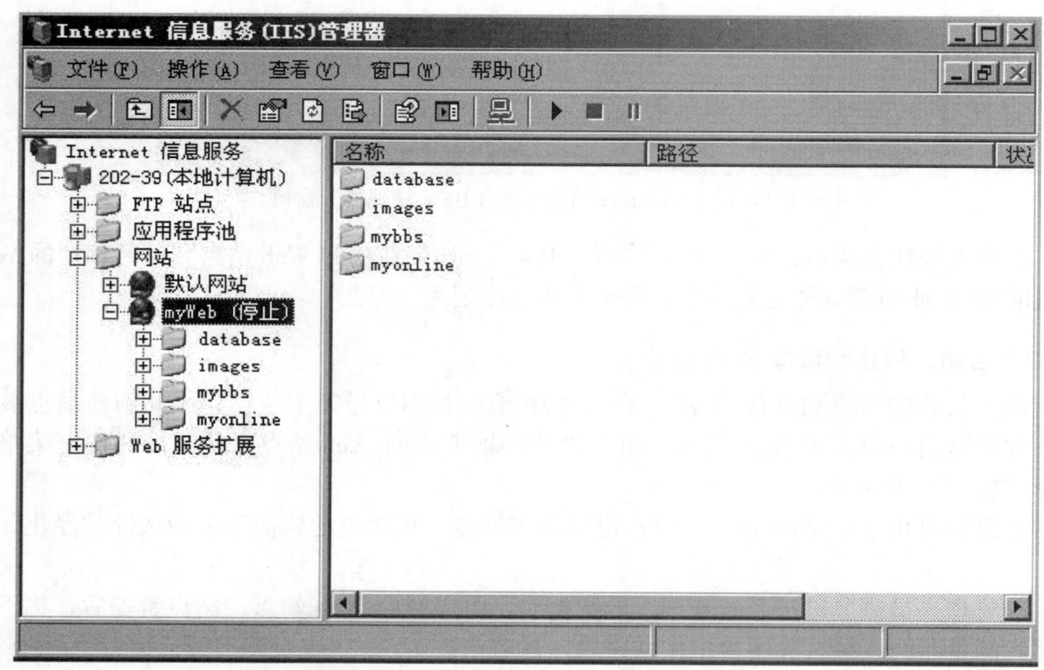

图 6-13 站点主目录内容组织

3. 使用虚拟目录 在一个网站中，网站主目录及其中的子文件夹称为物理目录。逻辑上讲，只有主目录下的文件才是网站的组成部分。如果要把本机上的其他文件夹，甚至是域中其他计算机上的文件夹作为 Web 站点的内容，则需要使用虚拟目录。虚拟目录可以看做是 Web 站点主目录下指向其他物理目录的指针。

（1）使用虚拟目录的好处。使用虚拟目录可以将 Web 站点的数据保存到本机上主目录以外的物理目录，甚至是其他的计算机中，避免 Web 站点数据占用服务器太多的空间。

当数据移动到其他的地址时，不会影响 Web 站点结构。此时，不需要更改虚拟目录的名称，只需要重设虚拟目录，将虚拟目录指向新的物理目录即可。

（2）建立虚拟目录。要建立虚拟目录，可按照以下步骤进行操作。

在“Internet 信息服务”控制台目录中，右键单击某 Web 站点，从弹出的快捷菜单中选择“新建”→“虚拟目录”命令，启动“虚拟目录创建向导”，单击“下一步”按钮，弹出“虚拟目录别名”对话框，如图 6-14 所示。

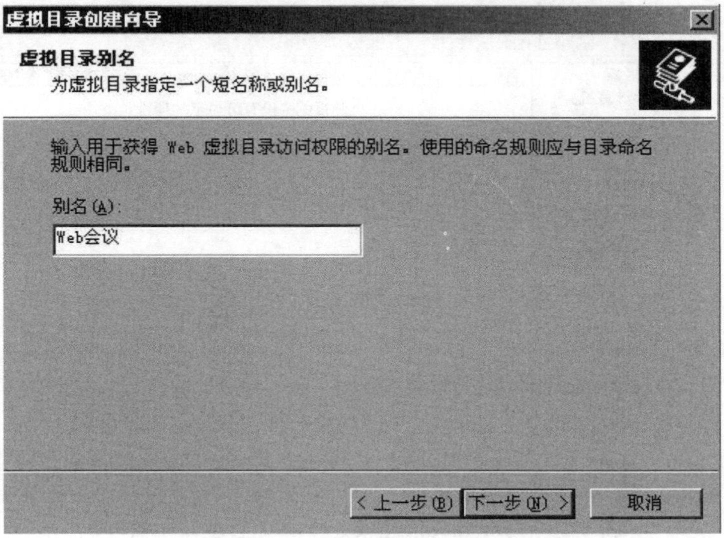

图 6-14 输入虚拟目录别名

输入虚拟目录名称后，该名称将显示在 Internet 信息服务控制台相应的 Web 站点下，单击“下一步”按钮，弹出“网站内容目录”对话框如图 6-15 所示。

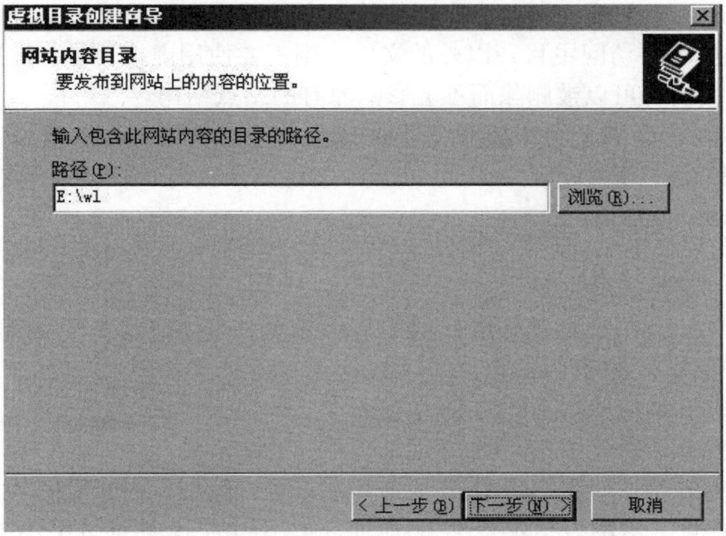

图 6-15 输入虚拟目录对应的物理目录

在“路径”文本框输入虚拟目录对应的实际物理目录，或者单击文本框后面的“浏览”按钮选择需要的物理目录，然后单击“下一步”按钮，设置虚拟目录的访问权限。根据需要进行设置后，单击“下一步”按钮，显示虚拟目录创建向导完成对话框。最后，单击“完成”按钮，返回“Internet 信息服务（IIS）管理器”窗口，显示新建的虚拟目录，如图 6-16 所示。

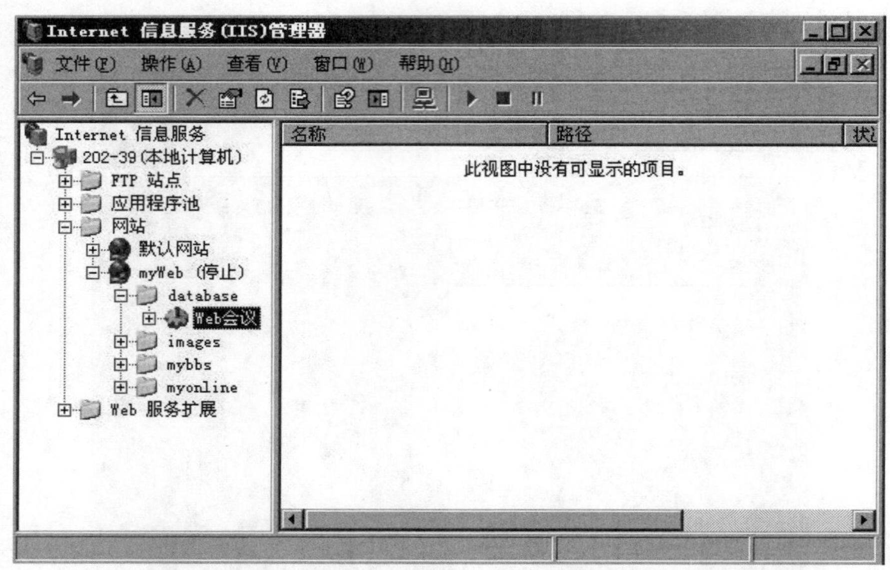

图 6-16 “Internet 信息服务（IIS）管理器”窗口

使用虚拟目录，可以实现在一个 Web 应用中简单地增加其他页面，而这些页面和现有的内容可能没有直接关系，它可能是临时性的。此时，只需要通过“http：// 域名或 IP 地址 / 虚拟目录 / 文件名（包括扩展名）”访问主目录以外的文件。其中，“http：// 域名或 IP 地址 /”代表 Web 站点的根，即对应实际的站点主目录，主目录下的文件可以通过实际的相对路径访问。如果要访问主目录以外的文件，则需要使用虚拟目录。虚拟目录可以简化站点的管理，这些内容可以被删除而不会影响原有的站点结构。

例如，在本地计算机上的 Web 站点上，建立一个名称为 hao 的虚拟目录，对应的实际物理目录是 d:\hao，其中包含 haoHome.htm 文件。要浏览该网页，可在地址栏中输入 http://127.0.0.1/hao/haoHome.htm。

6.3.4 运行多个 Web 站点

在一台服务器上，可以创建并运行多个 Web 站点，可以通过 3 种不同的方式使用多个 Web 站点在一台服务器上同时运行：

1）不同的 Web 站点使用不同的 IP 地址。

2）不同的 Web 站点使用相同的 IP 地址、不同的端口号。

3）不同的 Web 站点使用相同的 IP 地址和端口号，但用不同的主机名。

1. 增加 IP 地址 对网卡指定多个 IP 地址，把不同的 IP 地址分给不同的 Web 站点可以使得在一台服务器上同时运行多个 Web 站点。

在服务器的“网络连接”文件夹中，右键单击“本地连接”图标，从弹出的快捷菜单中选择“属性”命令，弹出“本地连接属性”对话框，在“常规”选项卡中选择“Internet 协议（TCP/IP）”选项，单击“属性”按钮，弹出“Internet 协议（TCP/IP）属性”对话框，单击“高级”按钮，弹出“高级 TCP/IP 设置”对话框，如图 6-17 所示。

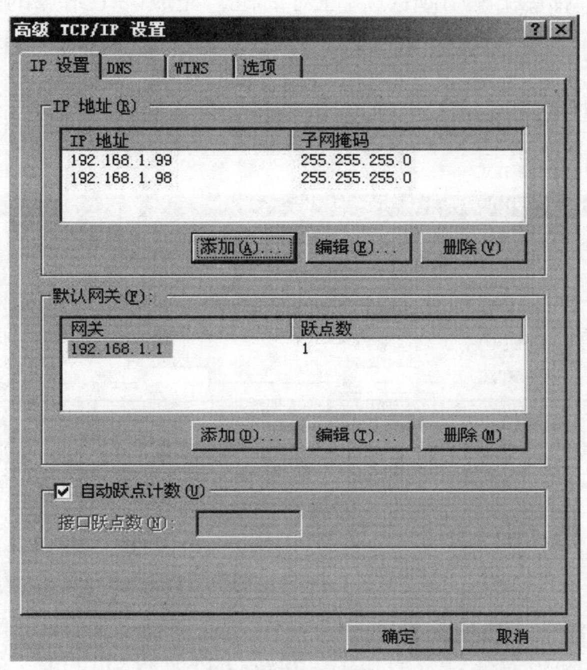

图 6-17　“高级 TCP/IP 设置”对话框

在“IP 设置”选项卡中，在“IP 地址”区域单击“添加”按钮，输入新的 IP 地址和子网掩码。这样，本地连接就对应了多个 IP 地址。

2. 建立并运行多个站点　按照第 6.3.1 节的步骤建立多个 Web 站点，为保证多个 Web 站点的同时运行，可以为不同的站点选择不同的 IP 地址，或者相同的 IP 地址、不同的端口号，或者 IP 地址、端口号相同，但主机名不同。

例如，可以建立两个 Web 站点 haoWeb 和 gongWeb，IP 地址相同（均为 202.194.7.66），端口号不同，前者为默认的端口号 80，后者为 8001。因此，客户端要连接到 gongWeb，在浏览器的地址栏中应该输入 http://202.194.7.66:8001。

除了使用 IP 地址和端口号连接到一个 Web 站点外，还可以设置站点的主机头并增加局域网中的 DNS 主机记录，通过域名访问创建的 Web 站点。

如果在连接新建的 Web 站点时出现“输入网络密码”对话框，可以在控制台目录中，右键单击新建的 Web 站点，从弹出的快捷菜单中选择“所有任务”→“权限向导”命令，按照权限向导的提示完成该站点的权限设置，全部采用默认设置即可。

此后，在浏览器地址栏内重新输入网站地址将不再出现“输入网站密码”对话框。如果在服务器本机测试，可以输入 http：//127.0.0.1/，按【Enter】键。如果服务器上建立了 Internet 连接，而线路不通，将出现“脱机连接”对话框，可单击“重试”按钮。

6.4 配置 Web 站点

当建立 Web 站点以后，还需要对 Web 站点进行管理，管理 Web 站点是通过 Web 站点属性对话框来完成的。在“Internet 信息服务（IIS）管理器”控制台目录中，右键单击“站点”，选择“属性”命令，弹出站点属性对话框，完成一个站点的配置和管理。

6.4.1 “网站”选项卡

在站点属性对话框的“网站”选项卡中列出了网站的一般属性，默认值为创建站点时的用户输入，如图 6-18 所示。

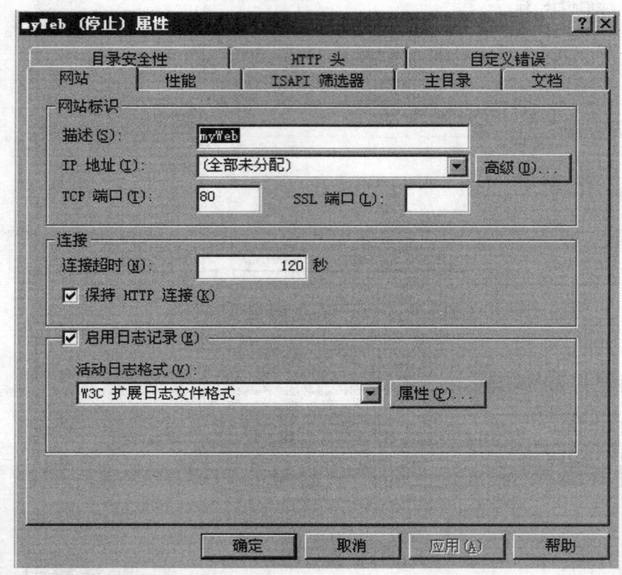

图 6-18 Web 站点属性对话框

在“网站”选项卡中，包括 3 个区域的设置。

（1）网站标识

1）描述：输入对该站点的说明性文字，该文字将作为站点名称出现在 Internet 信息服务管理器控制台目录中。

2）IP 地址：设置此站点要使用的 IP 地址，如果计算机中设置了多个 IP 地址，可以选择其中的一个。如果该服务器上同时运行多个 Web 站点，可单击“高级”按钮，进行进一步的设置。

3）TCP 端口：HTTP 服务的默认端口为 80，如果设置其他的端口，客户浏览器在浏览该网站时，在 URL 中需要给出端口号，例如 http://www.teacher.local：8080/。

（2）连接

1）连接超时：指如果客户端建立了连接，在连接超时规定的时间内没有访问操作，系统将该连接强制断开。

2）保持 HTTP 连接：是指如果一个网页中插入了其他文件（如图片、动画等），让网页和其中的文件通过连接进行传送，从而降低 Web 站点的负担。

如果取消选中“保持 HTTP 连接”复制框，当网页中包含多个文件连接时，客户端每下载一个文件就要与 Web 服务器建立一个连接，这样会大幅降低 Web 服务器的执行性能。

（3）启用日志记录。选择该选项将启用 Web 站点的日志记录功能，该功能可记录用户活动的细节并以选择的格式创建日志。启用日志记录后，需要在“活动日志格式”下拉列表框中选择格式。

可以选择的活动日志的格式包括以下几种。

1）Microsoft IIS 日志格式：固定的 ASCII 格式。

2）ODBC 日志：仅在 Windows 2000 Server 中提供，记录到数据库的固定格式。

3）W3C 扩充日志文件格式：可自定义的 ASCII 格式，默认情况下选择该格式。必须选择该格式才能使用“进程账号”。

单击“属性”按钮可以配置日志文件创建选项（如每周或按文件大小），或者配置 W3C 扩充日志记录或 ODBC 日志记录的属性。

6.4.2 “主目录”选项卡

主目录是一个网站的根，网站的所有文件都保存于主目录及其所包含的子文件夹中，或者通过虚拟目录引申到主目录外的物理文件夹。根据客户访问 Web 站点的验证过程，当用户通过身份验证后，Web 站点会根据站点的权限设置来决定可以提供给用户的服务，例如从网站浏览网页（下载文件）、上传文件等。在网站属性对话框中，选择“主目录”选项卡，如图 6-19 所示。

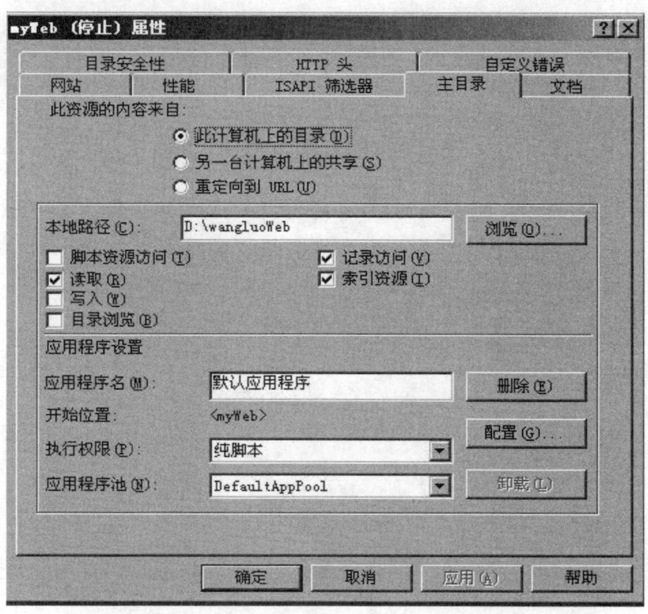

图 6-19　网站属性“主目录”选项卡

（1）访问权限设置

1）读取：默认状态下 Web 站点拥有读取权限，即客户可以从站点中下载文件。

如果要下载的文件存储在 NTFS 驱动器中，还应该查看 NTFS 对文件的属性设置。

2）写入：允许用户上传文件或提交表单改变网页内容。它同样受 NTFS 对要上传到的目标文件夹属性的影响。

3）目录浏览：允许用户浏览站点目录，当客户通过浏览器连接到本站点时，如果未指定文件名和目录，站点也没有提示默认文档不存在，将看到此站点的目录列表（不显示虚拟目录）。

（2）应用程序设置。应用程序设置可以指定何种应用程序可以在 Web 站点执行，在执行许可列表中，包括“无”“纯脚本”和“脚本和可执行程序”。

如果选择“无”，则不允许在 Web 站点中运行程序（包括服务器端 ASP 脚本）。当浏览一个 ASP 页时，会显示“网页无法显示”，在页面中提示：“您试图从目录中执行 CGI、ISAPI 或其他可执行程序，但该目录不允许执行程序”。因此，如果所建站点中包括服务器端脚本程序，不应该选择“无”。

选择“纯脚本”，则只能执行 ASP 程序等。选择“脚本和可执行程序”，则所有的应用程序（包括 exe 文件和 dll 文件）都可以在 Web 站点上执行。

6.4.3 “目录安全性”选项卡

Web 站点的安全设置主要是通过“目录安全性”选项卡完成的，在介绍具体的安全性设置以前，先介绍 Web 站点的访问机制。

当客户端通过浏览器向 Web 站点发出访问某个页面的请求时，Web 站点收到客户的请求后，将启动一个验证过程，来决定是否将网页传给客户端，通过验证过程的验证后，如果网页是 html 类型的，则 Web 服务器将把该网页直接传送到客户浏览器。如果网页为 asp、jsp 等含有服务器脚本的文件，Web 服务器将先在服务器端执行该文件，然后将执行结果网页传给客户端浏览器。

要进行 Web 站点的安全性设置，可在站点属性对话框（见图 6-18）中，选择“目录安全性”选项卡，如图 6-20 所示。

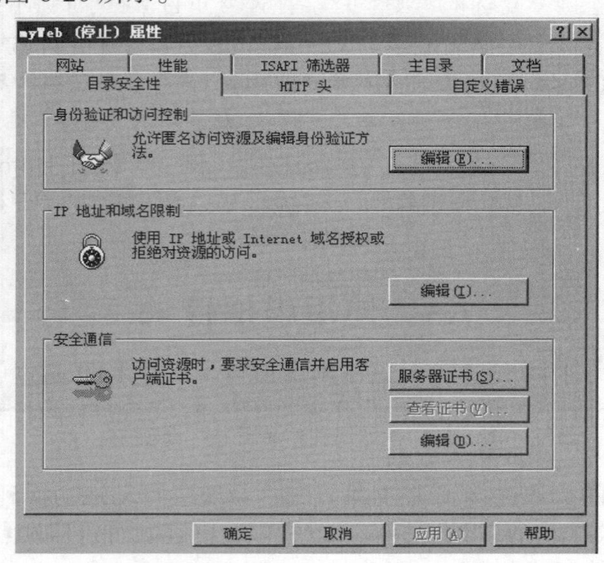

图 6-20 Web 站点“目录安全性”选项卡

（1）IP 地址和域名限制。在“IP 地址及域名限制”区域中单击“编辑”按钮，弹出“IP 地址和域名限制”对话框，如图 6-21 所示。

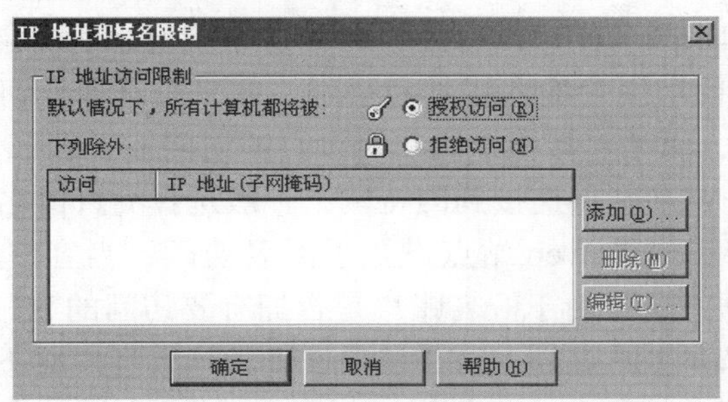

图 6-21 “IP 地址和域名限制”对话框

在图 6-21 中，选择“授权访问”单选按钮，然后单击“添加”按钮，可以指定不能访问该站点的 IP 地址。同样，选择“拒绝访问”单选按钮，通过“添加”按钮可以指定在拒绝访问中能够访问该站点的 IP 地址清单。当用户来自拒绝访问的 IP 地址时，客户浏览器端会收到“您没有权限查看网页”的提示信息。一般情况下，如果网站是公开的，选择“授权访问”单选按钮，然后单击“添加”按钮，把不被欢迎的 IP 地址列出。相反，如果网站是一个特殊的站点，只允许部分人访问，则选择“拒绝访问”单选按钮，然后把可以访问的 IP 地址列出。

（2）匿名访问和验证控制。当 Web 站点验证了客户端的 IP 地址后，查看该站点是否允许匿名访问。如果站点不允许匿名访问，或者客户端要访问的文件有特殊的 NTFS 限制，则客户端需要输入用户账户和密码。

当 Web 站点允许匿名访问时，客户端不需要输入账户和密码就可以访问网站的数据，此时 Web 站点会尝试用 Internet Guest Account 账号“IUSER _ 计算机名称”这个内部账户让计算机登录。如果要设置匿名访问，可在“匿名访问和验证控制”区域中，单击“编辑”按钮，弹出“身份验证方法”对话框，如图 6-22 所示。

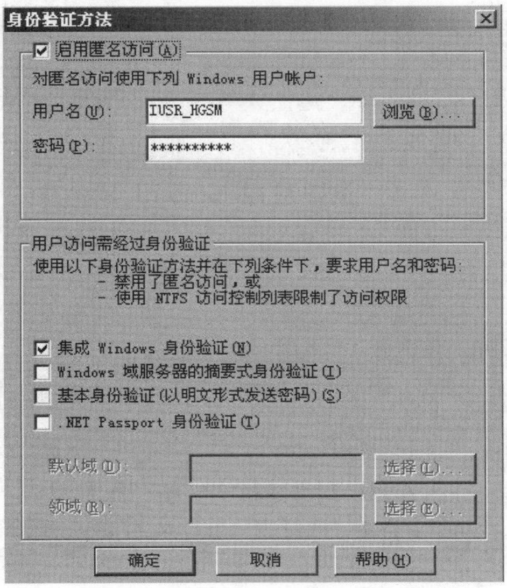

图 6-22 “身份验证方法”对话框

选择“启用匿名访问”复选框，单击“浏览”按钮，打开“匿名用户账号”对话框。在该对话框中，可以指定用于匿名访问的用户账号。匿名访问使得每个人都可以使用上述账号访问 Web 网站。如果匿名账户没有足够的 NTFS 权限，系统会根据在“验证访问”区域中选择的验证方式，要求用户输入账号和密码。如果为选择任何验证方法，则系统不提示用户输入账号和密码，而是直接拒绝用户对该页的访问。

一般情况下，如果 Web 站点连接到因特网，一般选择允许匿名访问。

（3）使用权限向导。如果 Web 站点设置了匿名访问，当客户访问该站点时，会弹出“输入网络密码”对话框，这是由于匿名账户是否拥有要访问的 NTFS 权限造成的。

为了避免遗漏对 Web 主站点的 NTFS 权限设置，导致客户端不能正常地访问所需要的 Web 页，Internet 信息服务控制台中提供了“权限向导”。右键单击站点，从弹出的快捷菜单中选择“所有任务”→“权限向导”命令，启动“IIS 权限向导”。然后，按照向导提示进行操作，一般取默认值，最后单击“完成”按钮。

6.4.4 “文档”选项卡

下面介绍如何设置站点的默认文档（相当于站点的首页）。默认文档可以是 HTML 文件，也可以是 .asp、.jsp 等包含服务端脚本的文档。当用户通过浏览器连接到 Web 站点时，如果没有指定要浏览的文档，则 Web 站点将默认文档传送给用户浏览器。

在 Web 站点属性对话框中，选择“文档”选项卡，如图 6-23 所示。

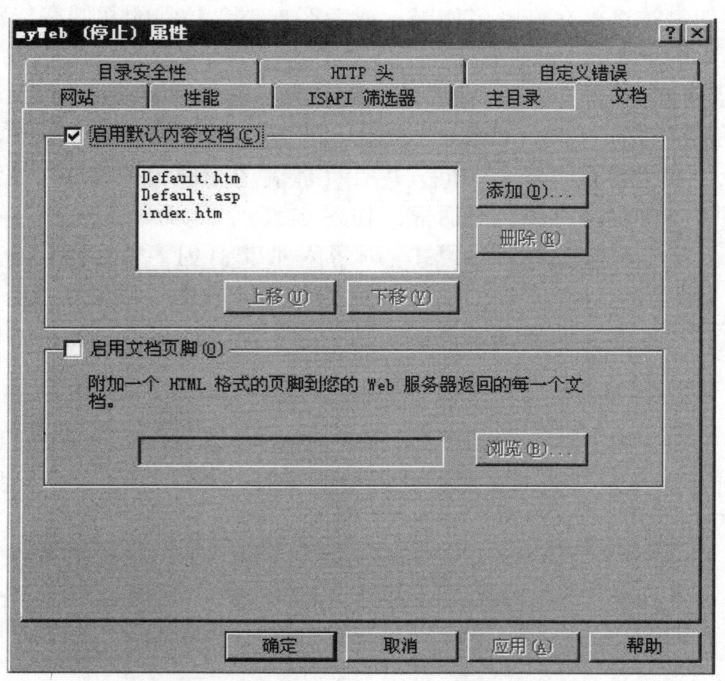

图 6-23 网站属性“文档”选项卡

选择“启用默认内容文档”复选框，或者单击“添加”按钮，增加一个新的默认文档，例如 index.htm、startpage.htm 等。

如果有多个默认文档，系统将把排在前面的文档优先送给客户浏览器。

如果选择“启用文档页脚”复选框，则服务器在传送要求的网页之前，会在文档的底部插入页脚文字，然后再传送。

文档页脚对应一个 HTML 文件，此文件不能是一个包含 <HTML></HTML>、<body></body> 等标记的完整的 HTML 文件，只能包含文字的大小和颜色设置，例如：

```
<h3 align=right>E-learning 站点 </h3>
```

文件可以用 Windows 操作系统中的“记事本”程序编辑，并保存为 .htm 类型的文件。

6.4.5 “自定义错误”选项卡

当用户连接到 Web 站点时，可能因为服务器本身的错误或权限不足等原因，导致站点不能回应客户端的请求，此时会返回默认的错误信息。

使用 Web 站点的“自定义错误”选项卡，可以修改返回到客户端浏览器的错误提示信息。

在站点属性对话框中，选择“自定义错误”选项卡，如图 6-24 所示。

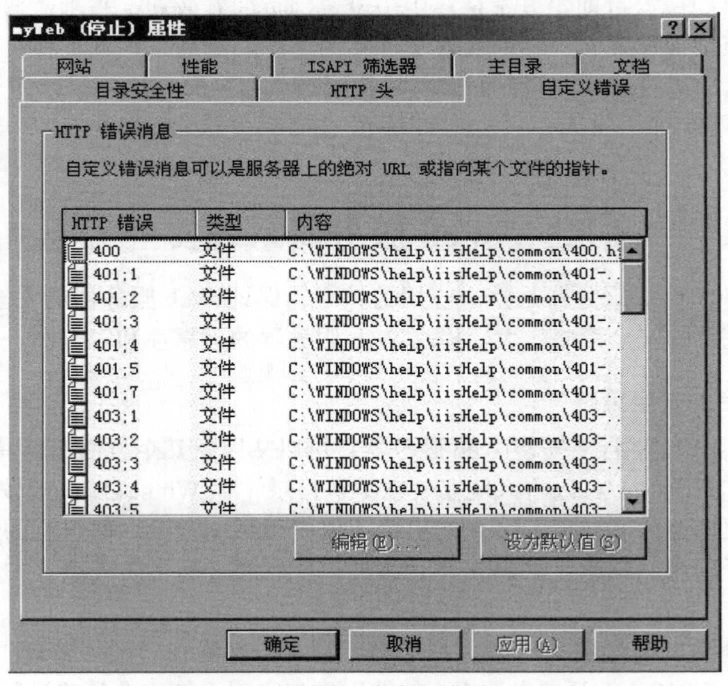

图 6-24　站点属性“自定义错误”选项卡

在 HTTP 错误消息列表中列出了每个错误返回到客户端的错误提示页面，这些错误提示页面存储在 \WINNT\help\iishelp\common 文件夹中。

要自定义错误信息，可以在站点主目录下创建一个保存错误信息的文件夹（例如 help 文件夹），将每个错误信息编辑成 HTML 文件。然后，在“HTTP 错误消息”列表中，单击一个错误列表项，再单击“编辑”按钮，弹出“错误映射属性”对话框，输入该错误码对应行的错误提示 Web 页。

修改错误提示页，可以使管理员把特定的信息传达给客户。当客户在连接到 Web 站点发生问题时，这些页面被显示在客户端浏览器中。

6.4.6 “HTTP 头”选项卡

HTTP 头是对现有 HTTP 标准的扩充，有许多复杂的应用，在“HTTP 头”选项卡中，可以对站点做 4 种设置。

选择“启用内容过期”复选框，可以设置此站点内容到期的时间。当用户浏览一个站点的某个网页时，服务器首先将浏览器要访问的 Web 页的 URL 返回到客户端，客户端在本地硬盘的网页缓存中查找是否存在该页面，如果不存在，将要求服务器传送该页面。否则，浏览器将对要下载 Web 页的当前日期和到期日期进行比较，来决定是显示客户端硬盘中网页缓存的网页，还是向 Web 站点要求新的网页。

选择“立即过期”复选框，则网页内容下载到浏览器端时该页面就过期。因此，浏览器每次连接到该网站时，无论客户端的本地网页缓存是否存在对应的页面，页面都会被重新下载。它适合于一些显示即时行情的网站，例如股市行情。

选择“此时间段后过期”复选框，用于设置网页的有效期，当浏览器连接到该站点浏览网页时，网页被保存在客户端的缓存文件夹中，时间到后，该网页将自动地从客户端缓存中删除。此选项适合一些固定时间更新的新闻站点和页面。

选择“过期时间”和选择“此时间段后过期”复选框类似，均用于设置网页的有效期。

6.5 Web 服务器系统安全

在因特网中，Web 服务器是整个应用的核心，保证 Web 服务器的安全性是 Web 管理的重要内容，完善的安全策略将大幅提高 Web 服务器的可靠性和安全性。

6.5.1 系统平台的安全策略

在 Windows 系统平台上安装 Web 服务器，可以从以下几个方面配置其安全性。

在安装操作系统时，可以将系统安装在默认目录（如 Winnt 目录）以外的其他目录下，不要安装不需要的服务和协议，多余的协议不仅占用系统资源，而且有的服务器还存在漏洞，会增加安全隐患。同时，必须安装防病毒软件，通过病毒防火墙等扫描系统漏洞，安装补丁程序。

1. 本地安全策略与组策略 安装系统后，在“控制面板”的“管理工具”文件夹中，双击“本地安全策略”，打开“本地安全策略”窗口，对系统安全策略进行配置。

（1）限制匿名访问。在“本地安全策略”窗口中，依次展开“本地策略”→“安全选项”，双击“对匿名连接的额外限制”策略，在下拉菜单中选择“不允许枚举 SAM 账号和共享”命令。

（2）限制远程用户对光驱或软驱的访问。在“本地安全策略”窗口中，依次展开“本地策略”→“安全选项”，双击“设备：只有本地登录用户才能访问软盘”，选择“已启用”单选按钮。

（3）限制远程用户对 NetMeeting 的共享。禁用 NetMeeting 的远程桌面共享功能，用户就不能利用 NetMeeting 控制该计算机。具体操作方法如下。

选择“开始”→“运行”命令，在“运行”对话框中，输入 gpedit.msc，打开“组策略”窗口，依次展开“计算机配置”→“管理模板”→“Windows 组件”→“NetMeeting”，双击“禁用远程桌面共享”策略，选择“启用”单选按钮。

（4）限制用户执行 Windows 安装任务。此策略可以防止用户在系统上安装软件，设置方法与（3）相同。

2. 设置 Administrator 用户密码　管理员账户 Administrator 对服务器具有最高的管理权限，应设置较复杂的密码，以防止外界的攻击。复杂密码在记忆和使用时会很不方便，为避免忘记 Administrator 账号密码，可以另外建立一个具有 Administrator 特权的管理用户，起一个比较生僻的用户名，设置一个自己容易记忆的密码。这样，就可以方便地对服务器进行管理。

3. IIS 安全策略的应用　对于 Internet 信息服务（IIS）本身，需要进行以下安全设置。

1）一般不使用默认的 Web 站点，避免外界对网站进行攻击，具体操作如下：右键单击“默认 Web 站点”，停止默认的 Web 站点。然后右键单击站点，选择“删除”命令，删除默认的 Web 站点。

2）对 Web 站点主目录权限进行设置，一般情况下设置成 SYSTEM 和 Administrator 两个用户即可完全控制，IUSR 可以读取文件。

6.5.2　配置审核日志策略

当系统出现问题时，首先应该查看系统日志，通过对系统日志进行分析，可以了解故障发生前系统的运行情况，作为判断故障原因的根源。

通过日志不仅可以了解本机的安全性能和用户的操作情况，也可以发现系统自身的问题。在默认情况下，Windows 系统的日志系统安全审核功能是关闭的。一般情况下，需要对常用的 3 种日志（用户登录日志、HTTP 审核日志和 FTP 审核日志）进行配置。

1. 设置登录审核日志　在“本地安全策略”窗口中，依次展开“本地策略”→“审核策略”，双击“审核账户登陆事件”策略，在复选框中选择“成功，失败”。

审核事件分为成功事件和失败事件。成功事件表示一个用户成功获得访问某种资源的权限，而失败事件则表明用户的尝试失败。大多数的失败事件可解释为攻击行为，但成功事件解释起来就比较困难。尽管大多数成功的审核事件仅表明活动是正常的，但获得了访问权的攻击者会生成一个成功事件。例如，一系列失败事件后面跟着一个成功事件可能表示企图进行的攻击最后是成功的。

如果对登录事件进行审核，则每次用户在计算机上登录或注销时，都会在安全日志中生成一个事件，可以使用事件 ID 对登录情况进行判断。

1）本地登录尝试失败，事件 529、530、531、532、533、534 和 537 都说明登录失败。如果一个攻击者试图使用本地账户的用户名和密码但未成功，就会有 529、534 事件发生。

2）账户误用：事件 530、531、532、533 都表示账户误用。

3）账户锁定：事件 539 表示账户被锁定。

4）终端服务攻击：事件 683 表示用户没有从“终端服务”会话注销，事件 682 表示用户连接到先前断开的连接中。

2. 设置 HTTP 审核日志

1）设置日志的属性：在“Internet 服务管理器”中，右键单击相应的 Web 站点，在弹出的快捷菜单中选择“属性”命令，在 Web 选项卡中，选择“W3C 扩充日志文件格式”的“属性”，对“常规属性”和“扩充的属性”进行设置。

2）修改日志存放位置：HTTP 审核日志的默认位置是安装目录的 \ system32 \ Logfiles 下。更改日志的存放位置可以加强日志自身的安全性，方法如下：与上面操作相同，在“常规属性”选项卡中。单击“日志文件目录”后的“浏览”按钮，指定一个目录。

设置 FTP 审核日志的设置方法同 HTTP 的设置基本一样。选择 FTP 站点，对属性进行设置，然后修改日志的存放位置。

6.5.3 网页维护的安全措施

一般情况下，在一台 Web 服务器上可能有几个部门的网页，并由各部门自己维护。多数网管人员采用共享目录的方法让各部门进行网页的下载和发布，这种方法很不安全。在 Web 服务器上应取消所有的共享目录，避免其他没有进行授权的计算机通过共享目录查看或删除重要的数据和文件。

1）网页的更新采用 FTP 方法进行，为每个部门建立一个 FTP，设置 FTP 的主目录分别存储部门网页的文件夹。这样，可以使各部门维护人员之间的网页和数据相互独立，同时还可以允许用户远程维护网站内容。关于 FTP 的配置可参考第 7 章的内容。

2）在服务器上为各部门的网页维护人员添加用户账户。这样，用户就可以通过浏览器在地址栏里输入 ftp:// 网址、用户名和密码，看到各自的文件夹，通过 FTP 下载和上传网页文件，实现对 Web 站点内容的远程管理。

3）网页维护的一般方法。使用 FTP 登录 Web 站点的特定目录，将修改的网页下载到本地；修改完成后，再上传到 Web 服务器，覆盖原有网页。

习　题

6-1 什么是 B/S 计算模式，它有什么优点？

6-2 什么是 IIS？在 Windows Sever 2003 企业版中，如何安装 IIS？ IIS 包括哪些子组件？

6-3 通过学习本章，简述对下列概念的理解：主目录、网页、首页。

6-4 写出 URL 的完整格式，并说明每一部分的含义。

6-5 在 Windows Sever 2003 中，如何远程管理 Web 站点？

6-6 什么是虚拟目录？使用虚拟目录有什么好处？

6-7 如何在一台服务器上运行多个 Web 站点？

6-8 当连接到 IIS 中的 Web 站点，浏览一个 ASP 页时，显示“网页无法显示”提示页面，并且在页面中提到：“您试图从目录中执行 CGI、ISAPI 或其他可执行程序。但该目录不允许执行程序”，原因是什么？如何解决？

6-9 对于一个网站，要设置网页的有效期，如何操作？

6-10 下列关于网络操作系统基本任务表述不完备的是（ ）。

A）屏蔽本地资源与网络资源的差异性

B）为用户提供各种通信服务功能

C）完成网络共享系统资源的管理

D）提供网络系统的安全性服务

6-11 因特网远程登录使用的协议是（ ）。

A）SMTP B）POP3 C）Telnet D）IMAP

6-12 网络操作系统提供的网络管理服务工具可以提供的主要功能有（ ）。

Ⅰ. 网络性能分析 Ⅱ. 网络状态监控 Ⅲ. 应用软件控制 Ⅳ. 存储管理用户数据

A）Ⅰ、Ⅱ B）Ⅱ、Ⅳ C）Ⅰ、Ⅱ和Ⅳ D）Ⅰ、Ⅲ

6-13 WWW 客户机与 WWW 服务器之间的应用层传输协议是（ ）。

A）TCP 协议 B）UDP 协议 C）IP 协议 D）超文本传输协议

第 7 章　FTP 服务器的架设和管理

在局域网中，用户可以通过“网上邻居”访问网络中其他计算机上的共享资源，极大地方便了文件的共享和传输。但是，在因特网中，不能通过共享文件夹的方式来实现文件的共享。要实现类似局域网中的文件共享，可以通过 FTP 站点来实现。FTP（File Transfer Protocol）即文件传输协议，它是因特网上使用最广泛的通信协议之一，可以实现因特网范围的，不同操作系统平台之间的数据传输和共享。

在 Windows 服务器中，Internet 信息服务 IIS 包含了 FTP 服务组件，可以很容易地搭建一个 FTP 站点。用户通过浏览器可以方便地连接该站点，从而可以从 FTP 站点下载需要的文件，或将本地文件上传到 FTP 服务器。因此，从某种意义上讲，FTP 服务器是因特网中的共享文件夹。

7.1　创建 FTP 站点

在 Windows 服务器操作系统上，创建 FTP 站点和创建 Web 站点类似，也是在“Internet 信息服务（IIS）管理器”控制台上完成的。由于 FTP 站点的功能相当单一，因此和 Web 站点的创建相比，FTP 站点的创建和管理更加简单。下面仍以 Windows Sever 2003 企业版为例，介绍 FTP 站点的创建和管理。

在“Internet 信息服务器（IIS）管理器”窗口中，右键单击“FTP 站点”结点，打开快捷菜单，如图 7-1 所示。

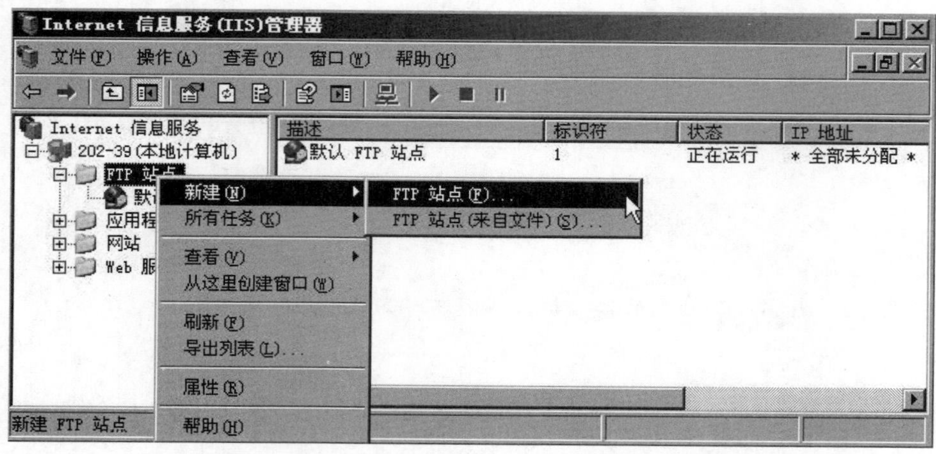

图 7-1　“Internet 信息服务（IIS）管理器”窗口

选择快捷菜单中的"新建"→"FTP 站点"命令，启动"FTP 站点创建向导"，单击"下一步"按钮，弹出"FTP 站点描述"对话框，如图 7-2 所示。

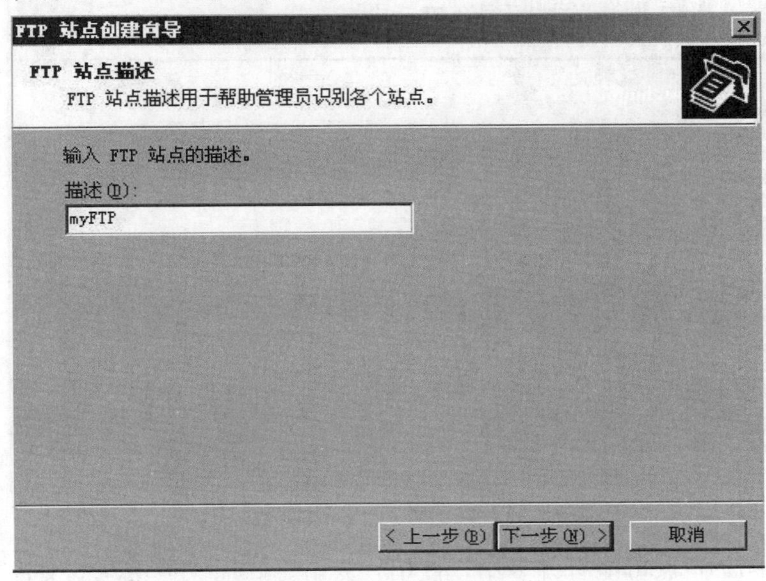

图 7-2　输入 FTP 站点描述

在"描述"文本框中，输入 FTP 站点的描述性文字，该文字即是 FTP 站点的名称，它将出现在"Internet 信息服务（IIS）管理器"控制台目录中。输入完成后，单击"下一步"按钮，弹出"IP 地址和端口设置"对话框，如图 7-3 所示。

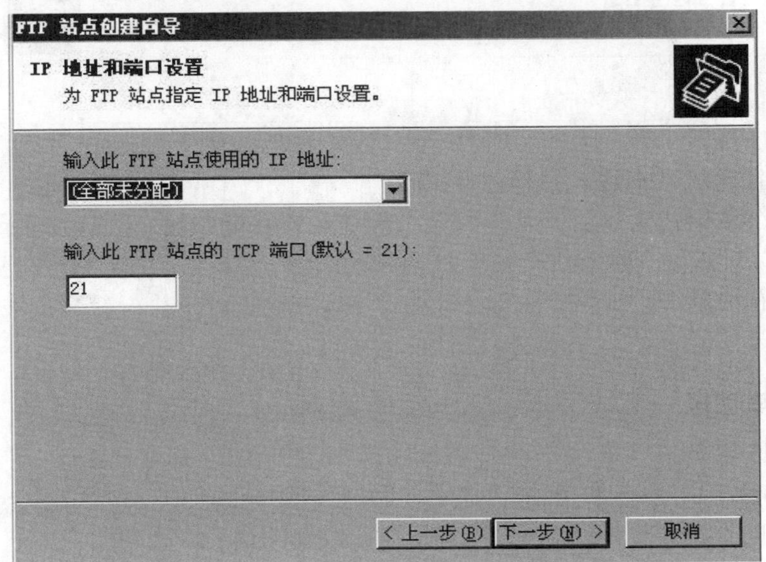

图 7-3　输入 FTP 站点使用的 IP 地址和端口

输入 FTP 站点的 IP 地址和端口号，在此采用默认值即可，然后单击"下一步"按钮，弹出"FTP 用户隔离"对话框，如图 7-4 所示。

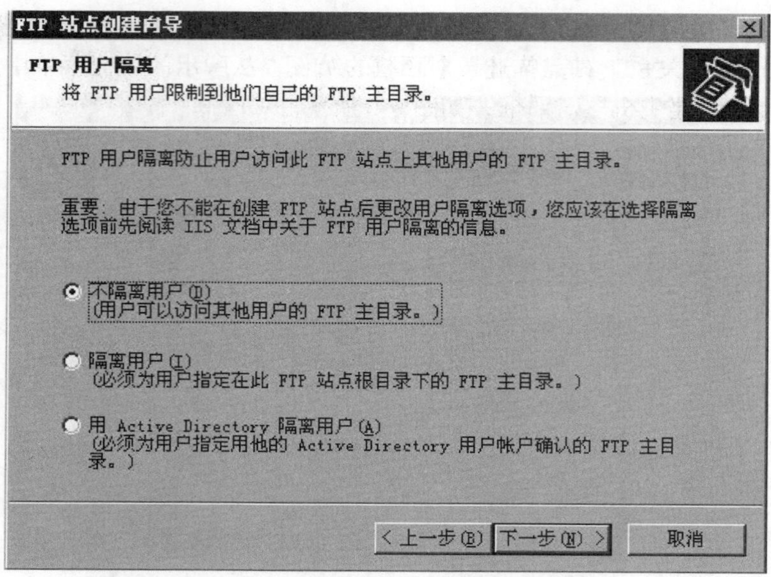

图 7-4 FTP 用户隔离设置

因为一个 FTP 站点可能有许多用户使用，为了更好地保护用户的文件，可以为用户指定特殊的目录，限制用户在 FTP 站点的使用范围。根据需要进行选择，然后单击“下一步”按钮，弹出“FTP 站点主目录”对话框，如图 7-5 所示。

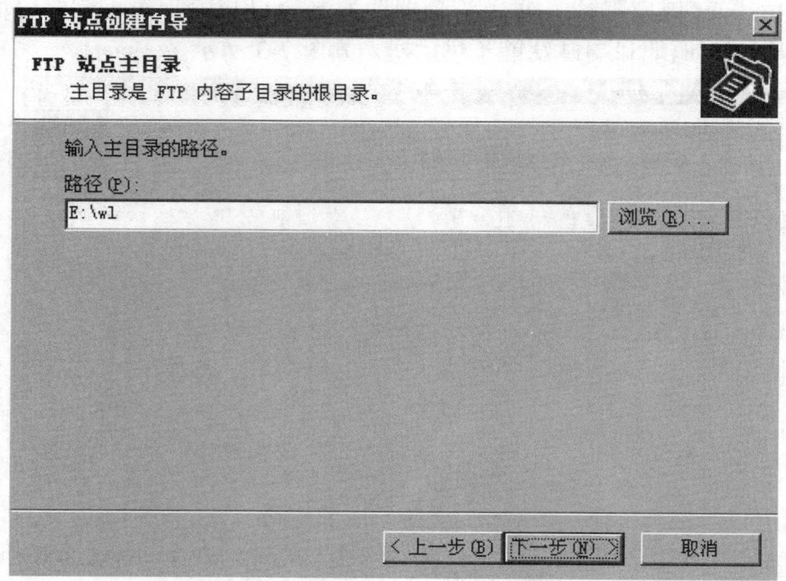

图 7-5 设置 FTP 站点主目录

与 Web 站点相同，FTP 站点也有一个主目录，即 FTP 站点的根。在图 7-5 中输入一个合法的本地或网络路径作为 FTP 站点的主目录，然后单击“下一步”按钮，弹出“FTP 站点访问权限”对话框，如图 7-6 所示。

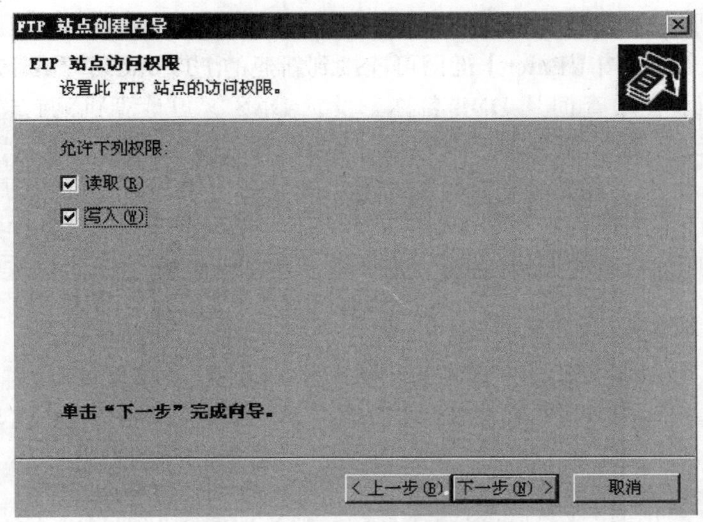

图 7-6　设置 FTP 站点访问权限

在权限设置中，选择“读取”复选框，则用户可以通过浏览器读取 FTP 服务器的内容，即用户可以从 FTP 服务器下载数据。如果允许客户端上传数据，应该选择“写入”复选框。然后单击“下一步”按钮完成向导，最后单击“完成”按钮，返回“Internet 信息服务（IIS）管理器”窗口，如图 7-7 所示。

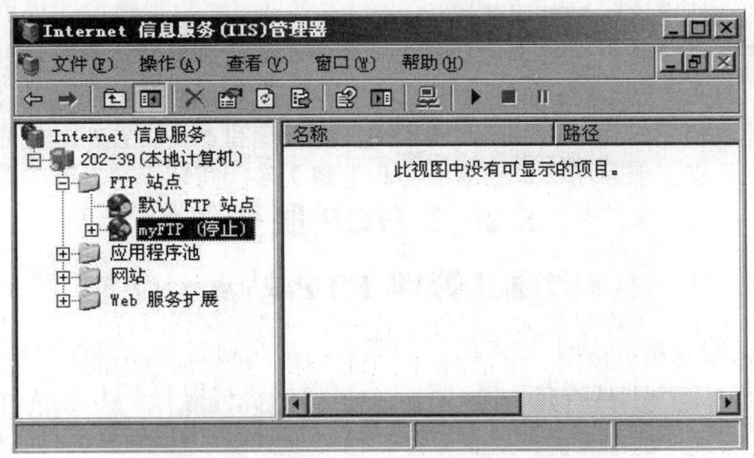

图 7-7　“Internet 信息服务（ISS）管理器”窗口

由于新建的 FTP 站点和默认 FTP 站点的 IP 地址，端口号主机头完全相同，因此新建的 FTP 站点标记为“停止”。

如果需要启用、停止和暂停一个 FTP 站点，可以在站点上右键单击，从弹出的快捷菜单中选择相应的命令。具体操作与 Web 站点的操作类似，可参见第 6 章的介绍。

右键单击“默认 FTP 站点”结点，从弹出的快捷菜单中选择“停止”命令，停止“默认 FTP 站点”。然后右键单击新建的 FTP，站点 myFTP，从弹出的快捷菜单中选择“启动”命令，启动新建的 FTP 服务器。此时，用户就可以访问该 FTP 服务器。

要访问 FTP 服务器，需要在浏览器地址栏中输入 ftp：// 网址：端口 /。如果是默认端口 21，可以省略，然后按【Enter】键即可连接到新建的 FTP 站点，如图 7-8 所示。

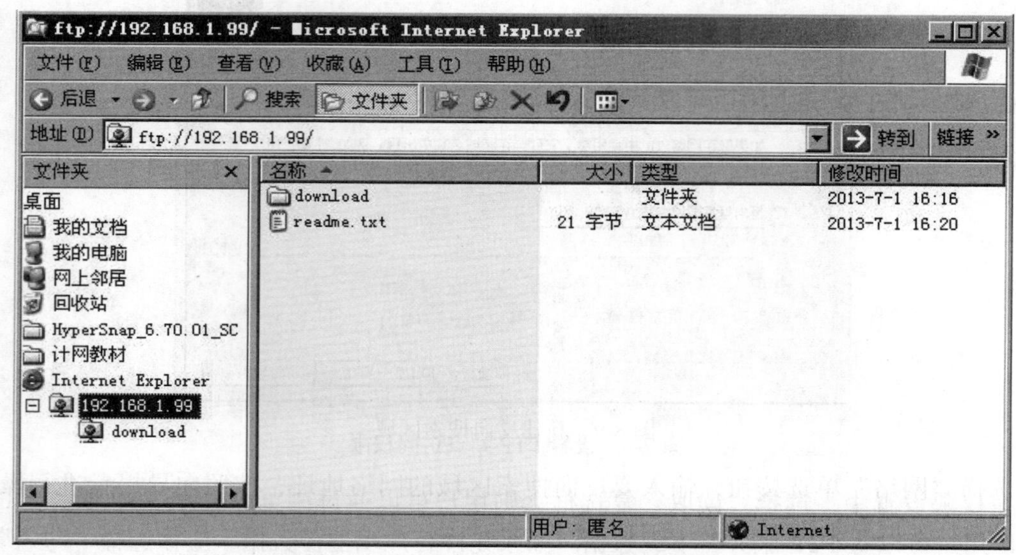

图 7-8 连接到 FTP 站点后的客户端窗口

连接到 FTP 站点后，用户就可以将 FTP 站点的文件拖到本地计算机（下载），也可以将本地计算机的文件拖放到 FTP 服务器（上传）。

建立一个 FTP 站点后，根据需要应该对主目录下的文件夹结构进行规划。例如，可以建立若干个公共的文件夹（如 pub1、pub2 等），开辟公共存储空间，也可以按照组织部门、功能或者用户建立相应的文件夹，从而便于文件的管理和查找。另外，还可以针对用户建立用户的私有文件夹，保存用户自己的上传和下载文件。同时，对于每个文件夹，还可以根据需要建立相应的子文件夹。

7.2 管理 FTP 站点

对 FTP 站点的管理和 Web 站点的管理类似，都是通过站点属性对话框完成的，在“Internet 信息服务（IIS）管理器”窗口中，右键单击要管理的 FTP 站点，从弹出的快捷菜单中选择“属性”命令，将打开 FTP 站点属性对话框，用户可以通过 FTP 站点属性对话框对 FTP 站点进行配置和管理。

7.2.1 “FTP 站点”选项卡

“FTP 站点”选项卡包含了一个 FTP 站点的基本属性，如图 7-9 所示。

FTP 站点选项卡的设置内容与 Web 站点类似，允许用户在一台服务器上运行多个 FTP 站点。此外，它还可以限制客户端的连接数量以及启用日志记录功能等。

FTP 还可以对当前回话进行管理，单击“当前会话”按钮，弹出“FTP 用户会话”对话框，如图 7-10 所示。

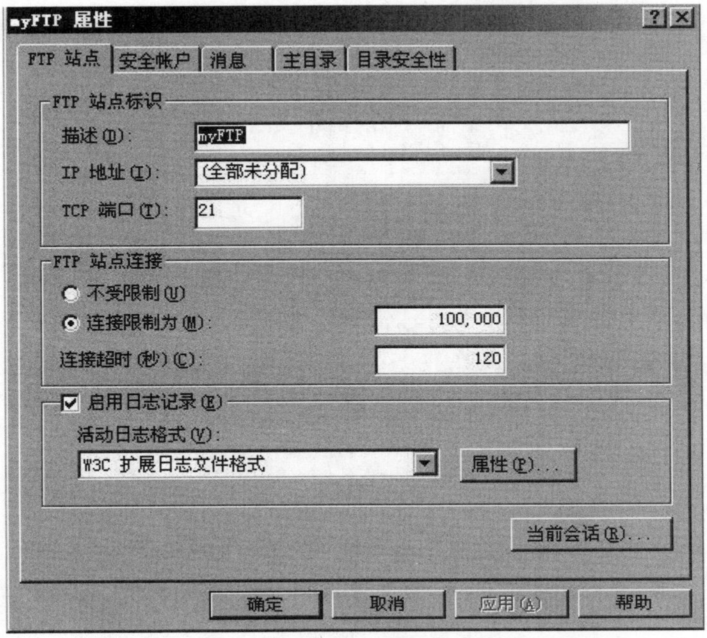

图 7-9　FTP 站点属性对话框

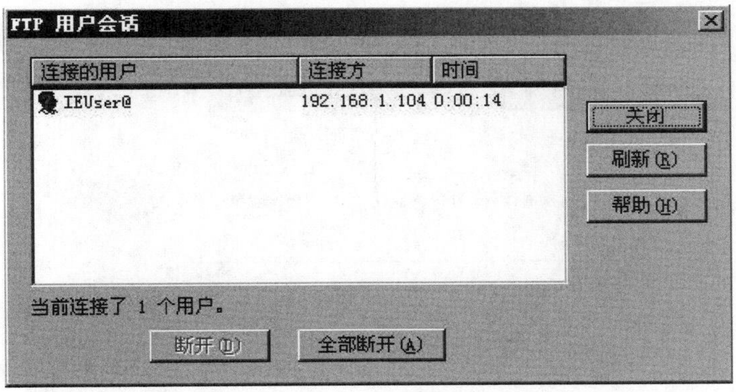

图 7-10　“FTP 用户会话”对话框

对话框中显示了当前连接到 FTP 站点的用户，选择一个用户，单击“断开”按钮可以将用户的连接断开，断开连接将导致文件上传和下载失败。

7.2.2 “主目录”选项卡

在 FTP 站点属性对话框中，选择“主目录”选项卡，如图 7-11 所示。

在 FTP 站点的“主目录”选项卡中，包含了主目录设置和 FTP 站点的有关安全权限。当用户连接到 FTP 站点后，若要下载文件，主目录必须具有“读取”权限。如果需要上传文件，必须设置“写入”权限。

采用上述设置后，主目录以及下面的子目录都具有同样的权限。如果希望对不同的文件夹设置不同的访问权限，可以利用文件夹的属性设置来完成。

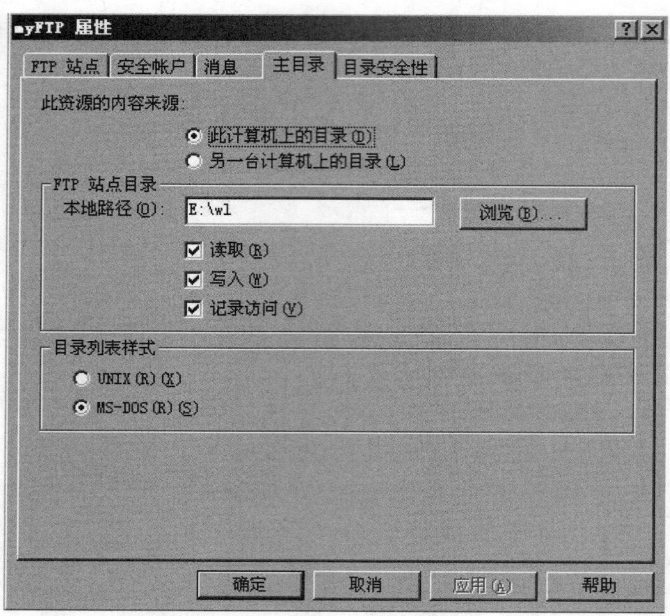

图 7-11 “主目录”选项卡

7.2.3 “目录安全性”选项卡

在 FTP 站点属性对话框中，选择“目录安全性”选项卡，如图 7-12 所示。

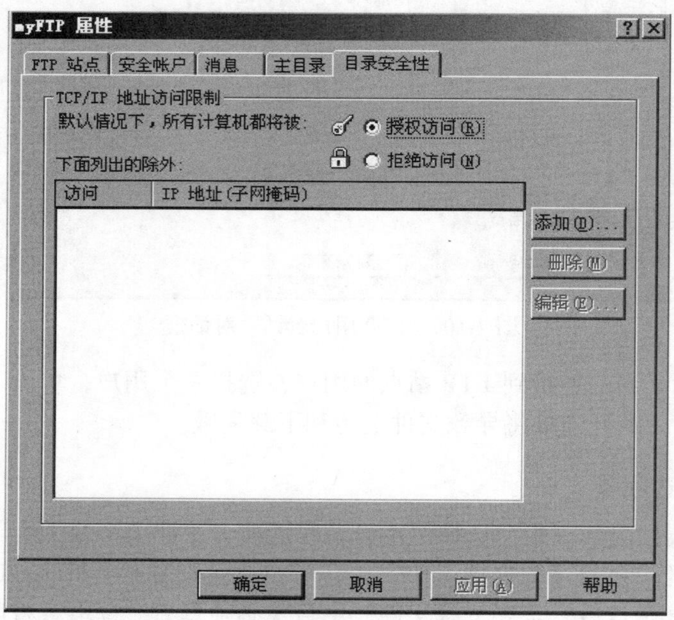

图 7-12 “目录安全性”选项卡

在“目录安全性”选项卡中，可以设置 IP 地址访问限制，具体的设置方法与 Web 站点类似，在此不再重复。

7.2.4 “安全账号”选项卡

FTP 站点允许匿名访问和合法账户的访问，当用户匿名连接到 FTP 站点时，实际上是以“IUSER_ 计算机名称”账户连接的，该账户是在安装 IIS 时自动创建的。要允许匿名登录，可选择“安全账户”选项卡，如图 7-13 所示。

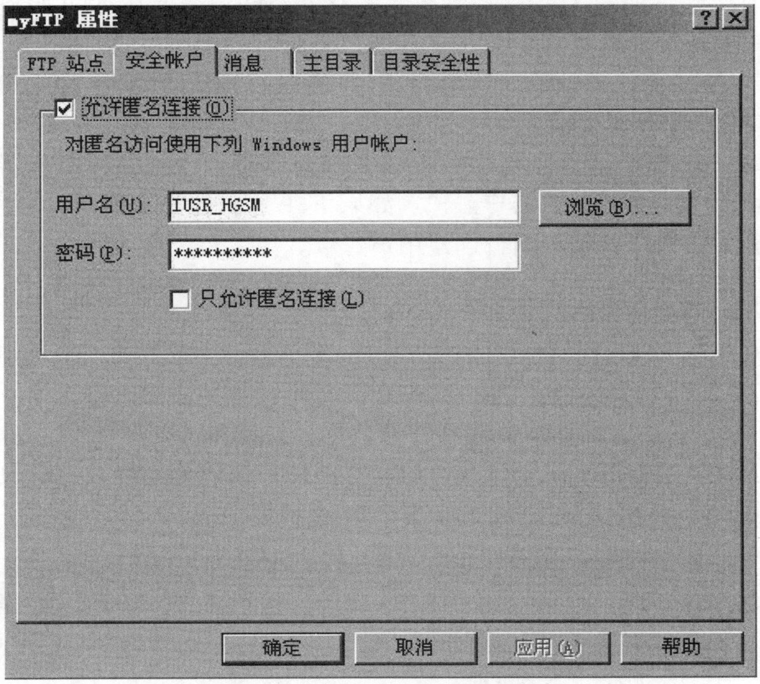

图 7-13 “安全账户”选项卡

选择“允许匿名连接”复选框，则客户端在连接 FTP 站点时，不需要输入用户账户和密码，在打开的连接窗口中用户名显示为 Anonymous。如果在允许匿名访问时，默认账户的权限受到限制，此时客户端可以在 IE 浏览器中选择“文件”→“登录”命令，用账户登录到 FTP 站点。

如果默认账户在 NTFS 系统中没有足够的权限（例如，没有 Upload 文件夹的“写入”权限），则用户往该文件夹中上传数据时，系统将要求用户输入一个具有写入权限的用户账户和密码。

7.3 使用虚拟目录

同 Web 站点一样，FTP 站点也可以使用虚拟目录。在 FTP 站点中使用虚拟目录，除了具有 Web 站点中虚拟目录带来的好处外，还可以通过虚拟目录使得每个用户在 FTP 站点上都有一个主文件夹，存放私人数据。

当客户端用自己的账户连接到 FTP 站点时，系统会自动地切换到相应的虚拟目录中。它不能切换到上层的 FTP 站点目录，也不能切换到其他的虚拟目录中，从而有效地隔离了用户私有空间。

7.3.1 为用户建立专用存储空间

在 FTP 服务器或其他的联网计算机中，可以为用户建立专用文件夹，作为该用户虚拟目录对应的实际物理地址，目的是当用户连接到 FTP 时，自动切换到自己的存储空间，其他用户不能进入该文件夹。同样，该用户也不能进入其他用户的文件夹。

要使用户连接到 FTP 时自动切换到自己的存储空间，需要在 FTP 服务器配置中取消匿名登录，同时为每个私有存储空间建立与用户名同名的虚拟目录。此后，用户在地址栏中输入 FTP：//FTP 站点的 IP 地址或域名 / 虚拟目录名（即用户账号）/ 时则进入自己的文件夹，实现用户存储空间的隔离。

关于用户账户，需要说明的是，如果 FTP 服务器是一台独立的服务器，可以在“计算机管理”控制台中建立相应的用户账户。如果 FTP 服务器是域成员，可以通过“Active Directory 用户和计算机”管理控制台创建用户账号。

7.3.2 建立与用户账户同名的虚拟目录

要使用户连接到 FTP 时，自动切换到自己的文件夹，必须为该文件夹建立与用户账户同名的虚拟目录。在 FTP 服务器上建立虚拟目录，可按下述步骤进行操作。

在“Internet 信息服务（IIS）管理器”窗口中，右键单击 FTP 站点，从弹出的快捷菜单中选择“新建”→“虚拟目录”命令，启动“虚拟目录创建向导”，然后单击“下一步”按钮，弹出“虚拟目录别名”对话框，如图 7-14 所示。

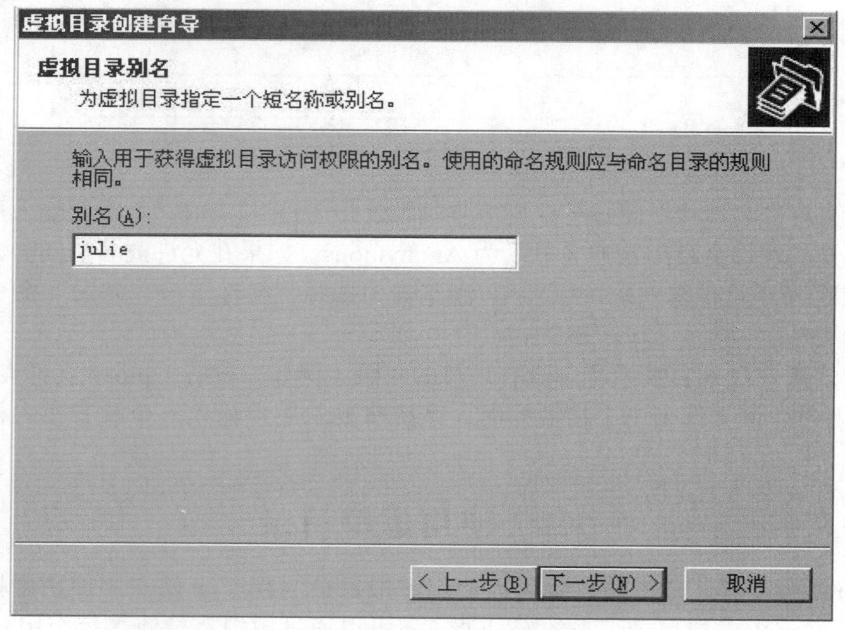

图 7-14　输入虚拟目录别名

在“别名”中输入虚拟目录的名称，它必须与用户账户同名。单击“下一步”按钮，弹出“FTP 站点内容目录”对话框，如图 7-15 所示。

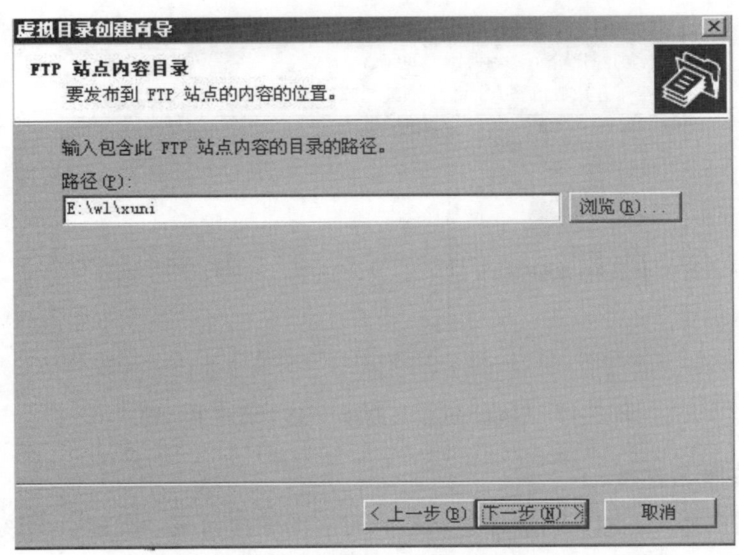

图 7-15　输入虚拟目录对应的物理目录

输入目录路径，或者通过“浏览”按钮选择可用的路径，它是用户的私有空间。物理目录的文件夹名称是任意的，不需要和用户账户同名。

需要特别说明的是，如果在 FTP 根目录下正好有一个子文件夹和一个用户账户同名，即使没有创建虚拟目录，该用户账户登录 FTP 服务器时，也将自动进入该子文件夹，无法访问其他文件夹。

单击“下一步”按钮，设置虚拟目录访问权限，如图 7-16 所示。

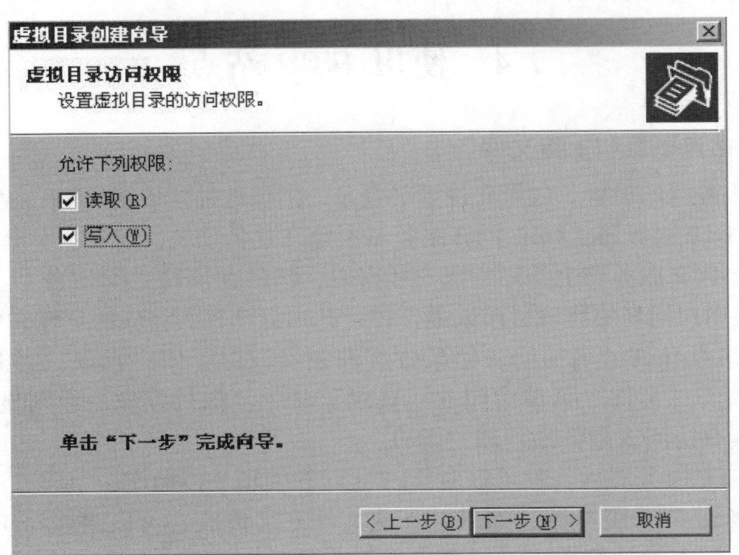

图 7-16　设置虚拟目录访问权

选择“读取”和“写入”权限，单击“下一步”按钮，显示完成虚拟目录创建向导对话框，单击“完成”按钮，返回“Internet 信息服务（IIS）管理器”窗口，如图 7-17 所示。

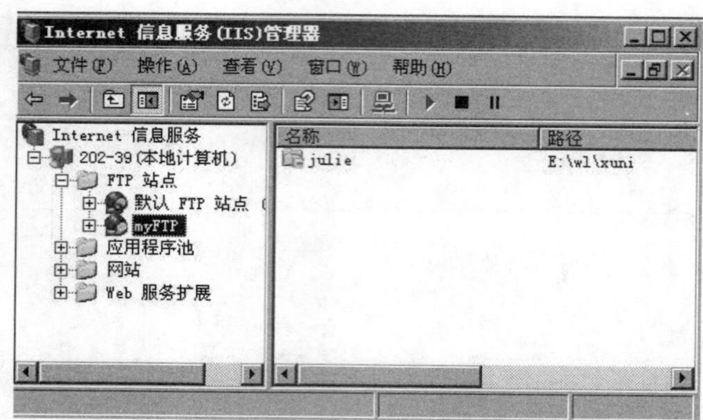

图 7-17 “Internet 信息服务（IIS）管理器”窗口

7.3.3 取消允许匿名连接

只有输入用户账号，FTP 站点才能切换到对应的虚拟目录。因此，应该取消匿名连接，可参见 7.2.4 节。

取消 FTP 站点的匿名连接后，在浏览器地址栏中输入 ftp://FTP 站点网址，按【Enter】键，弹出“登录身份”对话框。输入 FTP 站点的用户名、密码，然后单击“登录”按钮。如果用户名和密码正确，将打开对应的 FTP 文件夹，显示对应的 FTP 上的虚拟目录。如果没有一个虚拟目录和输入的账户同名，当连接到 FTP 后，将打开 FTP 站点的主目录，并不会限制在一个虚拟目录中。

主目录中不显示虚拟目录，要转到虚拟目录，应该在浏览器地址栏中输入 ftp://FTP 站点 IP 地址或域名 / 虚拟目录，然后按【Enter】键。

7.4 使用 FTP 站点

7.4.1 从 FTP 站点下载和上传文件

根据 FTP 服务器的设置，如果允许匿名登录，则在地址栏中输入 ftp：//FTP 服务器网址 / 后自动连接到 FTP 服务器。如果 FTP 服务器不允许匿名登录，则显示一个“登录身份”对话框，输入一个 FTP 服务器上的用户账户和密码，然后登录到 FTP 服务器。如果 FTP 主目录下存在一个与用户同名的物理目录或虚拟目录，则自动转到相应的文件夹中。

如果 FTP 站点允许匿名访问，但某些文件夹又设置了用户权限，当匿名登录到 FTP 后，会在浏览器的“文件”菜单中包含“登录”命令。执行该命令，则显示“登录身份”对话框，输入具有访问权限的用户账户即可。

当连接到 FTP 服务器后，就可以对文件进行下载和上传操作。

首先，连接到 FTP 服务器，如果要下载文件或文件夹，可以直接将 FTP 站点中的文件或文件夹拖放到本地计算机中。也可以选择对象后按【Ctrl+C】组合键，将文件或文件夹复制到剪贴板，然后在本地计算机中打开一个文件夹，选择“粘贴”（或按【Ctrl+V】组合键）命令。

同样，也可以将本地计算机的数据上传到 FTP 服务器中。首先，选择本地计算机中的文件或文件夹，复制到剪贴板，然后打开 FTP 站点的文件夹选择“粘贴”命令，即可将本地计算机中的文件或文件夹上传到 FTP 服务器中。此外，将本地计算机的文件或文件夹直接拖放到 FTP 站点的文件夹中，也可以完成上传操作。

7.4.2　使用 FTP 维护 Web 站点

在因特网环境中，几乎所有的工作都可以异地远程完成。对于一个 Web 站点，可能经常需要进行内容更新、页面维护等工作。要实现对 Web 站点的远程维护，有很多方法，例如可以在 Web 服务器上架设终端服务，也可以通过 Frontpage、Dreamweaver 等工具软件的站点管理功能。

除此之外，还可以很容易地使用 FTP 服务来完成 Web 站点的维护工作。具体措施为：在 Web 服务器上建立一个 FTP 服务器，为了安全，该服务器不要采用默认端口号 21，将 FTP 站点主目录设置为将要管理的 Web 站点主目录，并取消匿名登录。

这样，当需要修改 Web 站点的网页时，首先登录 FTP 服务器，将要修改的网页文件下载到本地计算机，修改完成后，再上传回原来的文件夹，从而实现 Web 站点的远程维护。此外，通过虚拟目录还可以限制一个用户能够维护的网页范围，例如某个文件夹下的网页。

习　　题

7-1　什么是 FTP？搭建 FTP 网站的目的是什么？

7-2　简述 FTP 站点的创建过程。

7-3　在 FTP 服务器上，建立与用户账户同名文件夹虚拟目录有什么好处？

7-4　简述 FTP 站点的主要管理任务。

7-5　什么是文件的下载和上传？如何操作？

7-6　如果 FTP 站点允许匿名访问，但某些文件夹又设置了用户权限，当匿名登录到 FTP 后，如何操作？

7-7　FTP 能识别两种基本的文件格式，它们是（　　）。

A）文本格式和二进制格式　　B）文本格式和 ASCII 码格式

C）文本格式和 Word 格式　　D）Word 格式和二进制格式

第 8 章　DNS 和 DHCP 服务器的配置

在计算机网络中，各种各样的网络功能都是由网络服务提供的。网络服务是指运行在某台计算机上的一个服务器程序，这台计算机一般称为服务器。Windows 服务器操作系统具有强大的内置网络服务功能，包括 DNS 域名服务、DHCP 动态主机配置服务、WINS 服务、终端服务、远程访问服务、虚拟网络连接 VPN 支持以及各种各样的应用服务。本章主要描述 DNS 和 DHCP 这两种服务的配置及应用。

8.1　域名系统与 DNS 服务

域名是用来标识和定位因特网上一台计算机的具有层次结构的计算机命名方式，与计算机的 IP 地址对应。相对于 IP 地址而言，计算机域名更便于理解和记忆。域名系统（Domain Name System，DNS）是一种名称解析服务，负责 DNS 域名到 IP 地址的解析翻译工作。

在因特网中，域名解析是由专门的 DNS 服务器完成的。这些 DNS 服务器根据所处的层次不同，分成 DNS 根服务器、DNS 顶级服务器和应用 DNS 服务器，分别由具体的 DNS 管理机构负责维护，并提供域名注册服务。

8.1.1　域名系统与域名管理

在因特网中，域名系统是由一系列的 DNS 服务器构成的，是一个分布式的域名服务器系统，是整个因特网运行的基础。

1. 域名结构与分类　DNS 域名是 IP 地址的符号表示，它由主机名和域名两个部分组成。域是分层组织的，每个域又可以包含子域，之间用“.”来分开。例如，在域名 www.sdu.edu.cn 中，www 是服务器主机名，sdu.edu.cn 代表主机所在的域，其中 sdu 域是 edu 的子域，edu 域是 cn 的子域。

一个完整的域名由两个或两个以上的部分组成，各部分之间用英文的句号“.”来分隔，最后一个“.”的右边部分称为顶级域名（Top-Level Domain，TLD），最后一个“.”的左边部分称为二级域名（Second-Level Domian，SLD），二级域名的左边部分称为三级域名，依此类推，每一级的域名控制其下一级域名的分配。

（1）顶级域名。一个域名由两个以上的词段构成，最右边的就是顶级域名。目前，国际上出现的顶级域名有 .com、.net、.org、.gov、.edu、.mil、.cc、.to、.tv 以及国家或地区的代码，其中最通用的是 .com、.net 和 .org。

.com：适用于商业实体，是最流行的顶级域名，任何人都可以注册一个 .com 域名。

.net：最初用于网络机构（如 ISP），目前，任何人都可以注册一个 .net 域名。

.org：用于各类组织机构，包括非营利团体。目前任何人都可以注册一个 .org 域名。

国家代码：像 cn（中国）、fr（法国）au（澳大利亚）等两个字母的域名称之为国家代码顶级域名（ccTLDs），通过 ccTLDs，基本上可以辨明域名所属的国家或地区。

（2）二级域名。靠左边的部分就是所谓的二级域名，例如在 www.sdu.edu.cn 中，edu 就是顶级域名 .cn 下的二级域名。

2. 域名管理机构 在因特网中，DNS 是一个分布式的层次域名服务系统，DNS 服务器分为根服务器、顶级域名服务器和应用域名服务器 3 种。域名系统是整个因特网稳定运行的基础，域名根服务器则是整个域名体系最基础的支撑点，所有因特网中的网络定位请求都必须得到域名根服务器的权威认证。

目前，全球共有 13 个域名根服务器，其中一个为主根服务器，放置在美国；其余 12 个均为辅根服务器，其中 9 个放置在美国、2 个放置在欧洲（位于英国和瑞典）、1 个放置在亚洲（位于日本）。所有的根服务器均有美国政府授权的因特网名字与编号分配机构 ICANN 统一管理，并负责全球因特网域名根服务器、域名体系和 IP 地址等的管理，网址为 http://www.icann.org。

顶级域名 .com/.net 服务器全球也有 13 个，其中美国有 8 个、英国、瑞典、荷兰、日本和中国各有 1 个。美国 Verisign 公司是世界上唯一拥有管理 .com/.net 国际顶尖域名数据库的网络公司，每年从全球注册域名收取的管理费高达数亿美元。.com/.net 服务器与我国的 .cn 服务器属同一个级别。

由于历史等多种原因，我国并没有域名根服务器，因此需要到国外去注册。其次，没有域名根服务器，国内的域名服务器首次解析某个域名时，都需要到国外的域名根服务器获得顶级索引。每次上网时都要通过国外的根服务器进行检索和认定，可能会为我国因特网埋下安全隐患。因此，从 2003 年开始，CNNIC 和中国电信已经引进了域名根服务器的 F 镜像服务器，信息产业部也陆续同 Verisign 公司合作，引进该公司的域名根服务器 J 的镜像服务器和顶级域名 .com/.net 的镜像服务器。

3. 域名解析过程 DNS 名称解析是由一系列的 DNS 服务器计算机共同完成的，这些计算机按照域构成层次结构，根服务器负责找到相应的顶级域名服务器，顶级域名服务器负责找到相应的与域名对应的应用域名服务器。DNS 服务器层次结构示例如图 8-1 所示。

在上面的层次结构中，cn 是根域（即“.”域）的子域，edu 是 cn 的子域，sdu 是 edu 的子域，cs 是 sdu 的子域。一般情况下，每一个域都需要架设一个 DNS 服务器，存储域中所有计算机的域名和 IP 地址，另外还需要存储其子域的 DNS 服务器的域名和 IP 地址。一个域也可以不设专门的 DNS 服务器，而是将域中计算机的域名和 IP 地址存储在父域或其他域的服务器层中。

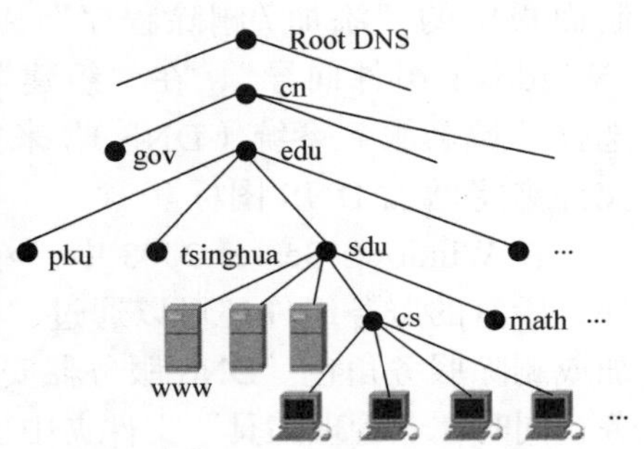

图 8-1 DNS 域名层次结构示例

在层次结构图中，除了根域以外的所有 DNS 服务器都必须向其上层 DNS 服务器注册自己的 DNS 名称和 IP 地址，同时记录自己所在域内所有主机的 DNS 域名和 IP 地址。当用户需要进行 DNS 解析时，请求首先被送到该计算机网络连接中所设置的首选 DNS 服务器，DNS 服务器使用区域信息和本地缓存信息进行地址解析。如果不能完成解析任务，则将启用一个递归过程。

例如，在某台计算机 w1 上，查询域名 cs.sdu.edu.cn 的具体解析过程如下。

1）查询请求首先被送到 w1 的首选 DNS 服务器，若在该 DNS 服务器上找不到 cs.sdu.edu.cn 对应的 IP 地址，该 DNS 服务器将查询任务转给根域（Root DNS）服务器。根域是因特网公认的，每个 DNS 服务器上都有根域服务器列表。

2）Root DNS 根据登记的数据，判断 cs.sdu.edu.cn 登记在 cn 域，然后将查询任务转给 cn 域的 DNS 服务器。

3）cn 域名服务器根据登记的数据，判断 cs.sdu.edu.cn 登记在 edu 域，将查询任务转给 edu 域的 DNS 服务器。

4）edu 域名服务器根据登记的数据，判断 cs.sdu.edu.cn 登记在 sdu 域，将查询任务转给 sdu 域的 DNS 服务器。在 edu 域名服务器上可以找到 cs.sdu.edu.cn 的 IP 地址。

4. 域名注册 域名注册通常分为国内域名注册和国际域名注册。目前，国内域名注册统一由中国互联网络信息中心 CNNIC 进行管理，具体注册工作由通过 CNNIC 认证授权的各代理商执行。不带国家代码的域名也称国际域名，国际域名注册现在是由一个来自多国私营部门人员组成的非营利性民间机构，即国际域名管理中心统一管理，具体注册工作也是由通过 ICANN 授权认证的各代理商执行。

目前，国际域名有效期在注册时可以选择一年或更长，国内域名有效期是一年。注意，在域名到期之前，用户必须将下一年的费用及时交上，以免域名因此停止运行甚至被删除。

8.1.2 安装 DNS 服务器

在 Windows 域中，必须安装 DNS 服务器，将一台计算机安装成域控制器时，DNS 服务会一并安装。要在一台没有加入域中的独立服务器上安装 DNS 服务，首先要确定该计算机应该具有完整的 DNS 名称。

无论是 Windows 2000 Server 还是 Windows Server 2003，都内置了 DNS 服务组件。只是两者安装的方式不同，在 Windows 2000 Server 中，DNS 服务是通过控制面板中的“添加 / 删除程序”来安装的。通过添加 / 删除 Windows 组件方式，执行“Windows 组件向导”，在“组建”列表中选择“网络服务”，单击“详细信息”按钮，选择“域名服务系统（DNS）”来完成 DNS 服务的安装。安装完成后，在“管理工具”文件夹将增加 DNS 图标。

在 Windows Server 2003 中，除了可以通过上述的“添加 / 删除 Windows 组件”方式外，所有的服务组件还可以通过“控制面板”“管理工具”中的“管理您的服务器”来添加或删除服务角色。DNS 服务器安装完成后，在“管理您的服务器”窗口将显示 DNS 服务，同时在“管理工具”文件夹中也将增加 DNS 图标。

在“管理工具”文件夹中，双击 DNS 图标，打开 DNS 控制台，如图 8-2 所示。

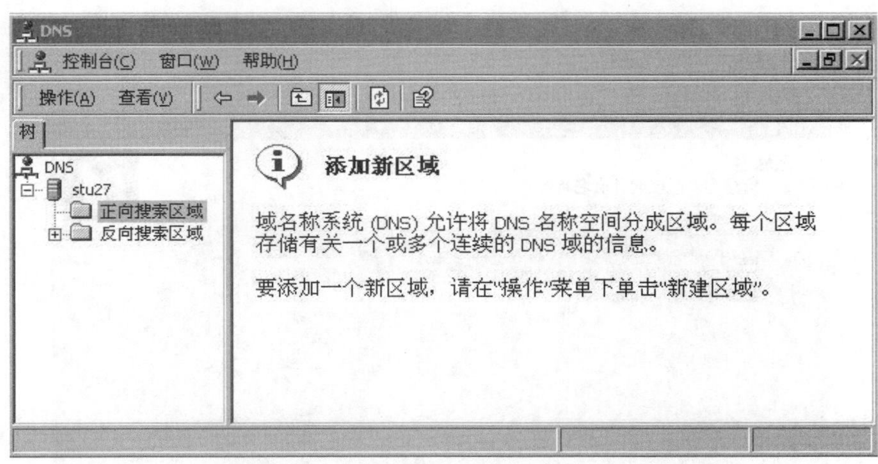

图 8-2　DNS 控制台

在 DNS 结构中，每一个域中可能包括众多的计算机，为了管理上的方便，可以对计算机实行分组管理，这就是区域（Zone）的概念。例如公司有 200 台计算机，其中市场部 50 台，设计部 50 台，其他计算机分布在另外的各个机构。这样，就可以在公司下面建立 Market 和 Design 两个子域。区域数据可以建立在不同的 DNS 服务器上，由不同的 DNS 服务器来处理客户端的请求，从而可以更好地平衡 DNS 服务器的负载，提高 DNS 的查询性能。

8.1.3　正向搜索区域

在一台域控制器计算机上安装 DNS 服务，会自动创建一个正向搜索区域。正向搜索区域存储 DNS 名称并与 IP 地址对应，包含一条域控制器本身的记录。如果希望建立新的子域，可右键单击"正向搜索区域"，从弹出的快捷菜单中选择"新建区域"命令，弹出"新建区域向导"对话框，单击"下一步"按钮，显示"区域类型"界面，如图 8-3 所示。

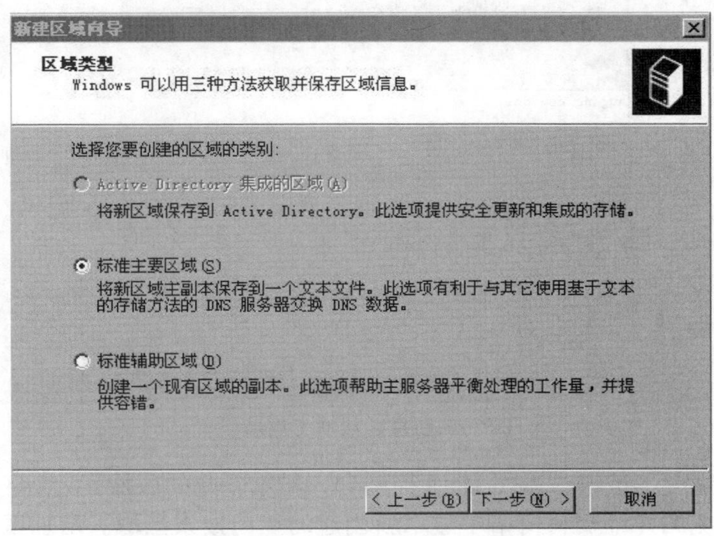

图 8-3　新建 DNS 区域类型

在区域选择类型中，选择“标准主要区域”单选按钮，然后单击“下一步”按钮，弹出如图 8-4 所示对话框。

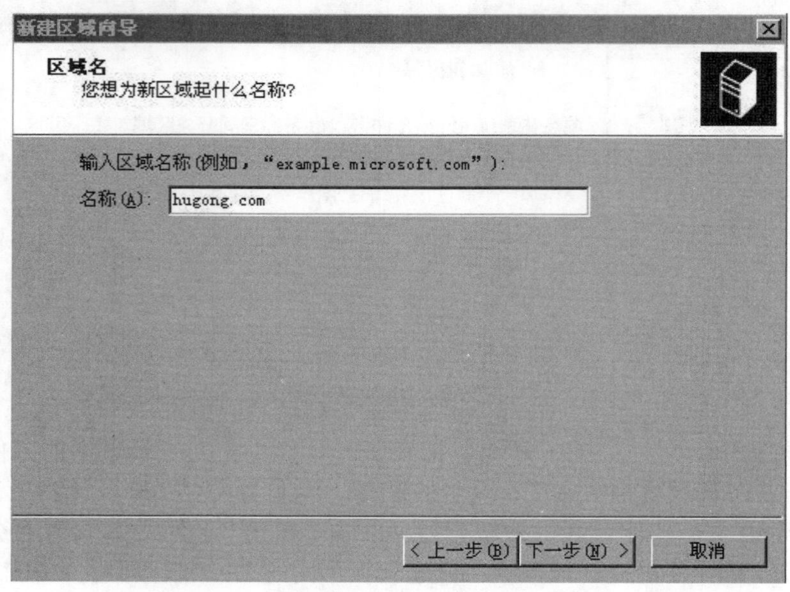

图 8-4　新建区域名称

在“名称”文本框输入区域名，注意新建区域名不能与已经存在的区域重名。然后，对区域的动态更新进行设置，单击“下一步”按钮如图 8-5 所示。

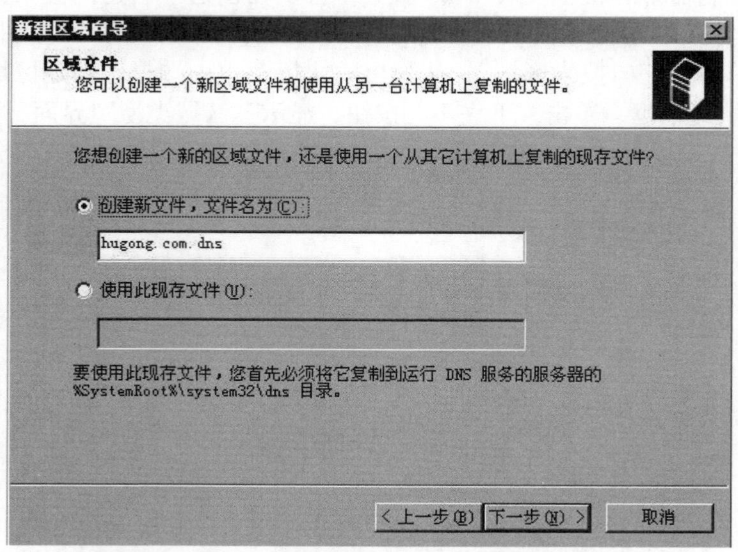

图 8-5　新建区域动态更新设置

最后单击“完成”按钮，返回 DNS 控制台，显示新建的区域。

在控制台右侧的详细资料窗格中显示新创建的正向搜索区域。增加区域后，还要增加区域资料记录（Resource Records，RR）。

1. 新建主机　所谓“新建主机”就是在区域文件中增加主机记录，主机记录是 DNS 名称与 IP 地址的对应关系。右键单击某个区域的结点，从弹出的快捷菜单中选择“新建主机”命令，弹出“新建主机”对话框，如图 8-6 所示。

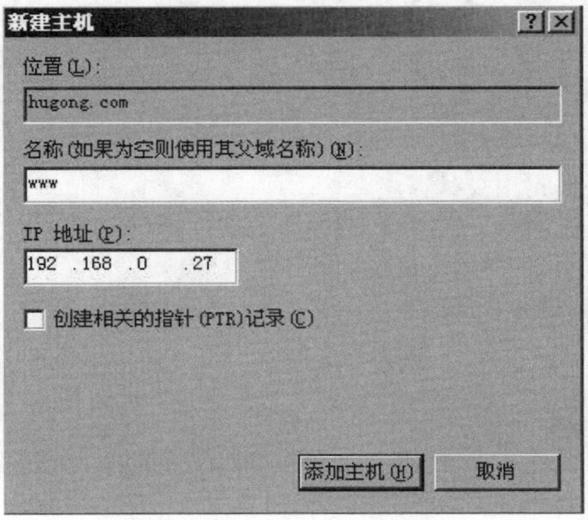

图 8-6　“新建主机”对话框

在相应的文本框中输入主机名称和该主机对应的 IP 地址。如果希望同时在逆向搜索区域中建立一条对应的记录，可以选择“创建相关的指针（PTR）记录”复选框。

单击“添加主机”按钮，显示“成功地创建了主机记录 www.hugong.com”提示信息，然后返回到“新建主机”对话框，单击“完成”按钮，结束添加主机操作。最后，返回到 DNS 控制台，控制台右边显示新建的主机记录，如图 8-7 所示。

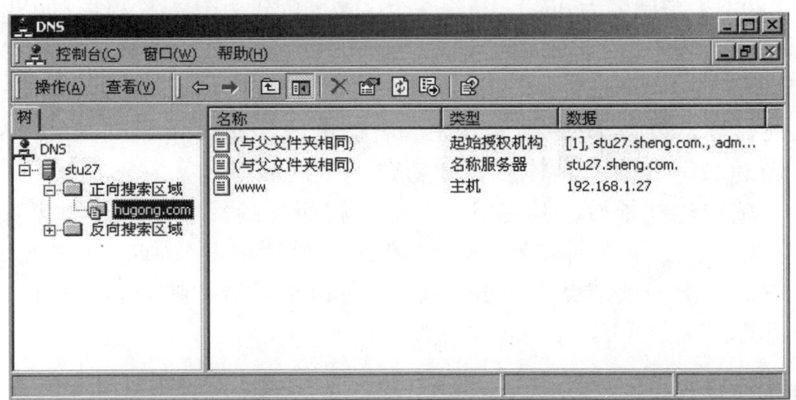

图 8-7　DNS 控制台

这样，在该 DNS 服务器中就建立了计算机的域名 www.hugong.com 和对应的 IP 地址的关系。用户在另外的一台计算机上将首选 DNS 服务器设为该 DNS 服务器，用 ping www.hugong.com 命令来检测 DNS 的域名解析，如果网络是连通的，则显示如图 8-8 所示的结果。

需要说明的是，Windows 2000 Server 或 Windows 2000 Professional 计算机加入域时，在 DNS 服务器中会自动添加该计算机的主机记录，不需要用户手动添加。

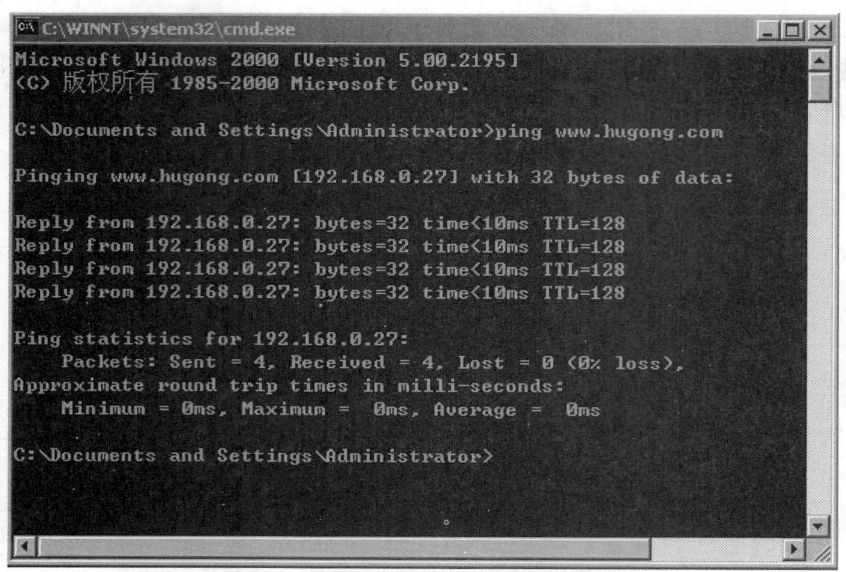

图 8-8 用 ping 命令验证 DNS 解析服务

2. 新建子域 在域名空间中，域名是按照树状层结构进行组织的。在一个域中可以建立若干个子域，子域中又可以包含子域。一般情况下，每一个域都由若干个计算机和子域组成，一个域中往往安装一个 DNS 服务器，记录域中所有的计算机以及子域的 DNS 服务器的 DNS 名称以及对应的 IP 地址。

在 DNS 服务器上，计算机的 DNS 名称和 IP 地址等数据称为主机记录，它们被组织在一个称为区域的文件中（扩展名为 dns），新建一个区域即创建一个 dns 文件。如果希望在域中建立子域，而又不增加区域文件，例如在 yuantong 域中建立两个子域 Market 和 Development 分别对应市场部和开发部，域 Market 中的计算机 w1 的 DNS 名为 w1.market.yuantong.com。

要实现上述目标，可在 DNS 控制台中，右键单击 yuantong.com 区域，从弹出的快捷菜单中选择“新建域”命令，具体过程和新建一个区域不同，它不创建一个新的区域文件，只是在一个域中建立子域，其主机记录保存在所在的父域中。选择“新建域”命令，弹出“新建域”对话框，输入新域名（如 Market），然后单击“确定”按钮，返回 DNS 控制台主窗口。右键单击子域结点（如 Market），可以在子域中执行新建主机、新建别名等操作。操作步骤与在一个区域中的操作类似。

8.1.4 反向搜索区域

反向搜索区域是指网络用户可以通过计算机的 IP 地址查询其 DNS 名称，它存储的 IP 地址与 DNS 名称对应。在 Windows 中，提供了 nslookup 命令行程序，完成 IP 地址到 DNS 名称的反向查询。如果网络中的 DNS 服务器上没有建立反向搜索区域，网络中的计算机将不能够反向查询其 DNS 名称。

1. 新建反向搜索区域 在 DNS 控制台目录树中，右键单击“反向搜索区域”结点，从弹出的快捷菜单中选择“新建区域”命令，弹出“新建区域向导”对话框，单击“下一步”按钮，选择区域类型。再单击“下一步”按钮，如图 8-9 所示。

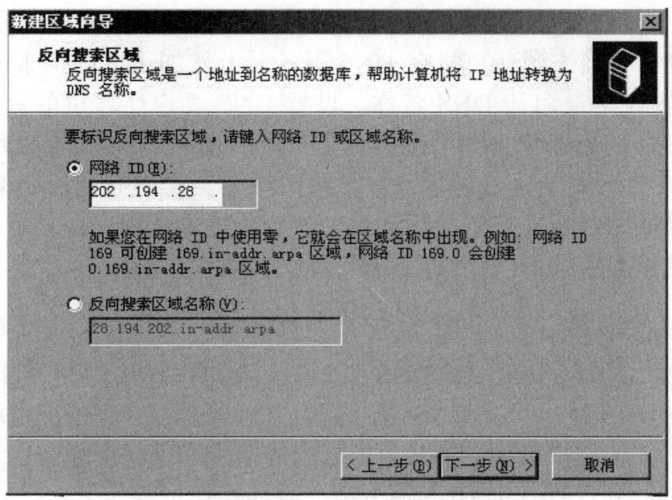

图 8-9　新建反向搜索区域

选择“网络”单选按钮，输入要反向搜索区域的网络地址，按照向导提示进行操作，最后单击“完成”按钮，结束“新建区域向导”。

2. 新建指针记录　建立反向搜索区域后，应该增加相应的指针记录（PTR 记录），记录 IP 地址到 DNS 域名间的关系，以便 DNS 客户进行反向查询。

在正向搜索区域中新建主机时，在新建主机对话框中，如果选择“创建相关的指针（PTR）记录”复选框，则在建立主机记录时，将自动建立用于反向搜索的指针记录。此外，用户也可以在 DNS 控制台目录中，右键单击一个反向搜索区域，选择“新建指针”命令，弹出“新建资源记录”对话框，如图 8-10 所示。

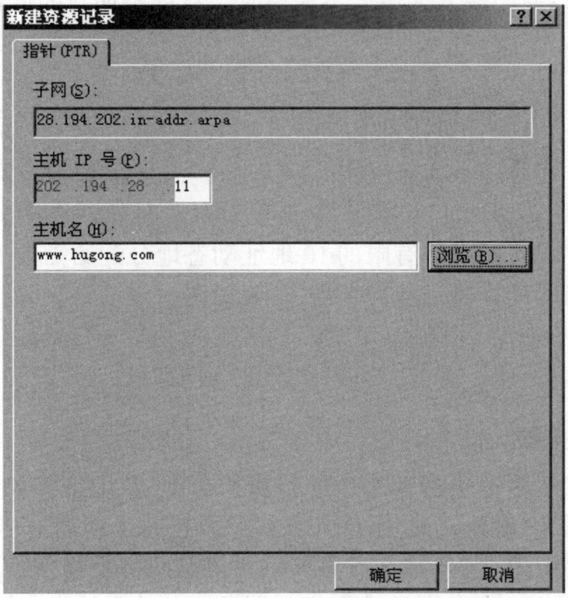

图 8-10　新建指针（PTR）资源记录

单击“确定”按钮，增加一条搜索记录，用类似的方法增加其他的搜索记录。

3. 使用反向搜索 当一台计算机在 DNS 服务器上增加了反向搜索记录后，该计算机可以使用 nslooklup 程序查询其 DNS 名称。设置 DNS 客户计算机的首选 DNS 服务器为具有反向搜索区域的 DNS 服务器，在客户计算机上，在“DOS 命令提示符”窗口，输入 nslookup< 计算机域名 > 命令，将显示该计算机的域名定义。需要说明的是，在 Windows 中，虽然修改 IP 地址后计算机并不重新启动，但是 nslookup 程序会显示 IP 修改前的结果。要显示当前的 IP 地址对应的 DNS 名称，需要重新启动计算机。

8.1.5 DNS 客户端的设置

以上已经在一个局域网中设置了 DNS 服务器，在网络连接属性中设置了首选 DNS 服务器的计算机就是 DNS 客户。在 DNS 客户端，其网络属性中的首选 DNS 服务器必须指向该 DNS 服务器，才能完成 DNS 与 IP 地址之间的搜索和反向搜索。

在 DNS 客户端，要设置首选 DNS 服务器，具体操作步骤如下。

在计算机的“网络连接”文件夹中，右键单击“本地连接”图标，从弹出的快捷菜单中选择“属性”命令，弹出“本地连接属性”对话框。选择“Internet 协议（TCP/IP）”选项，单击“属性”按钮，弹出“Internet 协议属性”对话框。在首选 DNS 服务器中，输入一个 ISP 的 DNS 服务器 IP 地址或已经设置的 DNS 服务器 IP 地址即可。这样，该计算机就可以使用域名访问因特网，所指定的 DNS 服务器将负责完成域名解析和查询转发任务。

此外，用户还可以在“Internet 协议（TCP/IP）属性”对话框中单击“高级”按钮，弹出“高级 TCP/IP 设置”对话框。在“高级 TCP/IP 设置”对话框中，选择“DNS”选项卡，可以为该 DNS 客户添加新的 DNS 服务器，并为该计算机附加主要的 DNS 后缀或连接特定的 DNS 后缀，以便当输入的域名不完整时，自动添加新的域名后缀进行查询。

8.2 DHCP 服务

在 TCP/IP 网络中，每台计算机都必须有一个 IP 地址，为计算机指定 IP 地址是网络管理员的一项重要工作，工作量较大。另外，若一个网络连接到因特网，需要向 ISP 申请固定的 IP 地址，由于费用等原因，申请的 IP 地址有限。虽然网络中的计算机数量较多，但它们不一定同时上网，因此可以将有限的 IP 地址动态地分配给需要上网的计算机，而不是固定地分配给几台确定的计算机，从而节省了 IP 资源。为了减轻网络管理员的工作量，同时节省 IP 资源，在 Windows 中提供了动态主机配置协议（Dynamic Host Configuration Protocol，DHCP），即 DHCP 服务，可以动态地给计算机分配 IP 地址。

8.2.1 安装 DHCP 服务器

在局域网中，DHCP 服务负责动态地给计算机分配 IP 地址。如果在计算机的 Internet 属性中设置为自动获得 IP 地址，则当 DHCP 客户开机时，将通过广播方式向 DHCP 服务器要求分配 IP 地址。DHCP 服务器收到请求后，将返回一个尚未使用的 IP 地址，同时将子网掩码、默认网关、DNS 服务器地址等相关消息一并传送给发出请求的计算机。

要安装 DHCP 服务器，必须满足以下两个条件。

1）安装 DHCP 服务器的计算机必须具有固定的 IP 地址，这个地址可以是局域网中的一个专用 IP 地址，也可以是一个申请的合法的 IP 地址。

2）如果在网络中建立了 Windows 域，则只能在域控制器或者成员服务器上安装 DHCP 服务器。

在 Windows 2000 Server 中安装 DHCP 服务器，是通过“添加 / 删除程序”的添加 Windows 组件实现的。对于 Windows Server 2003，用户可以通过“管理工具”中的“管理您的服务器”来添加 DHCP 服务，按照向导提示操作，依次输入作用域名（例如 yuantong.local）、作用域分配的地址范围（例如 192.168.1.1~192.168.1.20）、排除的 IP 地址、租约期限（默认 8 天）等。DHCP 服务安装结束后，在管理工具中将增加 DHCP 图标。

8.2.2 DHCP 服务器的配置

在设置 DHCP 服务器以前，需要对网络中计算机的 IP 地址进行规划。如果局域网没有连接到因特网，可以选择任意的网络地址来分配给网络中的主机。例如，选择一个 C 类网络 192.168.10.1~192.168.10.254。另外，对网络中特殊的计算机应该预留部分地址，例如域控制器、DNS 服务器、DHCP 服务器、WINS 服务器等，它们都需要固定的 IP 地址。

因特网中未分配的私有地址如表 8-1 所示。

表 8-1 私有地址

类别	私有地址范围
A	10.0.0.0 ~ 10.255.255.255
B	172.16.0.0 ~ 172.31.255.255
C	192.168.0.0 ~ 192.168.255.255

私有地址是一些保留的地址，没有分配给任何组织或个人，主要用于企业内部 IP 地址的分配，要连接因特网，还需要网络地址转换（Network Address Translation，NAT）。当 IP 地址规划好后，就可以配置 DHCP 服务器。

1. DHCP 服务器的授权 在管理工具中，双击 DHCP 图标，打开 DHCP 窗口，如图 8-11 所示。

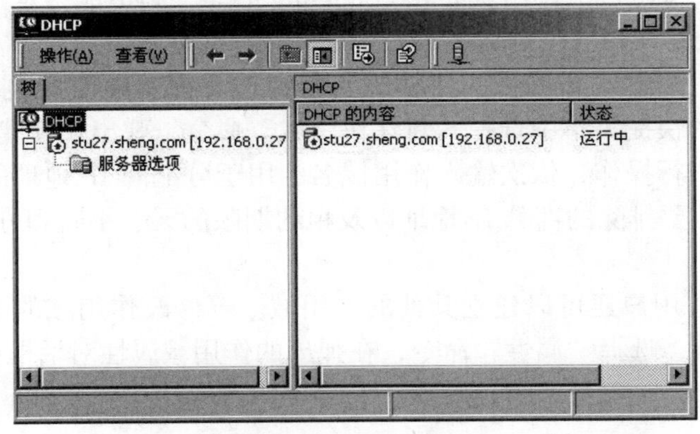

图 8-11 DHCP 窗口

如果 DHCP 服务器在 Windows 域中，必须要经过授权，才能够提供服务，否则，将不响应客户的要求。在 DHCP 窗口中，若在服务器结点上有一个向下的红色箭头，则表明服务器未经授权。要授权 DHCP 服务器，可右键单击该服务器，从弹出的快捷菜单中选择“授权”命令，使 DHCP 服务转到运行状态。此外，如果作用域结点上显示红色的向下箭头，则需要右键单击该结点，选择“激活”命令。完成上述操作后，DHCP 服务器结点上显示绿色的向上箭头，表明服务器已经授权，进入运行状态；作用域上的红色箭头消失，处于活动状态。

需要说明的是，如果在安装 DHCP 服务器的计算机上安装了多块网卡，则在控制台目录中显示其中一块网卡的 IP 地址。如果某个网卡是自动获取 IP 地址，则此 IP 地址将是不确定的。如果该网卡连接的不是需要动态分配 IP 地址的局域网，则此服务器将不能为局域网动态地分配 IP 地址。此时，右键单击该服务器结点，从弹出的快捷菜单中选择“删除”命令，将该 DHCP 服务器从控制台中删除。然后，右键单击控制台根结点，从弹出的快捷菜单中选择“添加服务器”命令，弹出“添加服务器”对话框，在文本框中输入连接到局域网的网卡的 IP 地址。注意，不要使用“浏览”按钮选择服务器计算机的名称，因为该计算机对应了多个网卡，即有多个本地连接，分别对应不同的 IP 地址，与计算机名称对应的连接不一定是到需要 DHCP 服务的局域网的连接。例如，服务器 s1 有两个网络连接，分别是 202.194.28.11 和 192.168.10.1，网卡 202.194.28.11 连接到因特网，使用合法的 IP 地址；网卡 192.168.10.1 是到需要 DHCP 服务的企业内部或校园内部局域网的连接，用私有地址。

最后概括一下，如果网络中存在 Windows 域，DHCP 服务器应该安装在域控制器或成员服务器上，然后对 DHCP 服务进行授权，DHCP 服务器才能够运行。如果 DHCP 服务安装在域之外的独立服务器上，则 DHCP 服务器不能够被授权，永远不会运行。如果网络中没有 Windows 域，就没有授权的概念，DHCP 在任一台 Windows Server 计算机上安装后立刻启动。

2. 作用域 作用域是指用来分配的 IP 地址范围。在一个 DHCP 服务器上，新建作用域时，IP 地址范围不能和已有作用域的地址范围交叉，否则会产生冲突。例如，在安装 DHCP 服务器时，建立了一个 hugong.local 作用域，IP 范围为 192.168.10.1 ~ 192.168.10.20。如果再建一个作用域 market.hugong.local，则不能指定这个范围内的 IP 地址；如果 hugong.local 作用域中排除了部分地址，则这些地址可用。

要新建一个作用域，可以按照以下步骤进行操作：在 DHCP 控制台中，右键单击服务器结点，从弹出的快捷菜单中选择“新建作用域”命令，弹出“新建作用域向导”对话框，按照向导提示进行操作，依次输入作用域名、用于分配的 IP 地址的范围和子网掩码、可分配的地址范围、要排除的部分 IP 地址以及租约期限的天、小时和分钟数等，如图 8-12 所示。

用同样的方法，用户还可以建立其他的作用域。要修改作用域的 IP 地址范围，可以右键单击作用域结点，选择“属性”命令，在弹出的作用域属性对话框中进行修改。

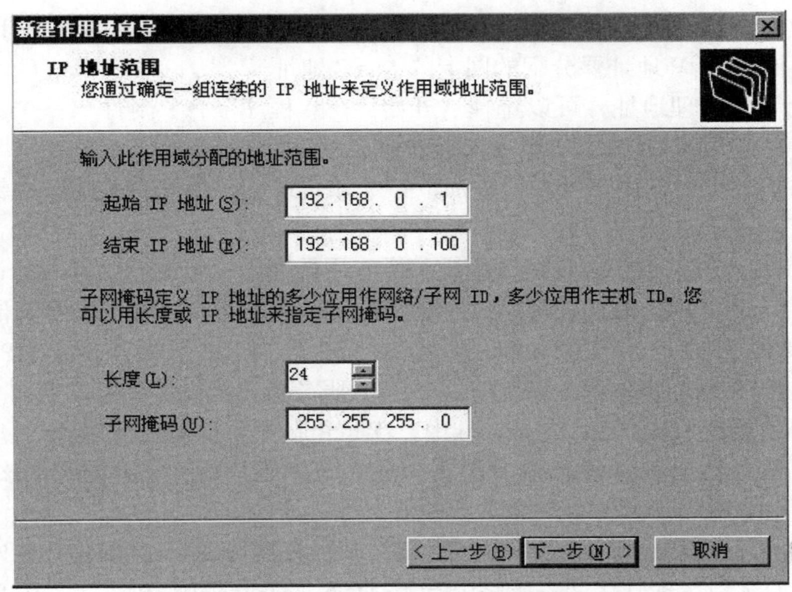

图 8-12　新建作用域向导对话框

3. 设置 IP 租约期限　DHCP 服务器分配给客户端的 IP 地址都有一个租约期限，期限届满后，DHCP 服务器将把 IP 地址分配给其他的客户。设置租约期限可以避免客户端长期占用 IP 地址导致其他客户不能使用的情况，也可以避免客户域长期关机却仍然占用 IP 地址而造成的浪费。

在作用域属性对话框中，选择“限制为”单选按钮，输入要设置的租用期限。如果选择“无限制”单选按钮，则客户会长期占用分配的 IP 地址。

当客户端关机后，下次开机时，如果 IP 地址的租约尚未过期，则会优先续租此 IP 地址，不会再申请一个新的 IP 地址。

4. 作用域的停止、启用和删除　通过作用域的快捷菜单，可以启用、停止和删除一个 IP 作用域。如果作用域当前已经启用，快捷菜单中将显示“停止”命令，否则显示“启用”命令。单击相应的命令可以停止、启用和删除一个 IP 作用域。

8.2.3　DHCP 服务器的高级设置

DHCP 服务器的高级设置包括 3 个方面的内容：保留特定的 IP 地址、启用自动更新 DNS 以及设置 DHCP 选项。

1. 保留特定的 IP 地址　在局域网中，有些计算机需要固定的 IP 地址，例如 DNS 服务器、DHCP 服务器、WINS 服务器等，安装上述服务器的计算机将不能够作为 DHCP 客户来动态的申请 IP 地址，而必须为它们指定确定的 IP 地址，这些地址应该从可分配的 IP 作用域中排除。

通常，可以确保 DHCP 客户永远得到一个 IP 地址。要保留特定的 IP 地址，可在 DHCP 控制台目录中单击作用域，右键单击“保留”结点，从弹出的快捷菜单中选择“新建保留”命令，打开“新建保留”对话框。

在“新建保留”对话框中，输入要保留的 IP 地址以及便于记忆的该 IP 地址的保留名称，同时还要输入该 IP 地址要分配的网卡的 MAC 地址。

要获得网卡的物理地址，可以选择“开始”→“程序”→“附件”→“ms-dos 命令提示符”命令，在打开的 DOS 窗口中输入 ipconfig/all 命令。

单击“添加”按钮，用户可以再添加下一个保留地址，单击“关闭”按钮，结束保留地址的创建工作。

保留地址将一个固定的 IP 地址分配给一个专用的网卡，当插有该网卡的计算机作为一个 DHCP 客户申请 IP 地址时，它将得到该地址。保留的 IP 地址不会分配给其他的计算机。

最后需要说明的是，DHCP 的保留功能不能为 DHCP 服务器预留 IP 地址，因此 DHCP 服务器的 IP 地址必须手工指定，即 DHCP 服务器不能设置为自动获得 IP 地址。

2. 启用自动更新 DNS 在 Windows 中，DHCP 服务器和 DNS 服务器实现了很好的集成，当 DHCP 服务器把一个 IP 地址分配给一个 DHCP 客户后，它将同时把该 IP 地址和计算机名称传送给 DNS 服务器，在 DNS 服务器上进行注册。

3. 设置 DHCP 选项 作用域选项是指 DHCP 服务器可以配给 DHCP 客户端的额外配置参数，常用的选项包括默认网关（路由器）、DNS 服务器等的 IP 地址。在 DHCP 服务器把 IP 地址分配给客户端时，同时还为客户端传送相关的子网掩码、默认网关和 DNS 服务器等数据。

要配置作用域选项，首先应该停止该作用域。然后，在 DHCP 控制台目录中，单击一个作用域，然后选择“操作”→“配置选项”命令，弹出“作用域选项”对话框，在“常规”选项卡中列出了要一并传送给 DHCP 客户的相关数据，如图 8-13 所示。

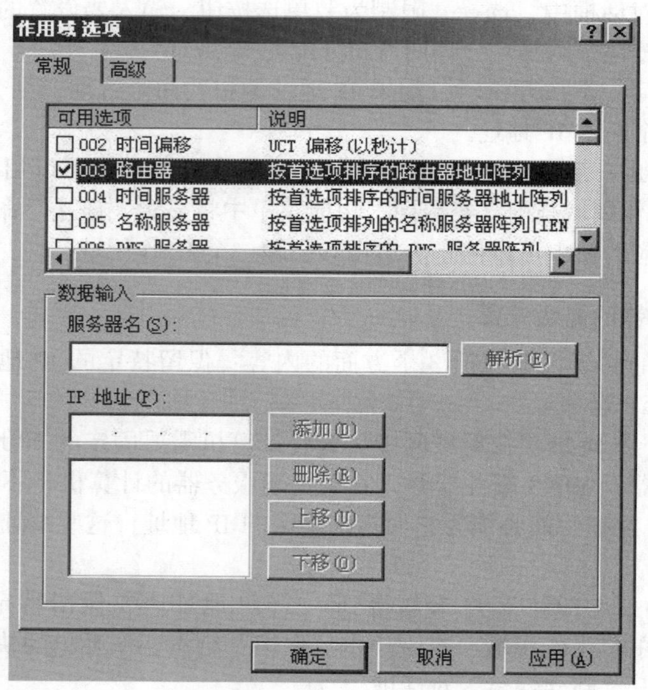

图 8-13 “作用域选项”对话框

微软的 DHCP 客户支持其中的 003 路由器、006DNS 服务器等少数几个项目。

（1）003 路由器。选择该项可以指定默认网关的 IP 地址，该地址将传送到 DHCP 客户，作为 DHCP 客户的默认网关。

（2）006DNS 服务器。选择该项可以指定 DHCP 客户的 DNS 服务器的 IP 地址。

（3）015DNS 域名。选择该项可以为 DHCP 客户提供域名。

（4）044WINS/NBNS 服务器。选择该项可以指定 DHCP 客户的 WINS 服务器。

（5）046WINS/NBNS 结点类型。选择该项可以指定 WINS/NBNS 服务器客户的结点类型。

如果网络中没有 WINS 服务器，一般只选择 003、006 和 015 三个项目，如果有 WINS 服务器，还要设置 044 和 046 两个项目。

8.2.4　配置 DHCP 客户端

在局域网中，负责动态分配 IP 的计算机称为 DHCP 服务器。相应地，需要动态分配 IP 地址的计算机就是 DHCP 客户。

1. 将计算机设置为 DHCP 客户　在局域网中，要将一台计算机设置为 DHCP 客户非常简单，打开该计算机的“网络连接”文件夹，右键单击“本地连接”图标，从弹出的快捷菜单中选择“属性”命令，弹出“本地连接属性”对话框。在“常规”选项卡中，选择“Internet 协议（TCP/IP）”选项，单击“属性”按钮，弹出“Internet 协议（TCP/IP）属性”对话框。

在“Internet 协议（TCP/IP）属性”对话框中，选中“自动获得 IP 地址”单选按钮，单击“确定”按钮，该计算机将成为一台 DHCP 客户计算机。

与 DNS 客户不同，DHCP 客户不需要指定一个 DHCP 服务器地址。当 DHCP 客户计算机开机后，将通过广播从网络中的 DHCP 服务器上获得一个 IP 地址。DHCP 服务器把分配给该计算机的 IP 地址和该计算机的名称一并传送给网络中的 DNS 服务器。

2. 查看 DHCP 客户的 IP 地址　在 DHCP 客户端，用户可以通过 ipconfig/all 命令查看获得的 IP 地址，同时可以查看租约期限。另外，用户还可以使用 ipconfig/renew 来强迫更新 IP 地址的租约，或者用 ipconfig/release 命令让客户端释放 IP 地址将其 IP 地址归还给 DHCP 服务器。

除了在客户端查看本计算机分配的 IP 地址外，用户还可以在 DHCP 服务器的 DHCP 控制台目录中单击“地址租约”，在右边的详细资料窗格中查看网络中 IP 地址的分配情况。

习　　题

8-1　什么是 DNS？使用域名有什么好处？

8-2　在域名系统中，DNS 服务器有哪几种类型？是如何部署的？

8-3　什么是 Root DNS？对于 DNS 服务器，如何配置其 IP 地址？

8-4　如果局域网连接到了因特网，局域网中的 DNS 服务器的域名和 IP 地址是否需要在其父域中注册？为什么？

8-5 什么是 DHCP 服务？当 DHCP 客户端需要分配 IP 地址时，DHCP 客户的不同区域如何为其分配 IP 地址？

8-6 下列 URL 错误的是（　　）。

A）html://abc.com

B）http://abc.com

C）ftp://abc.com

D）gopher://abc.com

8-7 应用层 DNS 协议主要用于实现的网络服务功能是（　　）。

A）网络设备名字到 IP 地址的映射

B）网络硬件地址到 IP 地址的映射

C）进程地址到 IP 地址的映射

D）IP 地址到进程地址的映射

第 9 章 网络安全与应用

9.1 网络安全概述

网络安全（Network Security）是指网络系统的硬件、软件及其系统中的数据受到保护，不因偶然的或者恶意的原因而遭受破坏、更改、泄露，系统连续可靠正常地运行，网络服务不中断。网络安全从其本质上来讲就是网络上的信息安全。从广义来说，凡是涉及网络上信息的保密性、完整性、可用性、真实性和可控性的相关技术和理论都是网络安全的研究领域。网络安全是一门涉及计算机科学、网络技术、通信技术、密码技术、信息安全技术、应用数学、数论、信息论等多种学科的综合性学科。

9.1.1 网络安全的特征

网络安全应具有以下 5 个方面的特征。

1）保密性：信息不泄露给非授权用户、实体或过程，或供其利用的特性。

2）完整性：数据未经授权不能进行改变的特性，即信息在存储或传输过程中保持不被修改、不被破坏和丢失的特性。

3）可用性：可被授权实体访问并按需求使用的特性，即当需要时能否存取所需的信息。例如网络环境下拒绝服务、破坏网络和有关系统的正常运行等都属于对可用性的攻击。

4）可控性：对信息的传播及内容具有控制能力。

5）可审查性：出现安全问题时提供依据与手段。

9.1.2 网络安全体系的构成

与其他安全体系（如保安系统）类似，网络系统的安全体系应包含以下几个部分。

1）访问控制：通过对特定网段、服务建立的访问控制体系，将绝大多数攻击阻止在到达攻击目标之前。

2）检查安全漏洞：通过对安全漏洞的周期检查，即使攻击可到达攻击目标，也可使绝大多数攻击无效。

3）攻击监控：通过对特定网段、服务建立的攻击监控体系，可实时检测出绝大多数攻击，并采取相应的行动（如断开网络连接、记录攻击过程、跟踪攻击源等）。

4）加密通信：主动地加密通信，可使攻击者不能了解、修改传送的信息。

5）认证：良好的认证体系可防止攻击者假冒合法用户。

6）备份和恢复：良好的备份和恢复机制，可在攻击造成损失时，尽快地恢复数据和系统服务。

7）多层防御：攻击者在突破第一道防线后，延缓或阻断其到达攻击目标。

8）隐藏内部信息：使攻击者不能了解系统内的基本情况。

9）设立安全监控中心，为信息系统提供安全体系管理、监控、维护及紧急情况服务。

9.1.3 网络安全分析及措施

1. 网络中存在的威胁因素 网络中存在以下几种威胁因素：①自然灾害、意外事故；②计算机犯罪；③人为行为，比如使用不当，安全意识差等；④黑客行为，即由于黑客的入侵或侵扰，比如非法访问、拒绝服务攻击、非法连接等；⑤内部泄密；⑥外部泄密；⑦信息丢失；⑧电子谍报，比如信息流量分析、信息窃取等；⑨信息战；⑩网络协议中的缺陷，例如 TCP/IP 的安全问题等。

网络安全威胁主要包括两类：渗入威胁和植入威胁。渗入威胁主要有假冒、旁路控制、授权侵犯；植入威胁主要有特洛伊木马、陷门。陷门是将某一“特征”设立于某个系统或系统部件之中，使得在提供特定的输入数据时，允许安全策略被违反。

2. 网络安全分析 网络安全分析是一个全局性的问题，需要从以下方面进行分析。

（1）物理安全分析。网络的物理安全是整个网络安全的前提。在网络工程的建设中，由于网络系统属于弱电工程，耐压值很低。因此，在网络工程的设计和施工中，必须优先考虑保护人和网络设备不受电、火灾和雷击的侵害；考虑布线系统与照明电线、动力电线、通信线路、暖气管道及冷热空气管道之间的距离；考虑布线系统和绝缘线、裸线以及接地与焊接的安全；必须建设防雷系统，防雷系统不仅考虑建筑物防雷，还必须考虑计算机及其他弱点耐压设备的防雷。总体来说，物理安全的风险主要有：地震、水灾、火灾等环境事故；电源故障；人为操作失误或错误；设备被盗、被毁；电磁干扰；线路截获；高可用性的硬件；双机多冗余的设计；机房环境及报警系统、安全意识等。因此要尽量避免网络的物理安全风险。

（2）网络结构的安全分析。网络拓扑结构设计也直接影响到网络系统的安全性。假如在外部和内部网络进行通信时，内部网络的机器安全就会受到威胁，同时也影响在同一网络上的许多其他系统。透过网络传播，还会影响到 Internet/Intranet 上的其他的网络；影响所及，还可能涉及法律、金融等安全敏感领域。因此，在设计时有必要将公开服务器（Web、DNS、E-mail 等）和外网及内部其他业务网络进行必要的隔离，避免网络结构信息外泄；同时还要对外网的服务请求加以过滤，只允许正常通信的数据包到达相应主机，其他的请求服务在到达主机之前就应该遭到拒绝。

（3）系统的安全分析。所谓系统的安全是指整个网络操作系统和网络硬件平台是否可靠且值得信任。目前并没有绝对安全的操作系统可以选择，无论是 Microsoft 的 Windows NT 或者其他任何商用 UNIX 操作系统，不同的用户应从不同的方面对其网络做详尽的分析，选择安全性尽可能高的操作系统。因此不但要选用尽可能可靠的操作系统和硬件平台，并且需对操作系统进行安全配置；而且，必须加强登录过程的认证（特别是在到达服务器主机之前的认证），确保用户的合法性；应该严格限制登录者的操作权限，将其完成的操作限制在最小的范围内。

（4）应用系统的安全分析。应用系统的安全与具体的应用有关，它涉及面广。

1）应用系统的安全是动态的、不断变化的。应用系统的安全涉及方面很多，以目前因特网上应用最为广泛的 E-mail 系统来说，其解决方案有 Sendmail、NetscapeMessaging Server、SoftwareCom Post.Office、Lotus Notes、Exchange Server、SUN CIMS 等二十多种，其安全手段涉及 LDAP、DES、RSA 等各种方式。应用系统在不断发展且应用类型是不断增加的。在应用系统的安全性上，主要考虑尽可能建立安全的系统平台，而且通过专业的安全工具不断发现漏洞，修补漏洞，提高系统的安全性。

2）应用系统的安全性涉及信息、数据的安全性。信息的安全性涉及机密信息泄露、未经授权的访问、破坏信息完整性、假冒、破坏系统的可用性等。在某些网络系统中，涉及很多机密信息，如果一些重要信息遭到窃取或破坏，它的经济、社会影响和政治影响将是很严重的。因此，对用户使用计算机必须进行身份认证，对于重要信息的通信必须授权，传输必须加密。采用多层次的访问控制与权限控制手段，实现对数据的安全保护；采用加密技术，保证网上传输的信息（包括管理员口令与账户、上传信息等）的机密性与完整性。

（5）管理的安全风险分析。管理是网络中安全最重要的部分。责权不明、安全管理制度不健全及缺乏可操作性等都可能引起管理安全的风险。当网络出现攻击行为或网络受到其他一些安全威胁时（如内部人员的违规操作等），无法进行实时的检测、监控、报告与报警。同时，当事故发生后，也无法提供黑客攻击行为的追踪线索及破案依据，即缺乏对网络的可控性与可审查性。这就必须对站点的访问活动进行多层次的记录，及时发现非法入侵行为。

建立全新网络安全机制，必须深刻理解网络并能提供直接的解决方案，因此，最可行的做法是制定健全的管理制度和严格管理相结合。保障网络的安全运行，使其成为一个具有良好安全性、可扩充性和易管理性的信息网络便成为首要任务。一旦上述的安全隐患成为事实，所造成的对整个网络的损失都是难以估计的。

3. 安全技术手段

1）物理措施。例如：保护网络关键设备（如交换机、大型计算机等），制定严格的网络安全规章制度，采取防辐射、防火以及安装不间断电源（UPS）等措施。

2）访问控制。即对用户访问网络资源的权限进行严格的认证和控制。例如：进行用户身份认证，对口令加密、更新和鉴别，设置用户访问目录和文件的权限，控制网络设备配置的权限等。

3）数据加密。加密是保护数据安全的重要手段。加密的作用是保障信息被人截获后不能读懂其含义。防止计算机网络病毒、安装网络防病毒系统。

4）网络隔离。网络隔离有两种方式：一种是采用隔离卡来实现的，一种是采用网络安全隔离网闸来实现的。隔离闸主要用于对单台机器的隔离，网闸主要用于对于整个网络的隔离。

5）其他措施。其他措施包括信息过滤、容错、数据镜像、数据备份和审计等。近年来，围绕网络安全问题提出了许多解决办法，例如数据加密技术和防火墙技术等。数据加密是对网络中传输的数据进行加密，到达目的地后再解密还原为原始数据，目的是防止非法用户截获后盗用信息。防火墙技术是通过对网络的隔离和限制访问等方法来控制网络的访问权限。

9.2 网络黑客与防范措施

9.2.1 网络黑客概述

一般认为，“黑客”起源于20世纪50年代麻省理工学院的实验室中，他们精力充沛，热衷于解决难题。20世纪60、70年代，“黑客”一词极富褒义，用于指代那些独立思考、奉公守法的计算机迷，他们智力超群，对计算机全身心投入，从事黑客活动意味着对计算机的最大潜力进行智力上的自由探索，为计算机技术的发展做出了巨大贡献。正是这些黑客，倡导了一场个人计算机革命，倡导了现行的计算机开放式体系结构，打破了以往计算机技术只掌握在少数人手里的局面，开创了个人计算机的先河，提出了“计算机为人民所用”的观点，他们是计算机发展史上的英雄。现在黑客使用的侵入计算机系统的基本技巧，例如破解口令（Password Cracking）、开天窗（Trapdoor）、走后门（Backdoor）、安放特洛伊木马（Trojan Horse）等，都是在这一时期发明的。

在20世纪60年代，计算机的使用还远未普及，还没有多少存储重要信息的数据库，也谈不上黑客对数据的非法复制等问题。到了20世纪80、90年代，计算机越来越重要，大型数据库也越来越多，同时，信息越来越集中在少数人手里。这样一场新时期的“圈地运动”引起了黑客们的极大反感。黑客认为，信息应共享而不应被少数人所垄断，于是将注意力转移到涉及各种机密的信息数据库上。而这时，计算机空间已私有化，成为个人拥有的财产，社会不能再对黑客行为放任不管，必须采取行动，利用法律等手段来进行控制。黑客活动受到了空前打击。但是政府和公司的管理者现在越来越多地要求黑客传授给他们有关计算机安全的知识。许多公司和政府机构已经邀请黑客为他们检验系统的安全性，甚至还请他们设计新的安全规程。

9.2.2 网络黑客的攻击方法

1. 获取口令 黑客获取口令有3种方法：一是通过网络监听非法得到用户口令，这类方法有一定的局限性，但危害性极大，监听者往往能够获得其所在网段的所有用户账户和口令，对局域网安全威胁巨大。二是在知道用户的账号后（如电子邮件@前面的部分）利用一些专门软件强行破解用户口令，这种方法不受网段限制，但黑客要有足够的耐心和时间。三是在获得一个服务器上的用户口令文件（此文件称为Shadow文件）后，用暴力破解程序破解用户口令，该方法的使用前提是黑客获得口令的Shadow文件。此方法在所有方法中危害最大，因为它不需要像第二种方法那样一遍又一遍地尝试登录服务器，而是在本地将加密后的口令与Shadow文件中的口令相比较就能非常容易地破获用户密码。

2. 放置特洛伊木马程序 特洛伊木马程序可以直接侵入用户的计算机并进行破坏。它常被伪装成工具程序或者游戏等，诱使用户打开带有特洛伊木马程序的邮件附件或从网上直接下载，一旦用户打开了这些邮件的附件或者执行了这些程序之后，它们就会像古特洛伊人在敌人城外留下的藏满士兵的木马一样留在用户的计算机中，并在计算机系统中隐藏一个可以在Windows启动时悄悄执行的程序。当用户连接到因特网上时，这个程序就会通知黑客，报告用户的IP地址以及预先设定的端口。黑客在收到这些信息后，再利用这个潜伏在其中的程序，就可以任意地修改用户的计算机。

3. WWW 的欺骗技术　在网上用户可以利用 IE 等浏览器进行各种各样的 Web 站点的访问，如阅读新闻组、咨询产品价格、订阅报纸、电子商务等。然而一般的用户可能不会想到有这些问题的存在：正在访问的网页已经被黑客篡改过，网页上的信息是虚假的！例如黑客将用户要浏览的网页的 URL 改写为指向黑客自己的服务器，当用户浏览目标网页的时候，实际上是向黑客服务器发出请求，那么就可以达到欺骗的目的了。

4. 电子邮件攻击　电子邮件攻击主要表现为 2 种方式：一是电子邮件轰炸和电子邮件"滚雪球"，也就是通常所说的邮件炸弹，指的是用伪造的 IP 地址和电子邮件地址向同一信箱发送数以千计、万计甚至无穷多次的内容相同的垃圾邮件，致使受害人邮箱被"炸"，严重者可能会给电子邮件服务器操作系统带来危险，甚至瘫痪。二是电子邮件欺骗，攻击者佯称自己为系统管理员或在貌似正常的附件中加载病毒或其他木马程序，这类欺骗只要用户提高警惕，一般危害性不大。

5. 节点攻击　黑客在突破一台主机后，往往以此主机再攻击其他主机。可以使用网络监听方法，也可以通过 IP 欺骗和主机信任关系，攻击其他主机。

6. 网络监听　网络监听是主机的一种工作模式，在这种模式下，主机可以接收到本网段在同一条物理通道上传输的所有信息，而不管这些信息的发送方和接收方是谁。此时，如果两台主机进行通信的信息没有加密，只要某些网络监听工具，例如 sniffit for linux、solaries 等就可以轻而易举地截取包括口令和账号在内的信息资料。虽然网络监听获得的用户账号和口令具有一定局限性，但监听者往往能够获得其所在网段的所有用户账号及口令。

7. 寻找系统漏洞　许多系统都有各种安全漏洞，其中某些是操作系统或应用软件本身具有的，如 Sendmail 漏洞、Windows 98 中的共享目录密码验证漏洞和 IE5 漏洞等，这些漏洞在补丁未被开发出来之前一般很难防御黑客的破坏，除非将网线拔掉；还有一些漏洞是由于系统管理员配置错误引起的，如在网络文件系统中，将目录和文件以可写的方式调出，将未加 Shadow 的用户密码文件以明码方式存放在某一目录下，这都会给黑客带来可乘之机，应及时加以修正。

8. 利用账号进行攻击　有的黑客会利用操作系统提供的默认账户或密码进行攻击，例如许多 UNIX 主机都有 FTP 和 Guest 等默认账户（其密码和账户名同名），有的甚至没有口令。黑客利用 UNIX 操作系统提供的命令如 Finger 和 Ruser 等收集信息，不断提高自己的攻击能力。这类攻击只要系统管理员提高警惕，将系统提供的默认账户关掉或提醒无口令用户增加口令一般都能阻止。

9. 偷取特权　利用各种特洛伊木马程序、后门程序和黑客自己编写的导致缓冲区溢出的程序进行攻击，前者可使黑客非法获得对用户机器的完全控制权，后者可使黑客获得完全控制权，从而拥有对整个网络的绝对控制权。这种攻击手段一旦奏效危害极大。

9.2.3　防范措施

1）经常传输 Telnet、FTP 等需要传送口令的重要机密信息时，应用的主机应该单独设立一个网段，以避免某一台个人机被攻破，被攻击者装上嗅探器，造成整个网段通信全部暴露。有条件的情况下，重要的主机装在交换机上，这样可以避免嗅探器偷听密码。

2）专用的主机只开启专用功能，如运行网管、数据库的主机上不应该运行如 Sendmail 这种安全漏洞比较多的程序，网段路由器中的访问控制应该限制在最小限度，研究清楚各进程必需的进程端口号，关闭不必要的端口。

3）对用户开放的各个主机日志文件全部定向到一个 syslogdserver 上，集中管理。该服务器可以由一台拥有大容量的存储设备的 UNIX 或 NT 主机承担。定期检查、备份日志主机上的数据。

4）网管不得访问因特网，并建议设立专门的机器使用 FTP 或者 WWW 下载工具资料。

5）提供电子邮件、WWW、DNS 的主机不安装任何开发工具，避免攻击者编译攻击程序。

6）网络配置原则是“用户权限最小化”，例如关闭不必要或者不了解的网络服务，不用电子邮件寄送密码。

7）下载安装最新的操作系统及其他的应用软件的安全和升级补丁，安装几种必要的安全加强工具，限制对主机的访问，加强日志记录，对系统进行完整性检查，定期检查脆弱的用户口令，并通知用户尽快修改。重要的用户口令应该定期修改（不长于 3 个月），不同主机使用不同的口令。

8）定期检查系统日志，在备份设备上及时备份。制订完整的系统备份计划，并严格实施。

9）定期检查关键配置文件（最长不超过 1 个月）。

制定详尽的入侵应急措施以及汇报制度。发现入侵现象，立即打开进程记录功能，同时保存内存中的进程列表以及网络的连接状态，保护当前的重要日志文件，有条件的话，立即打开网段上的另外一台主机监听网络流量，尽力定位入侵的位置。如有必要，断开网络连接。在服务主机上不能继续服务的情况下，应该有能力从备份磁带中恢复服务到设备主机上。

9.3 防火墙

9.3.1 防火墙的定义及特征

所谓防火墙指的是一个由软件和硬件设备组合而成，在内部网和外部网之间、专用网与公共网之间的界面上构造的保护屏障。这是一种获取安全性方法的形象说法。它是计算机硬件和软件的结合，使 Internet 和 Intranet 之间建立一个安全网关（Security Gateway）从而保护内部网免受非法用户的入侵。

防火墙具有以下几个基本特征。

1）内部网络和外部网络之间的所有网络数据流都必须经过防火墙。这是防火墙所处网络位置的特征，同时也是一个前提。因为只有当防火墙是内、外部网络之间通信的唯一通道，才可以全面有效保护企业网内部网络不受侵害。根据美国国家安全局制定的《信息保障技术框架》，防火墙使用于用户网络的边界，属于用户网络边界的保护设备。所谓网络边界即采用不同安全策略的两个网络连接处，比如用户网络和因特网之间连接、和其他业务往来单位的网络连接、用户内部网络不同部门之间的连接等。防火墙的目的就是在不同网络连接之间建立一个安全的控制点，通过允许、拒绝或重新定向经过防火墙的数据流，实现对进出内部网络的服务和访问的审计和控制。

2）只有符合安全策略的数据流才能通过防火墙。防火墙最基本的功能是确保网络流量的合法性，并在此前提下将网络的流量快速地从一条链路转发到另外的链路上去。从最早的防火墙模型来看，原始的防火墙是一台“双穴主机”，即具备 2 个网络接口，同时拥有 2 个网络层地址。防火墙将网络上的流量通过相应的网络接口接收上来，按照 OSI 协议的 7 层结构顺序上传，在适当的协议层进行访问规则和安全审查，然后将符合通过条件的报文从相应的网络接口送出，而对于那些不符合条件的报文则予以阻断。因此，从这个角度上说，防火墙是一个类似于桥接或路由器的多端口（网络接口≥2）转发设备，它跨接于多个分离的物理网段之间，并在报文转发过程中完成对报文的审查工作。

3）防火墙自身应具有非常强的抗攻击能力。这是防火墙之所以能担当企业内部网络安全防护重任的先决条件。防火墙处于网络边缘，它就像一个边界卫士一样，每时每刻都要面对黑客的入侵，这样就要求防火墙自身要具有非常强的抗击入侵本领。它之所以具有这么强的本领，防火墙操作系统本身是关键，只有自身具有完整信任关系的操作系统才可以谈论系统的安全性。防火墙自身具有非常低的服务功能，除了专门的防火墙系统嵌入系统外，再没有其他应用程序在防火墙上运行。当然这些安全性也只是相对的。

9.3.2　防火墙的分类

防火墙的技术经历了包过滤、应用代理网关再到状态检测 3 个阶段。因此，可以将防火墙分为包过滤防火墙、应用代理（网关）防火墙和状态检测防火墙 3 类。

1. 包过滤防火墙　包过滤防火墙根据定义好的过滤规则审查每个数据包，确定其是否与某一条包过滤规则匹配。过滤规则基于数据包的包头信息进行制定。包头信息中包括 IP 源地址、IP 目标地址、传输协议（TCP、UDP、ICMP 等）、TCP/UDP 目标端口、ICMP 消息类型等。包过滤类型的防火墙要遵循的一条基本原则是“最小特权原则”，即明确允许那些管理员希望通过的数据包，禁止其他的数据包。由于只对数据包的 IP 地址、TCP/UDP 协议和端口进行分析，包过滤防火墙的处理速度比较快，并且易于配置，但包过滤防火墙具有以下缺陷。

1）不能防范黑客攻击。包过滤防火墙的工作基于一个前提，就是网管知道哪些 IP 是可信网络，哪些是不可信网络的 IP 地址。但是随着远程办公等新应用的出现，网管不可能区分出可信网络和不可信网络的界限，对于黑客来说，只需将源 IP 包改成合法 IP 即可轻松通过包过滤防火墙，进入内网，而任何一个初级水平的黑客都能进行 IP 地址欺骗。

2）不支持应用层协议。假如内网用户提出这样一个要求：只允许内网员工访问外网的网页（使用 HTTP），不允许去外网下载电影（一般使用 FTP）。这时包过滤防火墙就无能为力，因为它不能识别数据包中的应用层协议，其访问控制粒度太粗糙。

3）不能处理新的安全威胁。包过滤防火墙不能跟踪 TCP 状态，所以对 TCP 层的控制有漏洞。如当它配置了仅允许从内到外的 TCP 访问时，一些以 TCP 应答包的形式从外部对内网进行的攻击仍可以穿透防火墙。

综上可见，包过滤防火墙的技术面太过初级，难以履行保护内网安全的职责。

2. 应用代理防火墙　应用代理防火墙彻底隔断内网与外网的直接通信，内网用户对外网的访问变成防火墙对外网的访问，然后再由防火墙转发给内网用户。所有通信都必须经应用层代理软件转发，访问者任何时候都不能与服务器建立直接的 TCP 连接，应用层的协议会话过程必须符合代理的安全策略要求。应用代理防火墙的优点是可以检查应用层、运输层和网络层的协议特征，对数据包的检测能力比较强。其缺点也非常的突出，主要有以下几个方面。

1）难于配置。由于每个应用都要求单独的代理进程，这就要求网管能理解每项应用协议的弱点，并能合理配置安全策略。由于配置烦琐，难于理解，容易出现配置失误，最终影响内网安全防范能力。

2）处理速度非常慢。断掉所有的连接，由防火墙重新建立连接，理论上可以使应用代理防火墙具有极高的安全性，但是实际应用中并不可行。因为对于内网的每个 Web 访问请求，应用代理都需要开一个单独的代理进程，它要保护内网的 Web 服务器、数据库服务器、文件服务器、邮件服务器及业务程序等，就需要建立一个个的服务代理，以处理客户端的访问请求。这样，应用代理的处理延迟会很大，内网用户的正常 Web 访问不能及时得到响应。

总之，应用代理防火墙不能支持大规模的并发连接，对速度敏感的行业不适合使用这类防火墙。另外，防火墙核心要求预先内置一些已知应用程序的代理，使得一些新出现的应用在代理防火墙内被无情地阻断，不能很好地支持新应用。

在 IT 领域中，新应用、新技术、新协议层出不穷，应用代理防火墙很难适应这种局面。因此，在一些重要的领域和行业的核心业务应用中，应用代理防火墙正在逐渐疏远。但是，自适应代理技术的出现让应用代理防火墙技术出现了新的转机，它结合了应用代理防火墙的安全性和包过滤防火墙的高速度等优点，在不损失安全性的基础上将代理防火墙的性能提高了 10 倍。

3. 状态检测防火墙 因特网上传输的数据都必须遵守 TCP/IP，根据 TCP，每个可靠连接的建立需要经过“客户端同步请求”“服务器应答”“客户端再应答”3 个阶段，常用到 Web 浏览、文件下载、收发邮件等都要经过这 3 个阶段。这反映出数据包并不是独立的，而是前后间有着密切的状态联系，基于这种状态变化，引出了状态检测技术。

状态检测防火墙摒弃了包过滤防火墙仅考查数据包的 IP 地址等几个参数，而不关心数据包连接状态变化的缺点，在防火墙的核心部分建立状态连接表，并将进出网络的数据当成一个个的会话，利用状态表跟踪每一个会话状态。状态监测对每一个包的检查不仅根据规则表，更考虑了数据包是否符合会话所处的状态，因此提供了完整的对运输层的控制能力。

网关防火墙的一个挑战就是能处理的流量。状态监测技术在大为提高安全防范能力的同时也改进了流量处理速度。状态处理技术采用了一系列的优化技术，使防火墙性能大幅度提升，能应用在各类网络环境中，尤其是在一些规则复杂的大型网络上。

9.4 局域网的嗅探攻击与保护

9.4.1 数据嗅探原理

在网络中，数据的收发都是由网卡来完成的。依据以太网协议，主机发送数据时，网络上的其他主机都会收到此数据包，当网卡收到传送过来的数据包后，网卡首先会读取数据包中的目的网卡物理地址（MAC 地址）、判断是否是传给自己的，如果是，则将数据交给上层处理，如果不是就丢掉。

网卡存在一种特殊的工作模式，在此模式下，网卡会不对 MAC 地址进行判断，而直接将收到的数据传送给上层，此模式称为混杂模式，网络嗅探器通常就是将网卡设置为混杂模式来对网络传输的数据进行嗅探。

目前，大多数局域网都能使用以太网协议进行数据传输，以太网协议是由一组 IEEE 802.3 标准定义的局域网议集，有半双工和全双工两种工作模式。以太网协议的工作方式是将要发送的数据包发往连接在一起的所有主机，数据包中包含应该接收数据包主机的正确地址，只有与数据包中目标地址一致的那台主机才能接收。但是，当主机工作在嗅探模式下时，无论数据包中的目标地址是什么，主机都将接收数据包（当然只能嗅探经过自己网络接口的那些数据包），这样，通过嗅探就可以得到局域网内其他主机传送的数据。在进行嗅探时，嗅探任务可以在网络上的任何一个位置实施，如局域网中的一台主机、网关上或远程网的调制解调器之间等。

9.4.2　嗅探攻击的防范

1）加密数据包。嗅探攻击（sniffer）的原理就是通过抓取数据包然后解码分析，所以可以将传输过程中的数据包加密，即使黑客捕捉到了机密信息，也无法解密，这样 sniffer 就失去了作用。

2）使用安全协议。黑客主要用 sniffer 来捕获 Telnet、FTP、POP3 等数据包，因为这些协议以明文在网络上传输，所以尽量避免使用这几种协议进行数据传输，可以使用 SSH 的安全协议来替代 Telnet。

3）使用安全的拓扑结构。因为 sniffer 只对以太网、令牌环网等网络起作用，所以尽量使用配有交换设备的网络，这样可以最大程度上防止被 sniffer 窃听到自己的数据包。

4）使用反嗅探工具。反嗅探工具是通过发送杂乱的数据包而使嗅探工具难以捕获真正的数据包，此类工具如 anti-sniffer 可以在一定程度上阻止数据被捕获，但其功能并不强大。

9.5　计算机病毒防范

计算机病毒（Computer Virus）是指编制者在计算机程序中插入的破坏计算机功能或者破坏数据，影响计算机的使用并且能够自我复制的一组计算机指令或者程序代码。与医学上的“病毒”不同，计算机病毒不是天然存在的，是某些人利用计算机软件和硬件所固有的脆弱性编制的一组指令集或程序代码。它能通过某种途径潜伏在计算机的存储介质（或程序）里，当达到某种条件即被激活，通过修改其他程序的方法将自己的精确复制或者可能演化的形式放入其他程序中，从而感染其他程序，对计算机资源进行破坏。

9.5.1　计算机病毒的产生、特点及分类

1. 计算机病毒的产生　计算机病毒不是来源于突发原因。有时一次突发的停电和偶然的错误，会在计算机的磁盘和内存中产生一些乱码和随机指令，但这些代码是无序和混乱的，病毒则是一种比较完美的，精巧严谨的代码，按照严格的秩序组织起来，与所

在的系统网络交换机相适应和配合起来。病毒不会通过偶然形成，并且需要一定的代码长度，这个基本的长度从概率上讲是不可能通过随机代码产生的。现在流行的病毒都是人为故意编写的，多数病毒可以找到作者和产地信息，其中包括一些病毒研究机构和黑客的测试病毒。

2. 计算机病毒的特点

（1）繁殖性。计算机病毒可以像生物病毒一样进行繁殖，当正常程序运行的时候，它也进行自身复制。是否具有繁殖的特征是判断某段程序是否为计算机病毒的首要条件。

（2）传染性。计算机病毒不但本身具有破坏性，更有害的是具有传染性，一旦病毒被复制或产生变种，其速度之快令人难以预防。传染性是病毒的基本特征。在生物界，病毒通过传染从一个生物体扩散到另外一个生物体。在适当条件下，它可得到大量繁殖，并使被感染的生物体表现出病状甚至死亡。同样，计算机病毒也会通过各种渠道从已被感染的计算机扩散到未被感染的计算机，在某些情况下造成被感染的计算机工作失常甚至瘫痪。与生物病毒不同的是，计算机病毒是一种人为编制的计算机程序代码，这段程序代码一旦进入计算机并得以执行，它就会搜寻其他符合其传染条件的程序或存储介质，确定目标后再将自身代码插入其中，达到自我繁殖的目的。只要一台计算机染毒，如不及时处理，那么病毒会从这台计算机上迅速扩散。计算机病毒会通过各种可能的渠道，如软盘、硬盘、移动硬盘、计算机网络去传染其他的计算机。是否具有传染性是判别一个程序是否为计算机病毒的最重要条件。

（3）潜伏性。有些计算机病毒像定时炸弹一样，让它什么时间发作是预先设计好的。比如黑色星期五病毒，不到预定时间一点都察觉不出来，等到条件具备时就爆发出来，对系统进行破坏。一个编制精巧的计算机病毒程序，进入程序后一般不会马上发作，此病毒可以静静地躲在磁盘或者磁带里待上几天甚至几年，一旦时机成熟，得到运行机会，就四处繁殖、扩散。潜伏性的第二种表现是指计算机病毒的内部往往有一种触发机制，不满足触发条件时，计算机病毒除了传染外不做破坏。触发条件一旦得到满足，有的病毒在屏幕上显示信息、图形或特殊标识，有的则执行破坏系统的操作，如格式化磁盘、删除磁盘文件、对数据文件进行加密、封锁键盘以及使系统死锁等。

（4）隐蔽性。计算机病毒具有很强的隐蔽性，有的可以通过病毒软件检查出来，有的根本就查不出来，有的时隐时现、变化无常，这类病毒处理起来通常很困难。

（5）破坏性。计算机中毒后，可能会导致正常的程序无法运行，把计算机内的文件删除或受到不同程度的破坏。

（6）可触发性。计算机病毒因某个事件或数值的出现，触发病毒实施感染或进行攻击的特性成为可触发性。计算机病毒的触发机制就是用来控制感染和破坏动作的频率的。病毒具有预定的触发条件，这些条件可能是时间、日期、文件类型或者某些特定数据等。病毒运行时，触发机制检查预定条件是否满足，如果满足，启动感染或破坏动作，使病毒进行感染或攻击；如果不满足，使病毒继续潜伏。

3. 计算机病毒的分类

1）根据计算机病毒存在的媒体，可将其划分为网络病毒、文件病毒、引导性病毒。网络病毒通过计算机网络传播感染网络中的可执行文件，文件病毒感染计算机中的文件

（如：COM、EXE、DOC 等），引导性病毒感染启动扇区和硬盘的系统引导扇区。还有这 3 种情况的混合型，例如：多型病毒（文件盒引导性）感染文件和引导扇区的 2 种目标，这种病毒通常都具有复杂的算法，它们使用非常规的办法侵入系统，同时使用了加密和变形算法。

2）根据计算机病毒传染的方法，可将其分为驻留型病毒和非驻留型病毒。驻留型病毒感染计算机后，把自身的内存驻留部分放在内存中，这一部分程序挂接系统调用并合并到操作系统中去，它处于激活状态，一直到关机或者重新启动。非驻留型病毒在得到机会激活时并不感染计算机内存，一些病毒在内存中留有小部分，但并不是通过这一部分进行传染，这类病毒也被划分为非驻留型病毒。

3）根据计算机病毒破坏的能力，可将其分为无害型病毒、无危险型病毒、危险型病毒、非常危险型病毒。无害型病毒除了传染时减少磁盘的可用空间外，对系统没有其他的影响；无危险型病毒仅仅是减少内存、显示图像、发出声音及同类音响；危险型病毒在计算机系统操作中造成严重的错误；非常危险型病毒删除程序、破坏数据、清除系统内存区和操作系统中的重要信息。这些病毒对系统造成的危害，并不是本身的算法中存在危险的调用，而是当它们传染时会引起无法预料的和灾难性的破坏。由病毒引起其他的程序产生的错误也会破坏文件和扇区，这些病毒也按照它们引起的破坏能力划分。一些现在的无害型病毒也可能会对新版的 DOS、Windows 和其他操作系统造成破坏。

4）根据计算机病毒的算法，可将其分为伴随型病毒、蠕虫型病毒、寄生型病毒、诡秘型病毒、变型病毒。

- 伴随型病毒。这类病毒并不改变文件本身，它们根据算法产生 EXE 文件的伴随体，具有同样的名字和不同的扩展名（COM），例如：XCOPY.EXE 的伴随体是 XCOPY.COM。病毒把自身写入 COM 文件并不改变 EXE 文件，当 DOS 加载文件时，伴随体优先被执行，再由伴随体加载执行原来的 EXE 文件。
- 蠕虫型病毒。通过计算机网络传播，不改变文件和资料信息，利用网络从一台机器的内存传播到其他机器的内存和计算机网络地址，将病毒自身通过网络发送。有时它们在系统中存在，一般除了内存不占用其他资源。
- 寄生型病毒。除了伴随型病毒和蠕虫型病毒，其他病毒都可以称为寄生型病毒。它们依附在系统的引导扇区或文件中，通过系统的功能进行传播，例如练习型病毒，其自身包含错误不能进行很好的传播，例如一些在调试阶段的病毒。
- 诡秘型病毒。它们一般不直接修改 DOS 中断和扇区数据，而是通过设备技术或文件缓冲区等 DOS 内部修改，不易看到资源，使用比较高级的技术，利用 DOS 空闲的数据区进行工作。
- 变型病毒（又称幽灵病毒）。这一类病毒使用一个复杂的算法，使自己每传播一次都有不同的内容和长度。它们一般是由一段混有无关指令的解码算法和被变化过的病毒体组成。

4. 计算机病毒的行为危害及症状

（1）计算机病毒的危害。计算机病毒的破坏行为体现了病毒的杀伤能力。病毒破坏行为的激烈程度取决于病毒作者的主观愿望和他所具有的技术能量。数以万计不断发展扩张的病毒，其破坏行为千奇百怪，不可能穷举其破坏行为，而且难以做出全面的描述。根据现有的病毒资料可以把病毒破坏目标和攻击部位归纳如下。

1）攻击系统数据区。攻击部位包括：硬盘主引导扇区、Boot 扇区、FAT 表、文件目录等。这样迫使计算机空转，计算机速度明显下降。

2）攻击磁盘。攻击磁盘数据、不写盘、写操作变读操作、写盘时丢字节等。

3）扰乱屏幕显示。病毒扰乱屏幕显示的方式有很多，例如：字符跌落、环绕、倒置、显示前一屏、光标下跌、滚屏、抖动、乱写、吃字符等。

4）键盘病毒。干扰键盘操作，已发现有下述方式：响铃、封锁键盘、换字、抹掉缓存区字符、重复、输入紊乱等。有的病毒作者通过喇叭发出种种声音，有的病毒作者能让病毒演奏旋律优美的世界名曲。已发现的喇叭发声有以下方式：演奏曲子、警笛声、炸弹噪声、鸣叫、咔咔声、滴答声等。

5）攻击 CMOS。在机器的 CMOS 区中，保存着系统的重要数据，例如系统时钟、磁盘类型、内存容量等。有的病毒激活时能对 CMOS 进行写入动作，破坏系统 CMOS 中的数据。

6）干扰打印机。典型现象为：假警报、间断性打印、更换字符等。

（2）感染计算机病毒后的症状。

1）计算机系统运行速度减慢。

2）计算机系统经常无故发生死机。

3）计算机系统中的文件长度发生变化。

4）计算机存储的容量异常减少。

5）系统引导速度变慢。

6）丢失文件或文件损坏。

7）计算机屏幕上出现异常显示。

8）计算机系统的蜂鸣器出现异常声响。

9）磁盘卷标发生变化。

10）系统不识别硬盘。

11）对存储系统异常访问。

12）键盘输入异常。

13）文件的日期、时间、属性等发生变化。

14）文件无法正确读取、复制或打开。

15）命令执行出现错误。

16）虚假报警。

17）换当前盘。有些病毒会将当前盘切换到 C 盘。

18）时钟倒转。有些时间会命令时间倒转，逆向计时。

19）Windows 操作系统无故频繁出现错误。

20）系统异常重新启动。

21）一些外部设备工作异常。

22）异常要求用户输入密码。

23）Word 或 Excel 提示执行“宏”。

24）使不应驻留内存的程序驻留内存。

9.5.2　计算机病毒的传播途径

计算机病毒的传播途径通常有以下几种。

1. 通过软盘　通过使用外界被感染的软盘，例如不同渠道来的系统盘、来历不明的软件、游戏盘等是最普遍的传染途径。由于使用带有病毒的软盘，使机器感染病毒发病，并传染给未被感染的“干净”的软盘。大量的软盘交换、合法或非法的程序复制，不加控制地在机器上随便使用各种软件是病毒感染、泛滥蔓延的温床。

2. 通过硬盘　通过硬盘传染也是重要的渠道。把带有病毒的机器带到其他地方使用、维修等，会将“干净”的硬盘传染并再扩散。

3. 通过光盘　因为光盘的容量大，存储了海量的可执行文件，大量的病毒就有可能藏身于光盘。对只读式光盘，不能进行写操作，因此光盘上的病毒不能清除。以谋利为目的的非法盗版软件的制作过程中，不可能为病毒防护担负专门责任，也不会有真正可靠可行的技术保障避免病毒的传染、流行和扩散。当前，盗版光盘的泛滥给病毒的传播带来了极大的便利。

4. 通过网络　因特网的风靡，给病毒传播又增加了新的途径，它的发展使病毒可能成为灾难，病毒的传播更迅速，反病毒的任务更加艰巨。因特网带来两种不同的安全威胁：一种威胁来自文件下载，这些被浏览的或是被下载的文件可能存在病毒；另一种威胁来自电子邮件。大多数因特网邮件系统提供了在网络间传送附带格式化文档邮件的功能，因此遭受到病毒感染的文档或文件就可能通过网关和邮件服务器涌入企业网络。网络使用的简易性和开放性使这种威胁越来越严重。

5. 通过 U 盘　随着 U 盘、移动硬盘、存储卡等移动存储设备的普及，U 盘病毒也随之泛滥起来。国家计算机病毒处理中心发布公告称 U 盘已成为病毒和恶意木马程序传播的主要途径。自从发现 U 盘的 autorun.inf 漏洞之后，U 盘病毒的数量日益剧增。U 盘病毒不只是存在 U 盘上，中毒的计算机每个分区下面同样有 U 盘病毒，计算机和 U 盘交叉传播。

9.5.3　计算机病毒防范的措施

1. 建立良好的安全习惯　例如，对一些来历不明的邮件和附件不要打开、不要浏览不太了解的网站、不要执行从因特网下载后未经杀毒处理的软件等，这些必要的习惯会使计算机更安全。

2. 关闭或删除系统中不需要的服务　默认情况下，许多操作系统会安装一些辅助服务，如 FTP 客户端、Telnet 和 Web 服务器。这些服务为攻击者提供了方便，而又对用户没有太大的作用，如果删除它们就能大幅减少被攻击的可能。

3. 经常升级安全补丁　据统计，有 80 % 的病毒是通过系统安全漏洞进行传播的，像蠕虫王、冲击波、震荡波等，所以应该定期到微软网站下载最新的安全补丁，防患于未然。

4. 使用复杂的密码　有许多网络病毒就是通过猜测简单密码的方式攻击系统的，因此使用复杂的密码，将会大大提高计算机的安全系数。

5. 迅速隔离受感染的计算机 当计算机发现病毒或者异常时应立即断网，以防止计算机受到更多的感染，或者成为传播源再次感染其他计算机。

6. 了解病毒知识 这样可以及时发现病毒并采取相应的措施，在关键的时刻使自己的计算机免受病毒破坏。如果能了解一些注册表知识，就可以定期查看注册表的自启动项是否有可疑键值；如果了解一些内存知识，就可以经常看看内存中是否有可疑程序。

7. 安装专业的杀毒软件进行全面防护和监控 在病毒日益增多的今天，使用杀毒软件进行防毒是越来越经济的选择。用户在安装了反病毒软件后，应该经常进行升级，将一些主要的监控经常打开（如邮件监控、内存监控等），遇到问题要上报，这样才能保证计算机的安全。

8. 安装个人防火墙软件 由于网络的发展，用户计算机面临的黑客攻击的问题也越来越严重，许多网络病毒都采用了黑客的方法攻击用户计算机，因此，用户还应该安装个人防火墙软件，将安全级别设为中、高，这样才能有效防止网络上的黑客攻击。

习　题

9-1　网络安全的特征包括________、________、________、________、________。

9-2　网络安全分析包括________、________、________、________、________。

9-3　安全技术手段包括________、________、________、________、________。

9-4　如同 IP 地址代表了网络中主机的地址，________表示连接计算机的程序或服务。总共有________个端口地址，其中有________个代表常用程序或服务的，称为通用端口地址。

9-5　黑客的定义是什么？

9-6　计算机病毒的危害有哪些？

9-7　如何应对黑客攻击？

9-8　什么是系统漏洞？

附录　课程实验

实验 1　双绞线线缆的制作

一、实验目的

了解双绞线的特性与应用场合，掌握双绞线的制作方法。

二、实验环境

RJ-45 水晶头若干、双绞线若干米、RJ-45 压线钳一把、测线仪一套。

三、实验原理

1. 物理层概述　物理层是原理体系结构中的第 1 层。物理层的功能就是实现在传输介质上传输各种数据的比特流。物理层并不仅是物理设备和物理介质，它还定义了建立、维护和拆除物理链路的规范和协议，同时定义了物理层接口通信的标准，包括机械的、电气的、功能的和规程的特性。

1）机械特性定义了线缆接口的形状、引线数目及如何排列等。

2）电气特性说明某根线上出现的电压应为什么范围。

3）功能特性说明某根线上的某一电平的电压代表何种意义。

4）规程特性说明对于不同的功能各种可能出现的时间顺序。

传输介质提供数据传输的物理通道，连接各种网络设备。通常将传输介质分为有线传输介质和无线传输介质两大类。有线介质包括同轴电缆、双绞线、光纤等；无线介质则有卫星、微波、红外线等。

2. 双绞线概述 双绞线由 8 根不同颜色的线分成 4 对绞合在一起。成对扭绞的作用是尽可能减少电磁辐射与外部电磁干扰的影响。4 对线中 4 根纯色线颜色为橙、绿、蓝和棕色，与这四根线扭绞在一起的四根杂色线的颜色分别标记为橙白、绿白、蓝白和棕白。双绞线电缆比较柔软，便于在墙角等不规则地方施工，但信号的衰减比较大。在大多数应用下，双绞线的最大布线长度为 100m。双绞线分为两种类型，非屏蔽双绞线（UTP）和屏蔽双绞线（STP），常用的为 UTP。

3. 双绞线连接 双绞线采用的是 RJ-45 连接器，俗称水晶头。RJ-45 水晶头由金属片和塑料构成，特别需要注意的是引脚序号，当金属片面对人们的时候从左至右引脚序号是 1 ~ 8，这些序号在网络连线时非常重要，不能搞错。线序的标准主要有两种，即 EIA/TIA-568A 和 EIA/TIA-568B，每种标准的线序分别为：

	1	2	3	4	5	6	7	8
T568A	绿白	绿	橙白	蓝	蓝白	橙	棕白	棕
T568B	橙白	橙	绿白	蓝	蓝白	绿	棕白	棕

按照双绞线两端线序的不同，一般划分两类双绞线：一类两端线序排列一致，称为直连线；另一类是改变线的排列顺序，称为交叉线。常见的线序标准为 T568A 和 T568B，如果两个接头的线序都按照 T568A 或 T568B 标准制作，则做好的线为直通线，如果一个接头的线序按照 T568A 标准制作，而另一个接头的线序按照 T568B 标准制作，则做好的线为交叉线。在进行设备连接时，需要正确选择线缆。通常将联网接口分为两类，主机和路由器的接口为一类，主机和交换机的接口为另一类。当同种类型的接口通过双绞线互连时，使用交叉线；当不同类的接口通过双绞线互连时，使用直连线。例如，路由器和主机相连采用交叉线，交换机和主机相连则采用直通线。有些交换机支持“Auto MDI/MDIX”，这种交换机在内部可以自动检测连接到自己接口上的网线类型，在制作线缆时可以全按直通线制作，交换机内部会自动调节。

四、实验步骤

1. 基本过程

1）剪下一段长度的电缆，按实际布线需要，通常在 0.6 ~ 100 m 之间。实验时不需要剪刀直接制作即可。

2）用压线钳在电缆的一端剥去约 2 cm 护套。剥线过长则不美观，而且剥线不能被水晶头卡住，容易松动；剥线过短，因有外皮存在，太厚不能完全插到水晶头底部，造成水晶头插针不能与网线芯线完好接触，无法制作成功。

3）分离 4 对电缆。按照所做双绞线的线序标准 T568A 或 T568B 排列整齐，并将线弄平直。

4）维持电缆的线序和平整性。用压线钳上的剪刀将线头剪齐，保证不绞合电缆的长度最大为 1.2 cm。

5）将有序的线头顺着 RJ-45 水晶头的插口轻轻插入，插到底，并确保护套也被插入。

6）再将 RJ-45 水晶头塞到压线钳里，用力按下手柄。就这样一个接头就做好了。

7）用同样的方法制作另一个接头。

8）用简单测试仪检查电缆的连通性。

2. 制作流程 制作直通和交叉双绞线。

步骤1 准备好5类线、RJ-45水晶头和一把专用的压线钳，如实验图1-1所示。

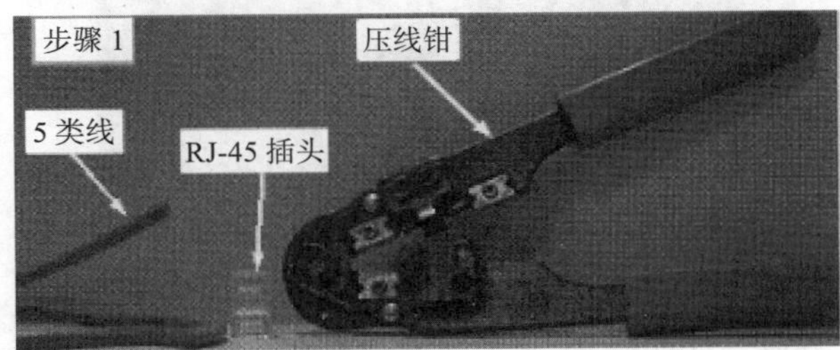

实验图1-1

步骤2 用压线钳的剥线刀口将5类线的外保护套管划开，小心不要将里面的双绞线的绝缘层划破；刀口距5类线的端头至少2 cm，如实验图1-2所示。

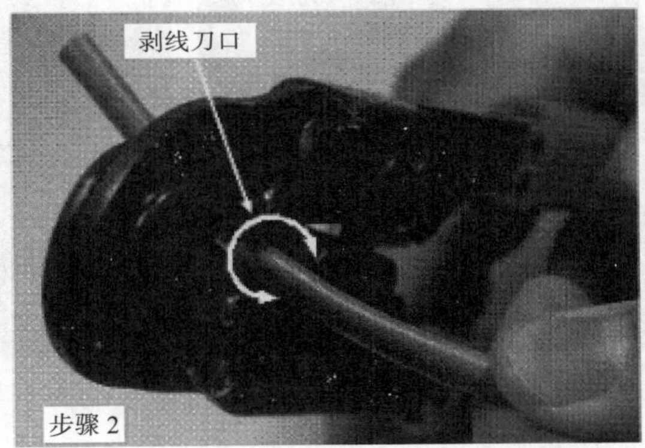

实验图1-2

步骤3 将划开的外保护套管剥去，旋转、向外抽，如实验图1-3所示。

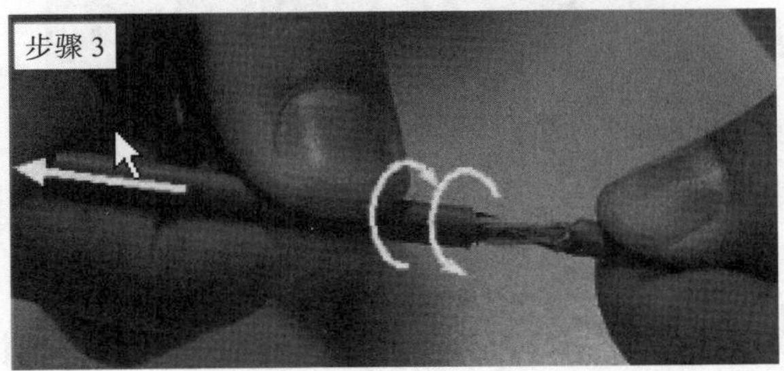

实验图1-3

步骤4 露出5类线电缆中的4对双绞线，如实验图1-4所示。

实验图 1-4

步骤5 按照 EIA/TIA-568B 标准和导线颜色将导线按规定的顺序排好，如实验图 1-5 所示。

步骤6 将 8 根导线平坦整齐地平行排列，导线间不留空隙，如实验图 1-6 所示。

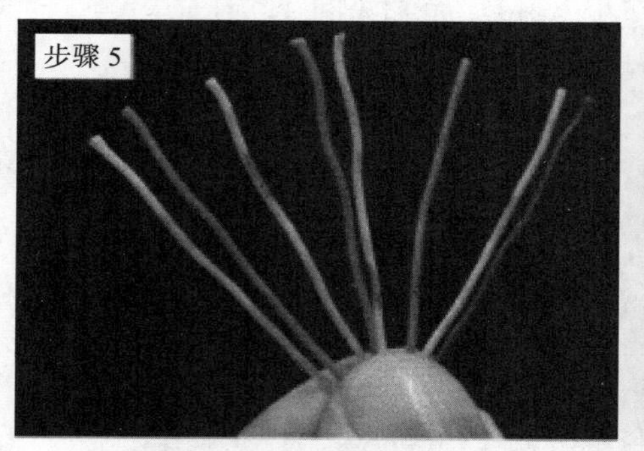

实验图 1-5

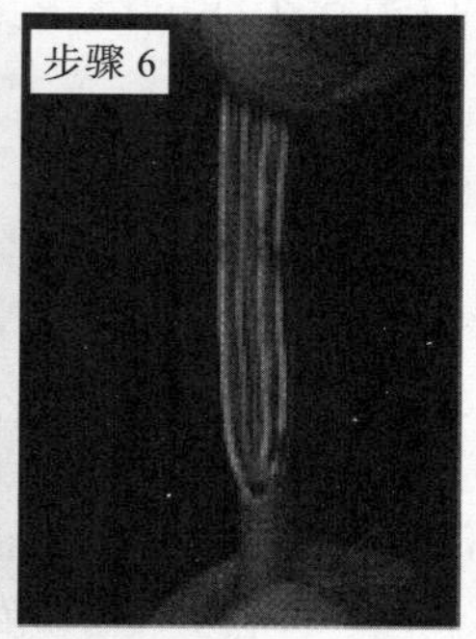

实验图 1-6

步骤7 准备用压线钳的剪线刀口将 8 根导线剪断，如实验图 1-7 所示。

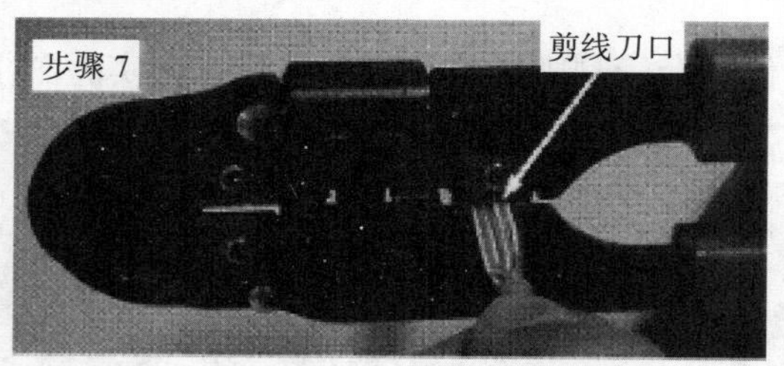

实验图 1-7

步骤8 剪断电缆线。请注意，一定要剪得很整齐，剥开的导线长度不可太短，可以先留长一些，不要剥开每根导线的绝缘外层，如实验图 1-8 所示。

步骤9 将剪断的电缆线放入 RJ-45 水晶头试试长短，要插到底，电缆线的外保护层最后应能够在 RJ-45 插头内的凹陷处被压实，反复进行调整，如实验图 1-9 所示。

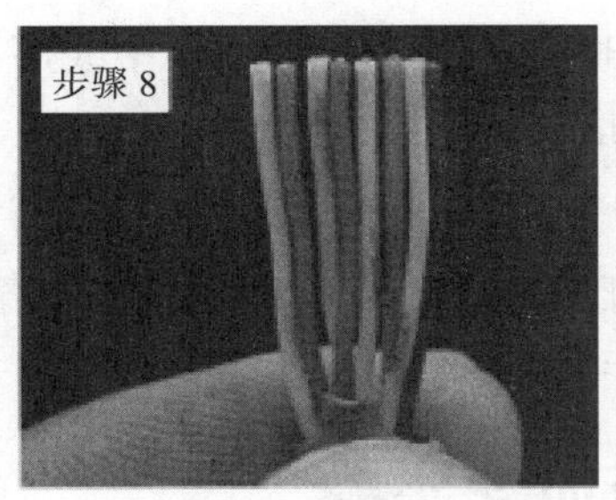

实验图 1-8

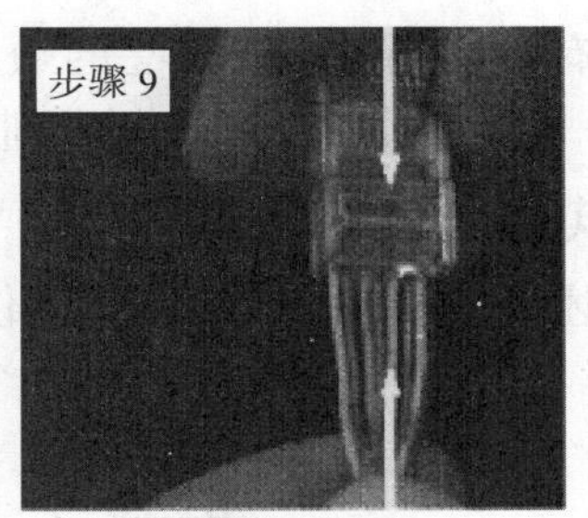

实验图 1-9

步骤10 确认一切都正确，特别要注意不要将导线的顺序排列反了。将 RJ-45 水晶头放入压线钳的压头槽内，准备最后的压实，如实验图 1-10 所示。

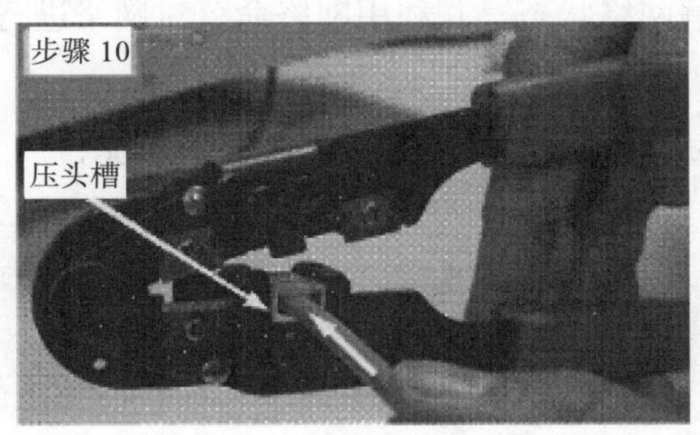

实验图 1-10

步骤11 双手紧握压线钳的手柄，用力压紧，如实验图 1-11 和实验图 1-12 所示。请注意，在这一步骤完成后，插头的 8 个针脚接触点就会穿过导线的绝缘外层，分别和 8 根导线紧紧地压接在一起。

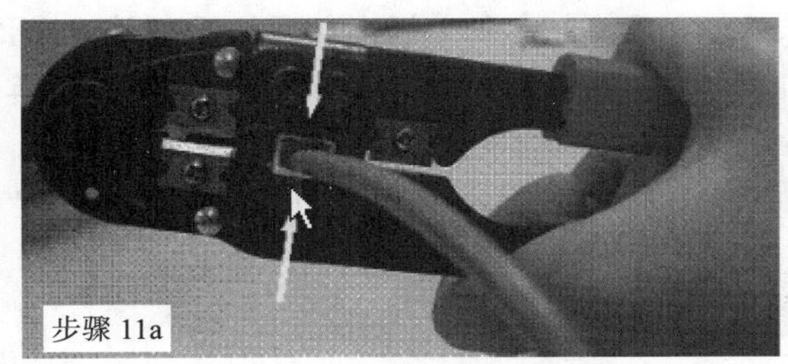

实验图 1-11

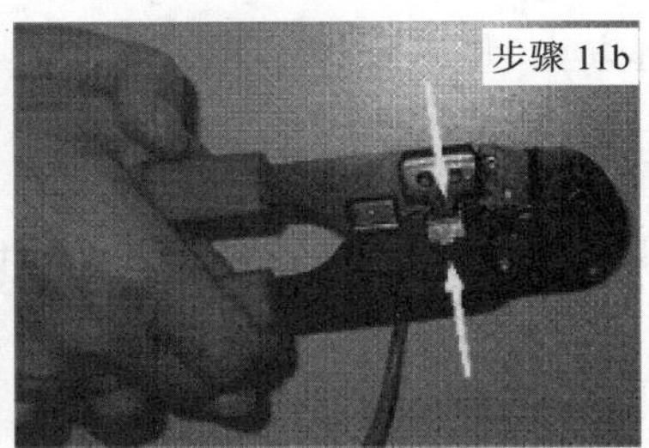

实验图 1-12

步骤12 用测线仪测试制作是否成功。将 RJ-45 两端的水晶头插入测试仪的两个接口之后，打开测试仪，可以看到测试仪上的两组指示灯都在闪动。若测试的线缆为直通线缆，在测试仪上的 8 个指示灯应该依次为绿色闪过，证明了网线制作成功，可以顺利地完成数据的发送与接收。若测试的线缆为交叉线缆，其中一侧同样是依次由 1 到 8 闪动绿灯，而另外一侧则会根据 3、6、1、4、5、2、7、8 的顺序闪动绿灯。如果出错，一般错误为两种情况：

1）若指示灯出现不亮的情况，则表明存在断路或者接触不良现象，此时最好先对两端水晶头再用网线钳压紧再测，如果故障依旧，剪掉一端重新制作。重新测试若还不正常，剪掉另一端重新制作。

2）所有灯都亮，但是灯亮的顺序不正确。此时应仔细检查水晶头中线序排列，找到不正确的一端，剪掉重新制作，直到测试全为绿色指示灯闪过为止。

五、实验结果和讨论

1）描述直通线和交叉线在测线仪上两端指示灯怎样闪亮网线才算制作合格。

2）双绞线中的一对线缆为何要绞在一起？其作用是什么？

实验 2　常用网络命令实验

一、实验目的

1）了解系统网络命令及其所代表的含义，以及所能对网络进行的操作。

2）通过网络命令了解网络状态，并利用网络命令对网络进行简单的操作。

二、实验环境

Windows Server 2003/Windows XP/Windows 7 操作系统。

三、实验原理

1. ping 命令的使用　ping 命令属于 DOS 命令，用于检测网络通与不通。“ping”即因特网包探索器（Packet Internet Groper），是用于测试网络连接的程序，它用来检查网络是否通畅或者判断网络连接速度。它所利用的原理是：网络上的机器都有唯一确定的 IP 地址，给目标 IP 地址发送一个数据包，对方就要返回一个同样大小的数据包，根据返回的数据包可以确定目标主机的存在。常用方法如下：

```
ping IP地址                        //用ping命令检查与对方主机的连通性。
ping 域名
ping 本机IP或ping 127.0.0.1        //用ping命令检查本地网卡是否正常工作。
ping 网关地址                      //用ping命令探测与网络设备的连通性，
                                     和网关保持连通是确保本地局域网正常
                                     运行的关键所在。
```

2. tracert 命令的使用　tracert（跟踪路由）是路由跟踪实用程序，用于确定 IP 数据包访问目标所经过的路径。

```
tracert IP地址
tracert 域名
```

3. ipconfig 命令的使用　用于显示 IP 地址，子网掩码，网关等信息。

```
ipconfig/all
```

4. arp 命令的使用　用于显示和修改 IP 地址与物理地址之间的转换表。

```
arp -a                   //显示当前的 ARP 信息。
arp -d                   //删除系统中缓存的 IP 和 MAC 的对应关系。
```

四、实验步骤

实验准备：进入网络命令测试环境，选择“开始”→“运行”命令，在“运行”对话中输入“cmd”，如实验图 2-1 所示。

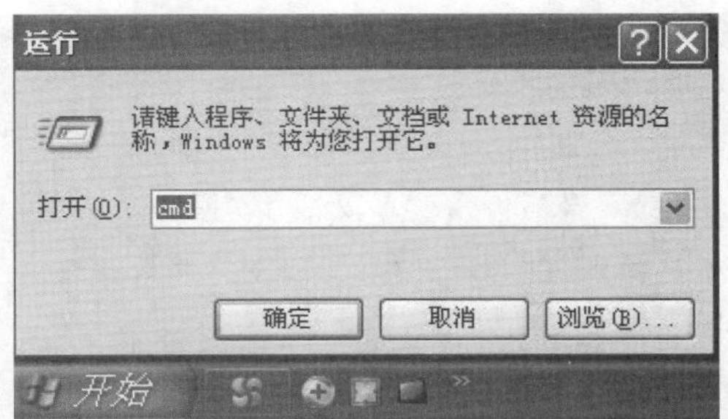

实验图 2-1

步骤1 ping 命令的使用，如实验图 2-2 ~ 实验图 2-5 所示。

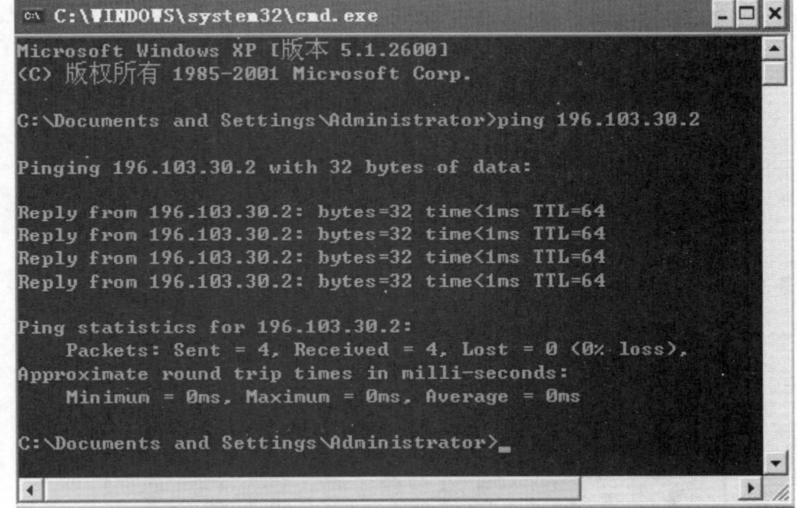

实验图 2-2

```
C:\WINDOWS\system32\cmd.exe
Microsoft Windows XP [版本 5.1.2600]
(C) 版权所有 1985-2001 Microsoft Corp.

C:\Documents and Settings\Administrator>ping www.sina.com.cn

Pinging polaris.sina.com.cn [202.108.33.60] with 32 bytes of data:

Reply from 202.108.33.60: bytes=32 time=23ms TTL=243
Reply from 202.108.33.60: bytes=32 time=23ms TTL=243
Reply from 202.108.33.60: bytes=32 time=22ms TTL=243
Reply from 202.108.33.60: bytes=32 time=23ms TTL=243

Ping statistics for 202.108.33.60:
    Packets: Sent = 4, Received = 4, Lost = 0 (0% loss),
Approximate round trip times in milli-seconds:
    Minimum = 22ms, Maximum = 23ms, Average = 22ms

C:\Documents and Settings\Administrator>
```

实验图 2-3

```
C:\WINDOWS\system32\cmd.exe
Microsoft Windows XP [版本 5.1.2600]
(C) 版权所有 1985-2001 Microsoft Corp.

C:\Documents and Settings\Administrator>ping 196.103.30.254

Pinging 196.103.30.254 with 32 bytes of data:

Reply from 196.103.30.254: bytes=32 time=1ms TTL=255
Reply from 196.103.30.254: bytes=32 time=3ms TTL=255
Reply from 196.103.30.254: bytes=32 time=1ms TTL=255
Reply from 196.103.30.254: bytes=32 time=1ms TTL=255

Ping statistics for 196.103.30.254:
    Packets: Sent = 4, Received = 4, Lost = 0 (0% loss),
Approximate round trip times in milli-seconds:
    Minimum = 1ms, Maximum = 3ms, Average = 1ms

C:\Documents and Settings\Administrator>_
```

实验图 2-4

```
C:\WINDOWS\system32\cmd.exe
Microsoft Windows XP [版本 5.1.2600]
(C) 版权所有 1985-2001 Microsoft Corp.

C:\Documents and Settings\Administrator>ping 127.0.0.1

Pinging 127.0.0.1 with 32 bytes of data:

Reply from 127.0.0.1: bytes=32 time<1ms TTL=64
Reply from 127.0.0.1: bytes=32 time<1ms TTL=64
Reply from 127.0.0.1: bytes=32 time<1ms TTL=64
Reply from 127.0.0.1: bytes=32 time<1ms TTL=64

Ping statistics for 127.0.0.1:
    Packets: Sent = 4, Received = 4, Lost = 0 (0% loss),
Approximate round trip times in milli-seconds:
    Minimum = 0ms, Maximum = 0ms, Average = 0ms

C:\Documents and Settings\Administrator>_
```

实验图 2-5

步骤 2 tracert 命令的使用，如实验图 2-6 和实验图 2-7 所示。

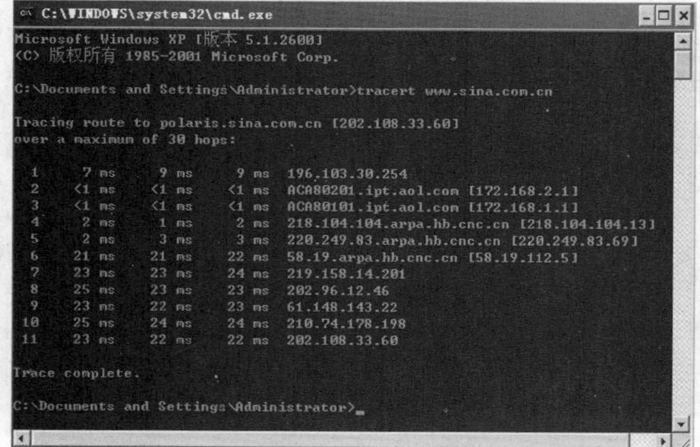

实验图 2-6

```
C:\WINDOWS\system32\cmd.exe
Microsoft Windows XP [版本 5.1.2600]
(C) 版权所有 1985-2001 Microsoft Corp.

C:\Documents and Settings\Administrator>tracert 196.103.30.254

Tracing route to 196.103.30.254 over a maximum of 30 hops

  1     1 ms     1 ms     2 ms  196.103.30.254

Trace complete.

C:\Documents and Settings\Administrator>_
```

实验图 2-7

步骤3 ipconfig 命令的使用，如实验图 2-8 所示。

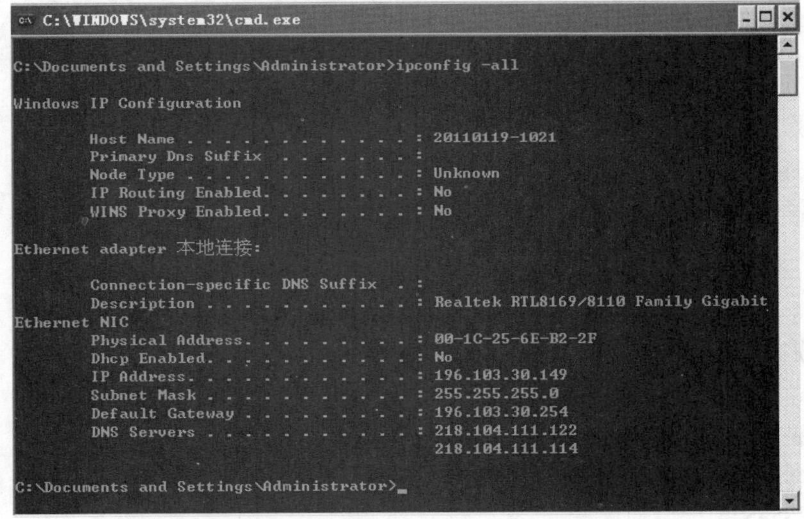

实验图 2-8

步骤4 arp 命令的使用，如实验图 2-9 和实验图 2-10 所示。

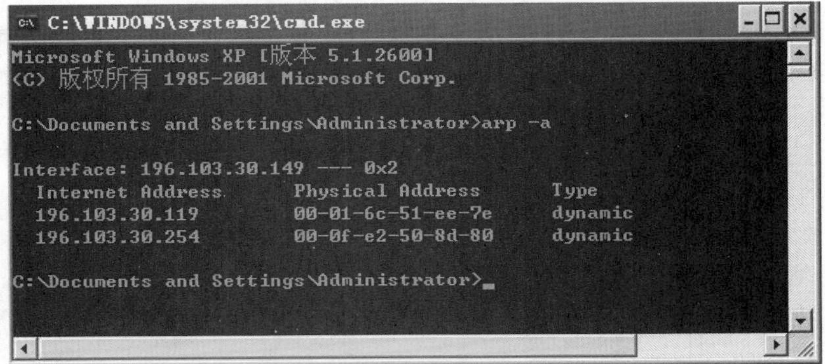

实验图 2-9

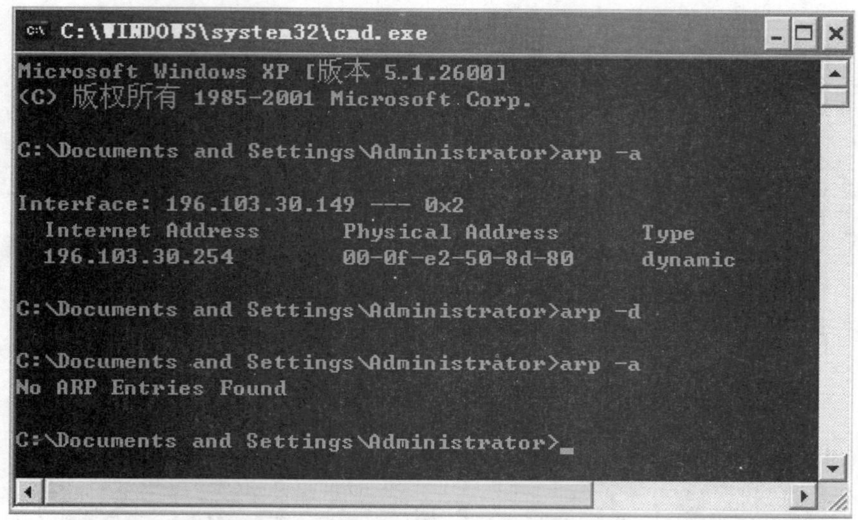

实验图 2-10

五、实验结果和讨论

1）写出命令的格式和执行结果。

2）试解释 ARP 缓存表。

实验 3　局域网的组建

一、实验目的

1）掌握局域网组建的步骤及过程。

2）掌握局域网的通信原理。

3）使用网络命令测试局域网的连通性。

二、实验环境

制作好的直通线若干、PC 4 台、普通两层交换机 1 台、测线仪。

三、实验原理

在局域网上的所有计算机，其 IP 地址的前 3 字节都应该是相同的。比如说，若有一个包括 128 台主机的局域网，这些主机的 IP 地址就可以从 192.168.1. x 开始分配，其中 x 表示 1 到 128 中任意一个数字。

局域网上的每个主机都有一个子网掩码。子网掩码由 4 字节组成，它的值为 255 时表示 IP 地址中网络地址的部分，值为 0 时则识别 IP 地址中表示主机号的部分。比如说，子网掩码 255.255.255.0 可以用来决定主机所处的局域网。子网掩码最后的 0 则决定该主机在局域网中的位置。

本实验的网络拓扑结构如实验图 3-1 所示。

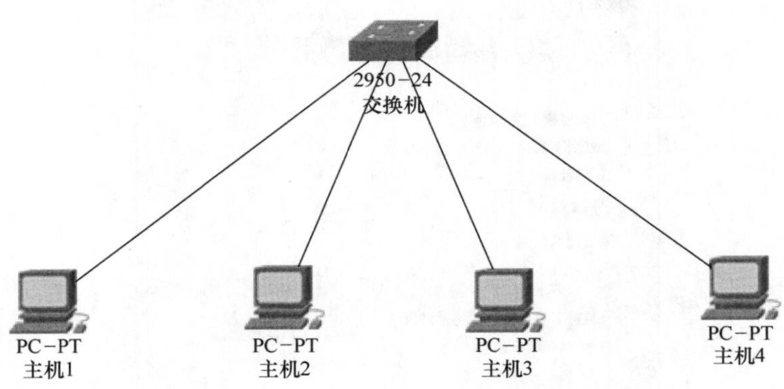

实验图 3-1

四、实验步骤

步骤1 安装网卡。

关闭计算机，打开机箱，找到一空闲 PCI 插槽（一般为较短的白色插槽），插入网卡。

（1）安装网卡驱动程序。打开计算机，操作系统会检测到网卡并提示插入驱动程序盘。插入网卡驱动程序盘，然后单击“下一步”按钮，Windows 找到驱动程序后，会弹出确认对话框，单击“下一步”按钮。如果 Windows 没有找到驱动程序，单击“设备驱动程序向导”中的“浏览”按钮来指定驱动器的位置。安装好网卡后，必须为网络中的每一台计算机指定一个唯一的名字和相同的工作组名（例如默认的 Workgroup），然后再重新启动计算机。具体操作为在桌面“我的电脑”图标右键单击，从弹出的快捷菜单中选择“属性”命令。在弹出的对话框里单击“网络标识”，在“计算机”名中填入想要指定的机器名，在工作组中填入统一的工作组名，单击“确定”完成。

（2）安装必要的网络协议。在桌面“网上邻居”图标上右击，从弹出的快捷菜单中选择“属性”命令，在“本地连接”图标上右键单击，在弹出的属性对话框中双击“协议”安装“Internet 协议（TCP/IP）”，双击“客户”安装“Microsoft 网络客户端”，重新启动计算机。

步骤2 连接网线。

首先使用测线器检测网线是否可用，检查完后将网线一头插在网卡接头处，一头插到交换机，看到网卡和交换机指示灯亮起，即网线连接完毕。交换机指示灯为一黄灯，一绿灯。

步骤3 设置 IP 地址。

确定好自己要分配的地址后，然后双击“网上邻居”图标，右键单击“本地连接”图标，从弹出的快捷菜单中选择“属性”命令，双击“Internet 协议（TCP/IP）”选项，出现 IP 设置界面。填写完 IP 和子网掩码的属性值之后，单击“确定”按钮，IP 设置完成，如实验图 3-2 所示。

Internet 协议 (TCP/IP) 属性

常规

如果网络支持此功能，则可以获取自动指派的 IP 设置。否则，您需要从网络系统管理员处获得适当的 IP 设置。

○自动获得 IP 地址(O)
⊙使用下面的 IP 地址(S):
IP 地址(I): 196 . 103 . 21 . 2
子网掩码(U): 255 . 255 . 255 . 0
默认网关(D): . . .

○自动获得 DNS 服务器地址(B)
⊙使用下面的 DNS 服务器地址(E):
首选 DNS 服务器(P): . . .
备用 DNS 服务器(A): . . .

高级(V)...

确定 取消

实验图 3-2

步骤4 检测局域网的连通性。

选择“开始”→“运行”命令，在弹出的对话框中输入“CMD”，出现 DOS 界面。

使用 ping 命令，输入 ping 196.103.21.254，所 ping 对象为目标主机。出现如实验图 3-3 所示效果即为连接成功。

```
C:\>ping 196.103.21.254

Pinging 196.103.21.254 with 32 bytes of data:

Reply from 196.103.21.254: bytes=32 time=1ms TTL=255
Reply from 196.103.21.254: bytes=32 time=1ms TTL=255
Reply from 196.103.21.254: bytes=32 time=7ms TTL=255
Reply from 196.103.21.254: bytes=32 time=1ms TTL=255
```

实验图 3-3

出现如实验图 3-4 所示效果为连接失败。

```
C:\>ping 196.103.21.251

Pinging 196.103.21.251 with 32 bytes of data:

Request timed out.
Request timed out.
Request timed out.
Request timed out.
```

实验图 3-4

五、实验结果和讨论

1）连接在同一网段上的计算机，如果有两台或两台以上的计算机使用相同的 IP 地址，会出现什么情况？

2）如果在一个网络中，某台计算机 ping 另外一台主机不通，而 ping 其他 IP 主机均能通，则故障的可能原因有哪些？

实验 4　安装与设置 DHCP 服务器

一、实验目的

掌握 DHCP 服务器的安装，并且掌握对 DHCP 服务器的设置。

二、实验环境

多台装有 Windows 2000 Server 或者 Windows Server 2003 的计算机。

三、实验原理

动态主机配置协议 DHCP 提供了一种机制，称为即插即用连网。这种机制允许一台计算机加入新的网络和获取 IP 地址不用手工参与。DHCP 服务器可以对 TCP/IP 子网和 IP 地址进行集中管理，即子网中的所有 IP 地址及其相关配置参数都存储在 DHCP 服务器的数据库中，DHCP 服务器对 TCP/IP 子网的地址进行动态分配和配置。

四、实验步骤

步骤 1 安装 DHCP 服务器。

安装前要注意，DHCP 服务器本身除了必须采用固定的 IP 地址以外，还要规划 DHCP 服务器的可用 IP 地址，在实验中可以自己定义一个虚拟的静态的 IP 地址。

1）选择“开始”→“控制面板”命令，双击“添加或删除程序”图标，选择“添加／删除 Windows 组件”选项。

2）选择“网络服务”，单击“详细信息”按钮。

3）选择“动态主机配置协议（DHCP）”后，单击“确定”按钮。

4）回到前一个画面时，单击“下一步”按钮。

步骤 2 DHCP 的设置。

1）打开 DHCP 管理器。选“开始”→“程序”→“管理工具”→“DHCP”命令，默认的，里面已经有了服务器的 FQDN（Fully Qualified Domain Name，完全合格域名），比如“wy.wangyi.santai.com.cn”，如实验图 4-1 所示。

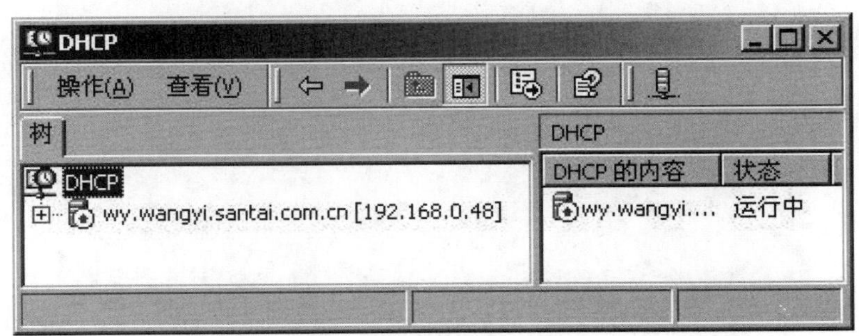

实验图 4-1

2）右键单击“DHCP”，选择“添加服务器”命令，选择“此服务器”，再单击“浏览”按钮选择（或直接输入）服务器名“wy”（即你的服务器的名字）。

3）打开作用域的设置窗口。先选中 FQDN 名字，再右键单击，选择“新建作用域”命令。

4）设置作用域名。此地的“名称”项只是作提示用，可填任意内容，如实验图 4-2 所示。

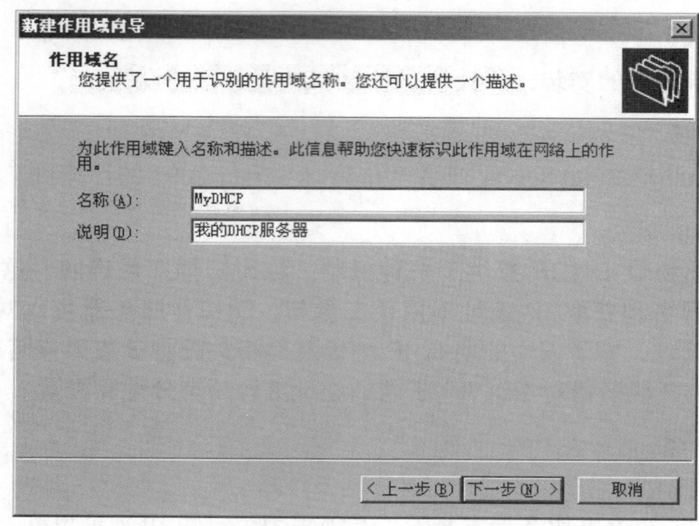

实验图 4-2

5）设置可分配的 IP 地址范围：比如若分配“192.168.0.10 ~ 192.168.0.244”，则在“起始 IP 地址”项填写“192.168.0.10”，“结束 IP 地址”项填写“192.168.0.244；“子网掩码”项为“255.255.255.0”，如实验图 4-3 所示。

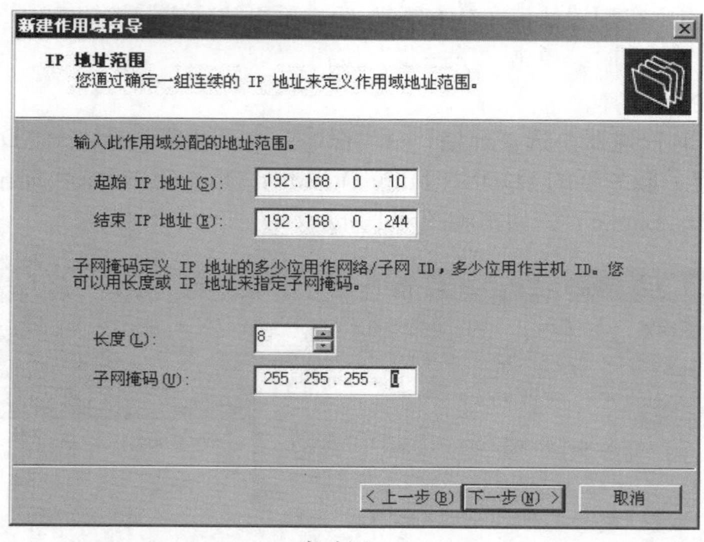

实验图 4-3

6）如果有必要，可在下面的选项中输入欲保留的 IP 地址或 IP 地址范围；否则直接单击“下一步”按钮，如实验图 4-4 所示。

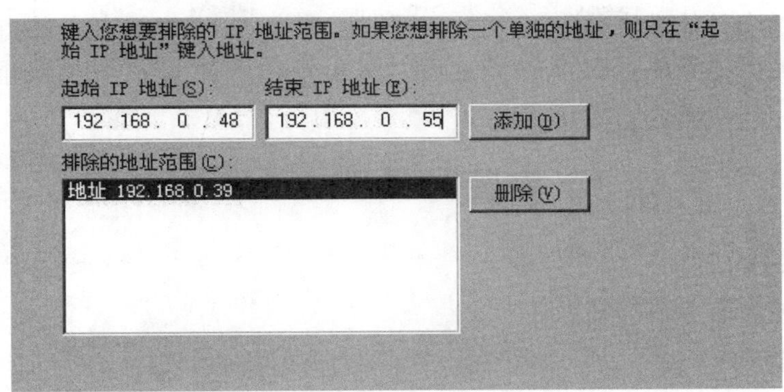

实验图 4-4

7）“租约期限”可设定 DHCP 服务器所分配的 IP 地址的有效期，比如设一年（即 365 天），如实验图 4-5 所示。

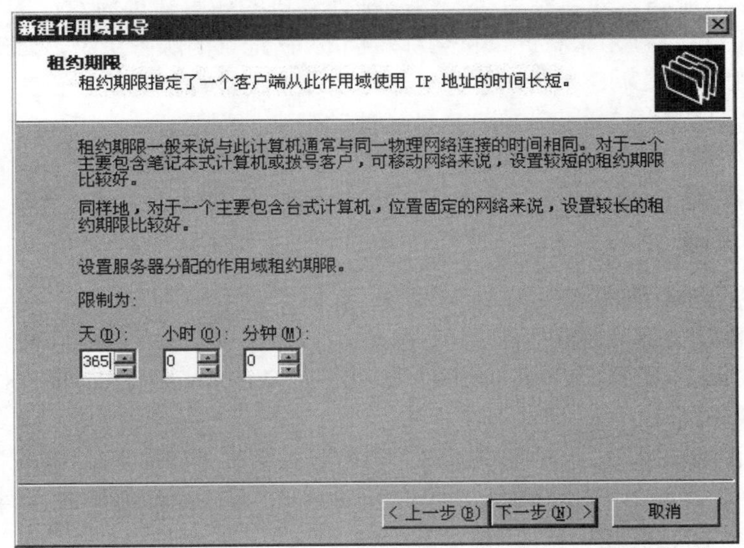

实验图 4-5

8）选择“是，我想配置这些选项”单选按钮以继续配置分配给工作站的默认的网关、默认的 DNS 服务地址、默认的 WINS 服务器，在所有有 IP 地址的栏目均输入并“添加”服务器的 IP 地址“192.168.0.48”后，再根据提示选择“是，我想激活作用域”单选按钮，单击“完成”即可结束最后设置。

步骤 3 DHCP 设置后的验证。

将任何一台本网内的工作站的网络属性设置成“自动获得 IP 地址”，并将 DNS 服务器设为“禁用”，网关栏保持为空（即无内容），重新启动成功后，在 DOS 环境中运行“ipconfig”命令查看本机获取的 IP 地址，子网掩码等信息，即可看到各项已分配成功。

五、实验结果和讨论

1）查看同组中其他主机的 IP 地址、子网掩码等信息，分析它们的特点。

2）查看局域网中其他主机的 IP 地址后，用 ping 命令测试与同组局域网中主机的连通性，如果测试不通，分析可能的原因。

实验 5　安装与设置 DNS 服务器

一、实验目的

掌握 DNS 域名服务器的知识。

二、实验环境

多台装有 Windows 2000 Server 或者 Windows Server 2003 的计算机。

三、实验原理

域名系统（DNS）并不是直接和用户交互的网络应用。相反，DNS 为其他各种网络应用提供一种核心服务，即名称服务，用来把计算机的名字转换为对应的 IP 地址。DNS 是一个在 TCP/IP 网络上用来将计算机名称转换成 IP 地址的服务系统，无论在 Intranet 或 Internet 上都可以使用 DNS 来解析计算机名称以及找出计算机的所在位置。使用计算机名称除了比较容易记忆之外，也不会有 IP 地址改动带来的问题。

DNS 根据一套层次式的命名策略替代用 IP 地址来记忆主机地址。这一套层次式的命名策略称为 Domain Name Space，是由根域、最高阶域、次阶域、子域、主机名称群所组成。

四、实验步骤

步骤1 安装 DNS 服务器。

1）启动“添加 / 删除程序”。

2）单击“添加 / 删除 Windows 组件”，出现“Windows 组件向导”对话框，从列表中选择“网络服务”。

3）单击“详细信息”，从列表中选取“域名服务系统（DNS）”，单击“确定”按钮。

4）单击“下一步”按钮，输入到 Windows 2000 Server 的安装源文件的路径，单击“确定”开始安装 DNS 服务。

5）单击“完成”按钮回到“添加 / 删除程序”对话框后，单击“关闭”按钮。

6）关闭“添加 / 删除程序”窗口。

步骤2 DNS 服务器的设置。

1）打开 DNS 控制台，选择“开始菜单”→“程序”→“管理工具”→“DNS”命令。

2）建立域名“ admin.abc.com”映射 IP 地址“ 192.168. 0.50 ”的主机记录。

3）建立“com”区域。选择“DNS”→“WY（你的服务器名）”→“正向搜索区域”右键单击，选择“新建区域”命令，然后根据提示选择“标准主要区域”单选按钮，在“名称”文本框输入“com”，结果如实验图 5-1 所示。

4）建立“abc”域，选择“com”，右键单击，选择“新建域”命令，在“键入新域名”处输入“abc”。

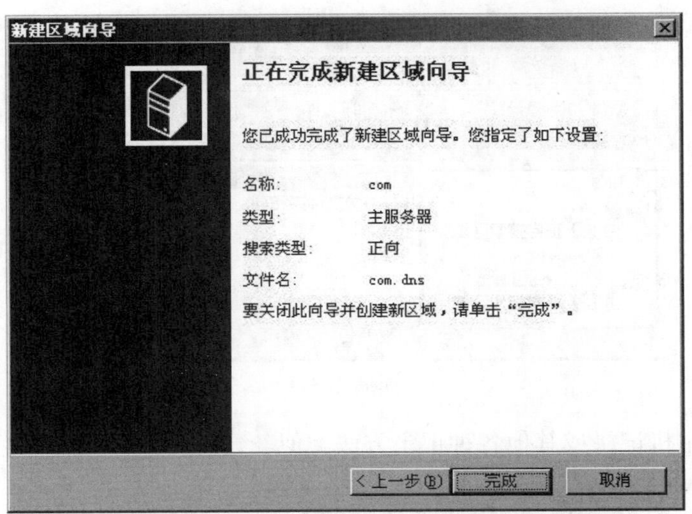

实验图 5-1

5）建立“admin”主机。选择“abc”，右键单击，选择“新建主机”命令，“名称”处为“admin”,“IP 地址”处输入“192.168.0.50”，再单击“添加主机”按钮，如实验图 5-2 所示。

实验图 5-2

6）建立域名“www.abc.com”映射 IP 地址“192.168.0.48”的主机记录。由于域名“www.abc.com”和域名“admin.abc.com”均位于同一个“区域”和“域”中，均在上步已建立好，因此应直接使用，只需再在“域”中添加相应“主机名”即可。

7）建立“www”主机，选择“abc”，右键单击，选择“新建主机”命令，在“名称”处输入“www”,“IP 地址”处输入“192.168.0.48”，最后再单击“添加主机”按钮即可。建立域名“ftp.abc.com”映射 IP 地址“192.168.0.49”的主机记录方法同上。建立域名“abc.com”映射 IP 地址“192.168.0.48”的主机记录方法也和上述相同，只是必须保持“名称”一项为空。建立好后的“名称”处将显示“与父文件夹相同”。建立好的 DNS 控制台如实验图 5-3 所示。

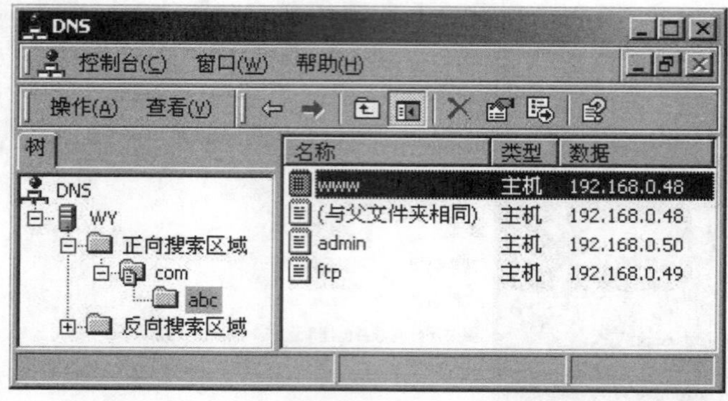

实验图 5-3

建立更多的主机记录或其他各种记录方法类似。建立后如实验图 5-4 所示。

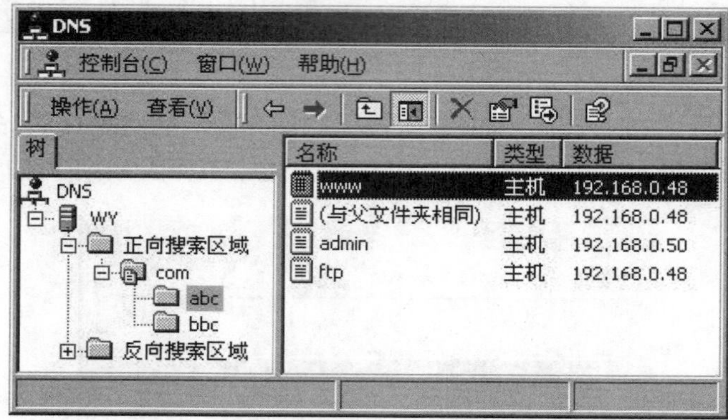

实验图 5-4

步骤3 DNS 设置后的验证。

为了测试所进行的设置是否成功，可以使用 ping 命令来进行测试。格式如“ping www.abc.com”。测试成功的结果如实验图 5-5 所示。

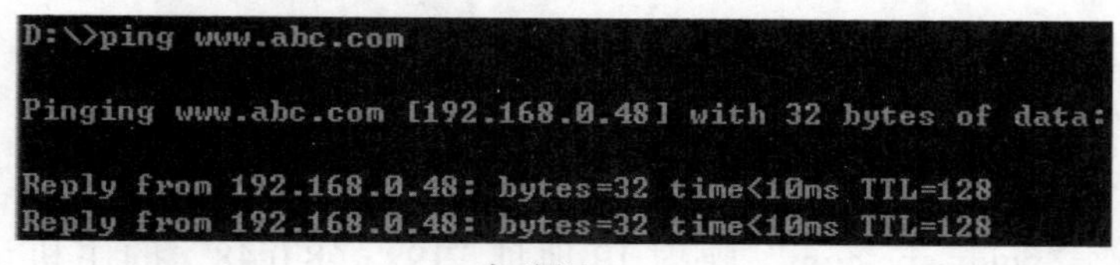

实验图 5-5

实验 6　域名分析

一、实验目的

学习用 nslookup 查询 IP 和域名的对应关系以及动手查找某个域名对应的 IP。

二、实验环境

安装了操作系统的 PC。

三、实验原理

配置好 DNS 服务器，添加了相应的记录之后，只要 IP 地址保持不变，一般情况下就不再需要去维护 DNS 的数据文件。不过在确认域名解释正常之前最好测试所有的配置是否正常。许多人会简单地使用 ping 命令检查一下。不过 ping 指令只是一个检查网络连通情况的命令，虽然在输入的参数是域名的情况下会通过 DNS 进行查询，但是它只会告诉你域名是否存在。所以如果需要对 DNS 的故障进行排错，就需要使用 nslookup 命令。该命令可以指定查询的类型，可以查到 DNS 记录的生存时间，还可以指定使用哪个 DNS 服务器进行解释。在已安装 TCP/IP 的计算机上均可以使用这个命令。主要用来诊断域名系统（DNS）基础结构的信息。

本实验域名分析效果如实验图 6 -1 所示。

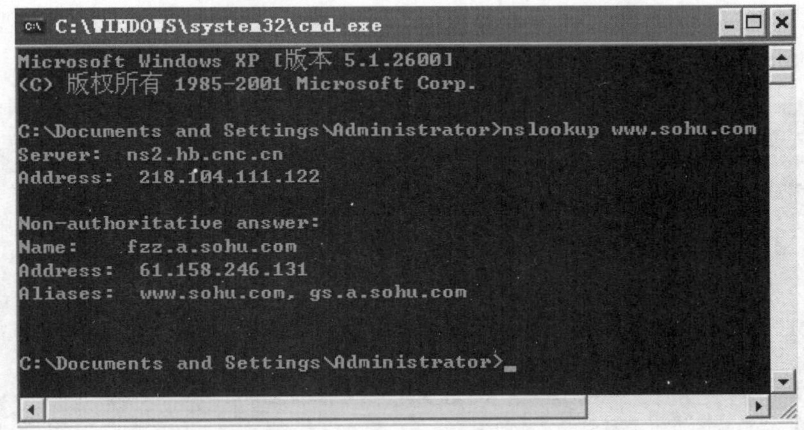

实验图 6-1

四、实验步骤

步骤1 在运行窗口中，输入“cmd”，打开命令控制台，输入“nslookup 域名”。比如，“nslookup www.ncut.edu.cn”表示查看 www.ncut.edu.cn 所对应的 IP 地址。查看指定域名的 IP 地址命令如实验图 6-2 所示。

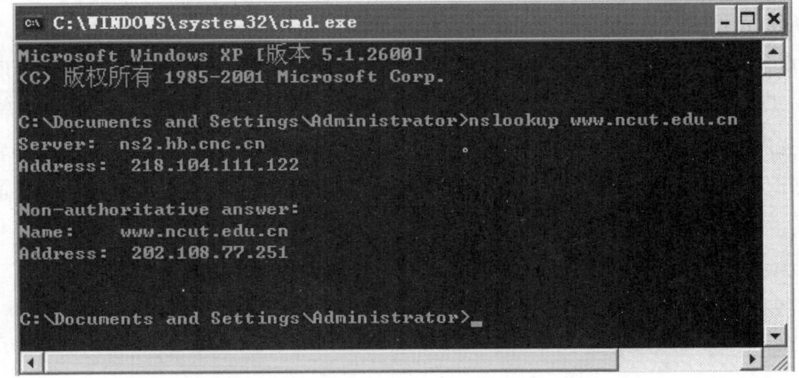

实验图 6-2

◎提示

图中“Non-authoritative answer”表示 DNS 查询超时，表示这个 IP 地址是从以前访问的缓存里边取出来的。nslookup 命令会采用先反向解释获得使用的 DNS 服务器的名称，由于这里使用的是一个内部的 DNS 服务器，所以没有正确的反向记录，导致结果的前面几行出错。读者可以不必理会。重点是看最后的两行，这里可以看出 www.ncut.edu.cn 的 IP 地址是 202.108.77.251。

步骤2 如果目标域名是一个别名记录（CNAME），nslookup 就显示出和 ping 命令不同的地方，可查看 CNAME 记录的结果。由于 CNAME 和 A 类型记录最后都是活的 IP 地址，所以一般情况下两者是等同看待的，命令的格式也相同。

前面两个命令没有加任何参数，默认情况下 nslookup 查询的是 A 类型记录。如果配置了其他类型的记录希望看到解释是否正常，比如查看 MX（邮件交换）类型的记录，就只能用 nslookup 命令。nslookup 命令 MX 记录返回结果如实验图 6-3 所示。

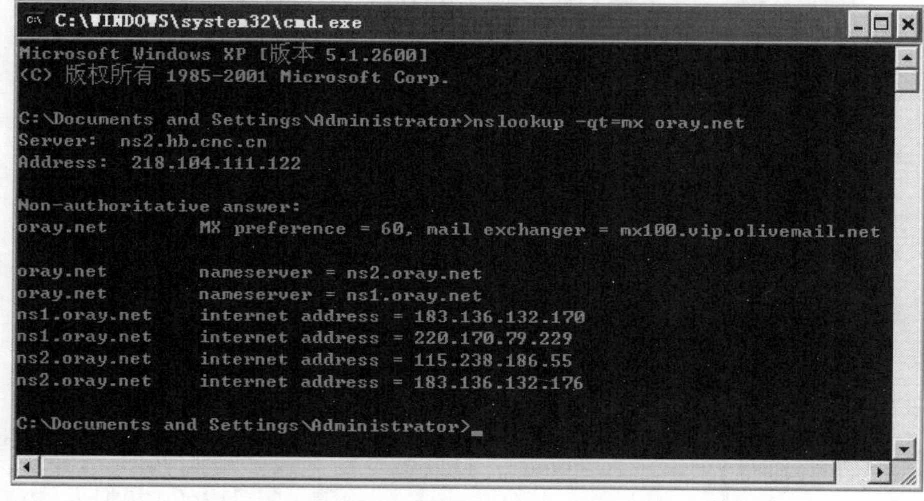

实验图 6-3

nslookup 把服务器的名称和地址都给出来了，注意 preference 就是前面所说的优先级，该数值越小则优先级越高。

步骤3 在默认情况下 nslookup 使用的是在本机 TCP/IP 配置中的 DNS 服务器进行查询，但有时候需要指定一个特定的服务器进行查询试验。这时候不需要更改本机的 TCP/IP 配置，只要在命令后面加上指定的服务器 IP 或者域名即可。这个参数在对一台指定服务器排错时是非常必要的，另外可以通过指定服务器直接查询授权服务器的结果避免其他服务器缓存的结果。命令格式如下：

```
nslookup -qt= 类型目标域名指定的 DNS 服务器 IP 或域名
```

可看到命令结果，顶级域名服务器返回结果显示如实验图 6-4 所示。

```
C:\Documents and Settings\Administrator>nslookup -qt oray.net a.gtld-servers.net

(root)  nameserver = g.root-servers.net
(root)  nameserver = h.root-servers.net
(root)  nameserver = i.root-servers.net
(root)  nameserver = j.root-servers.net
(root)  nameserver = k.root-servers.net
(root)  nameserver = l.root-servers.net
(root)  nameserver = m.root-servers.net
(root)  nameserver = a.root-servers.net
(root)  nameserver = b.root-servers.net
(root)  nameserver = c.root-servers.net
(root)  nameserver = d.root-servers.net
(root)  nameserver = e.root-servers.net
(root)  nameserver = f.root-servers.net
*** Can't find server name for address 192.5.6.30: No information
Server:  UnKnown
Address:  192.5.6.30

Name:    oray.net
Served by:
- ns1.oray.net
          183.136.132.170, 220.170.79.229
          oray.net
- ns2.oray.net
          115.238.186.55, 183.136.132.176
          oray.net
```

实验图 6-4

◎提示

该命令直接从顶级域名服务器查询 oray.net 的 NS 记录。所有的二级域名的 NS 记录都存放在顶级域名服务器中，这是最有权威的解释。注意没有非授权的结果的提示。对于二级域名的 NS 记录查询来说这肯定是授权结果。顶级域名服务器的名称是 a 到 j.gtld-servers.net 共 10 台服务器。（gtld 是 Global Top Level Domain 的缩写）。当修改域名的 NS 记录时可以通过上述查询知道修改的结果是不是已经在顶级域名服务器上生效。

知识延伸

（1）域名。域名，是由一串用点分隔的名字组成的因特网上某一台计算机或计算机组的名称。域名用于在数据传输时标识计算机的电子方位（有时也指地理位置）。域名是地址与因特网协议（IP）地址相对应的一串容易记忆的字符，由若干个从 a ~ z 的 26 个拉丁字母及 0 ~ 9 的 10 个阿拉伯数字及“–”“.”符号构成，并按一定的层次和逻辑排列。目前也有一些国家在开发其他语言的域名，如中文域名。域名不仅便于记忆，而且即使在 IP 地址发生变化的情况下，通过改变解析对应关系，域名仍可保持不变。

（2）域名类型。一是国际域名（international Top-Level Domain-names，iTDs），也称国际顶级域名。这也是使用最早也最广泛的域名。例如，表示工商企业的 .com，表示网络提供商的 .net，表示非营利性组织的 .org 等。

二是国内域名，又称为国内顶级域名（national Top-Level Domainnames，nTLDs），即按照国家的不同分配不同后缀，这些域名即为该国的国内顶级域名。目前 200 多个国家和地区都按照 ISO3166 国家代码分配了顶级域名，例如中国是 cn，美国是 us，日本是 jp 等。在实际使用和功能上，国际域名与国内域名没有任何区别，都是因特网上的具有唯一性的标识。在最终管理机构上，国际域名由美国商业部授权的因特网名称与数字地址分配机构（The Internet Corporation for Assigned Names and Numbers）即 ICANN 负责注册和管理；

而我国国内域名则由中国互联网络管理中心（China Internet Network Information Center）即 CNNIC 负责注册和管理。

（3）域名种类。我国的域名体系也遵照国际惯例，包括类别域名和行政区域域名两套。类别域名按申请机构的性质分为：

1）com（Commercial Organizations）工、商、金融等企业。

2）edu（Educational Institutions）教育机构。

3）gov（Govermental Entities）政府部门。

地理域名是按地理位置分配的符号，如下所示。

1）at（Austria）奥地利。

2）be（Belgium）比利时。

3）de（Germany）德国。

4）ca（Canada）加拿大。

5）fr（France）法国。

6）it（Italy）意大利。

实验 7　网络 Web 服务器的建立、管理和使用

一、实验目的

让学生掌握 Web 知识。

二、实验环境

多台装有 Windows 2000 Server 或者 Windows Server 2003 的计算机。

三、实验原理

IIS 是 Internet 信息服务（Internet Infomation Server）的缩写，主要包括 WWW 服务器、FTP 服务器等。它使得在 Intranet（局域网）或 Internet（因特网）上发布信息成了一件很容易的事。

1）在 DNS 中将域名“www.abc.com”指向 IP 地址“191.168.0.48”，要求在浏览器中输入此域名就能调出“D:\MyWeb”目录下的网页文件。

2）在 DNS 中将域名“www.bbc.com”指向 IP 地址“191.168.0.51”，要求在浏览器中输入此域名就能调出“E:\Website\wantong”目录下的网页文件。

3）在 DNS 中将域名“admin.abc.com”指向 IP 地址“191.168.0.50”，要求在浏览器中输入此域名就能通过浏览器远程进行 IIS 管理。

四、实验步骤

步骤 1 “www.abc.com ”的设置。

打开 IIS 管理器，选择“开始菜单”→“程序”→“管理工具”→“Internet 信息服务”命令。如实验图 7-1 所示。

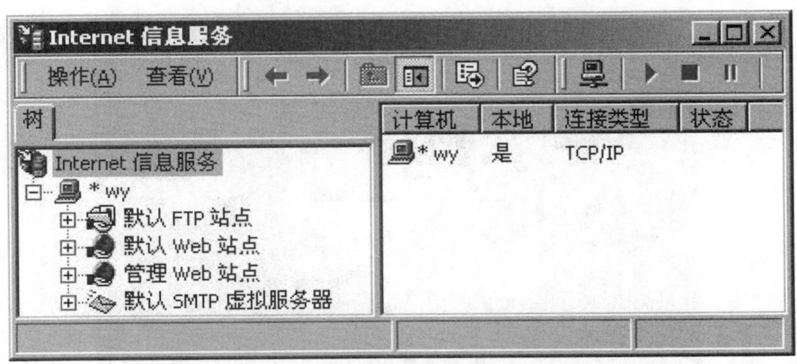

实验图 7-1

步骤2 设置“默认 Web 站点”项。

“默认 Web 站点”一般用于向所有人开放的 WWW 站点，比如实验的“www.abc.com”，本局域网中的任何用户都可以无限制地通过浏览器来查看它。

1）打开“默认 Web 站点”的属性设置窗口，选择“默认 Web 站点”，右键单击，选择“属性”命令即可。

2）设置“Web 站点”。“IP 地址”一栏设为“192.168.0.48”，“TCP 端口”维持原来的“80”不变，如实验图 7-2 所示。

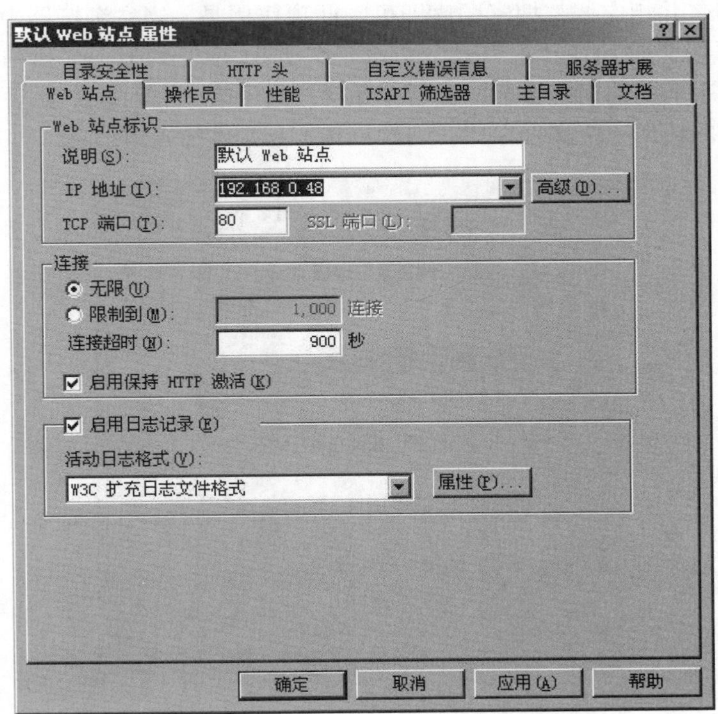

实验图 7-2

3）设置“主目录”，在“本地路径”文本框中通过“浏览”按钮选择网页文件所在的目录，本处是“D:\MyWeb”，如实验图 7-3 所示。

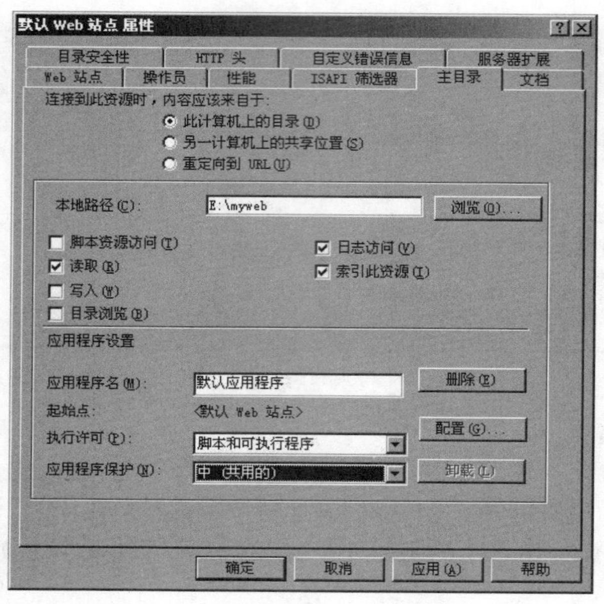

实验图 7-3

4）设置“文档”。确保“启用默认文档”复选框已选中，如实验图 7-4 所示。再增加需要的默认文档名并相应调整搜索顺序即可。此项作用是，当在浏览器中只输入域名（或 IP 地址）后，系统会自动在“主目录”中按“次序”（由上到下）寻找列表中指定的文件名，如能找到第 1 个则调用第 1 个，否则再寻找并调用第 2 个、第 3 个……如果“主目录”中没有此列表中的任何一个文件存在，则显示找不到文件的出错信息。

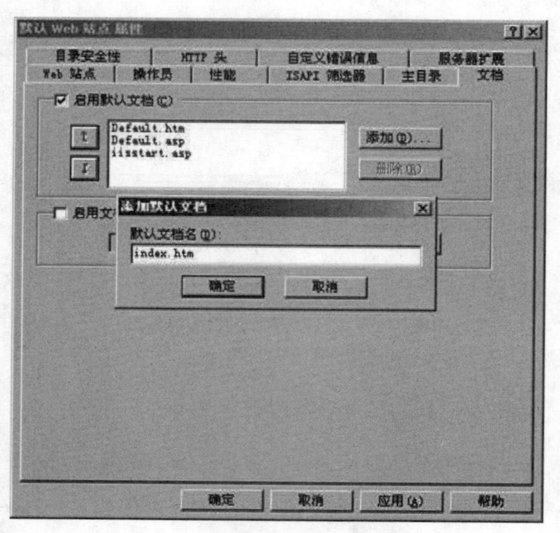

实验图 7-4

5）其他项目均可不用修改，直接单击“确定”按钮即可。这时会出现一些“继承覆盖”等对话框，一般单击“全选”按钮之后再单击“确定”按钮即最终完成“默认 Web 站点”的属性设置，如实验图 7-5 所示。

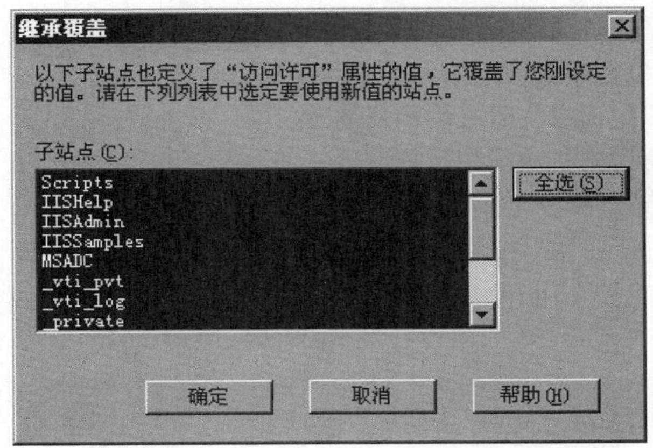

实验图 7-5

6）如果需要，可再增加虚拟目录：比如，地址“www.abc.com/news”，“news”可以是“主目录”的下一级目录（称之为“实际目录”），也可以在其他任何目录下，也即“虚拟目录”。要在“默认 Web 站点”下建立虚拟目录，可选择“默认 Web 站点”，右键单击，选择“新建”→“虚拟目录”命令，然后在“别名”处输入“news”，在“目录”处选择它的实际路径即可（比如“C:\NewWeb”）。建好后如实验图 7-6 所示。

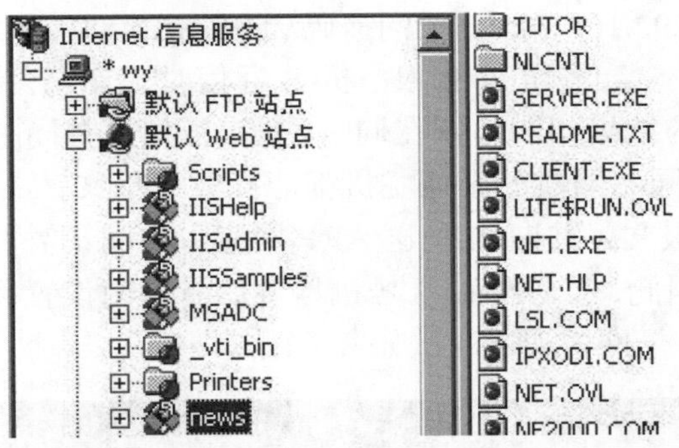

实验图 7-6

7）“www.abc.com”的测试。在服务器或任何一台工作站上打开浏览器，在地址栏输入 http://www.abc.com 按【Enter】键，如果设置正确，就可以直接调出需要的页面。

五、实验结果和讨论

如果在地址栏中直接输入 Web 服务器的 IP 地址，可以访问 Web 页面吗？

实验 8　子网划分技术

一、实验目的

通过本实验，要求掌握子网掩码的含义和具体配置。

二、实验环境

该实验要在网络环境下，具备至少两台 PC，一个交换机。

三、实验原理

在网络中不同主机之间通信的情况可分为两种：

1）在同一个网段中两台主机之间相互通信。

2）不同网段中两台主机之间相互通信。

本实验网络拓扑结构图如实验图 8-1 所示。

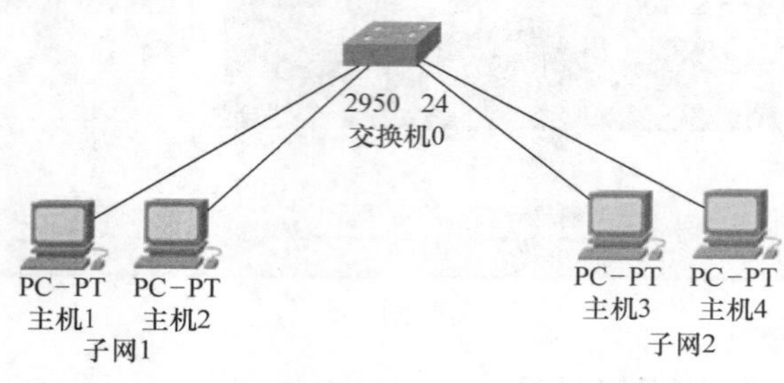

实验图 8-1

四、实验步骤

步骤1 设置主机的 IP 地址和子网掩码：

A（1 号机）IP 地址：192.168.74.3，子网掩码 255.255.248.0。

B（2 号机）IP 地址：192.168.74.9，子网掩码 255.255.248.0。

两台主机均不设置网关。当主机 A 要跟主机 B 通信时，首先会把 B 的 IP 地址与自己的 IP 地址相“与”（得到的结果相同，则在同一网段），如果在同一个网段，则以广播形式发送 ARP 请求报文。在同一网段的其他主机都能接收此报文，B 发现 IP 地址与自己的 IP 地址相同，就会接收此报文，并向 A 发送 ARP 回应。中间不需要通过网关，所以设置为默认网关对此无影响，因此，1 号机和 2 号机尽管没有专门设置网关，两者却可以正常通信，正是由于这个道理。子网内连通测试如实验图 8-2 所示。

```
PC>ping 192.168.74.9

Pinging 192.168.74.9 with 32 bytes of data:

Reply from 192.168.74.9: bytes=32 time=125ms TTL=128
Reply from 192.168.74.9: bytes=32 time=63ms TTL=128
Reply from 192.168.74.9: bytes=32 time=63ms TTL=128
Reply from 192.168.74.9: bytes=32 time=32ms TTL=128

Ping statistics for 192.168.74.9:
    Packets: Sent = 4, Received = 4, Lost = 0 (0% loss),
Approximate round trip times in milli-seconds:
    Minimum = 32ms, Maximum = 125ms, Average = 70ms
```

实验图 8-2

◎提示

尽管没有配置网关，两台机器仍能进行通信。两台计算机只能属于同一个子网。默认情况下，同一个网段内不需要经过网关。但是如果配置了子网掩码，情况就不一样了。

步骤 2 将 A 的子网掩码改为：255.255.255.0，其他设置保持不变。

操作 1：用 ARP –d 命令清除两台主机上的 ARP 表，然后在 A 上“ping”B，记录显示结果。观察 ARP –a 命令能否看到对方的 MAC 地址。操作 1 的实验结果如实验图 8-3 所示。

操作 2：接着在 B 上“ping”A，记录 B 上显示的结果，观察用 ARP –a 命令能否看到对方的 MAC 地址，分析操作 2 的实验结果。

根据操作 1 判断是否为统一网关的方法，可以判断出操作 2 的结果。首先，在 A 上“ping”B，根据它们的 IP 跟子网掩码可以得出它们不在同一个网段，所以就会把 IP 分组发给默认网关，又因为这里没有配置默认网关，所以就不能发送，此时，在 B 上用 ARP –a 命令查看 ARP 缓存表是不能显示 A 地址的（在运行命令前先执行 ARP –d 清除 ARP 缓存信息，以免影响结果）。接着在 B 上“ping”A，但是根据 B 上的子网掩码，A 和 B 是同一个网段的，所以就会以广播的形式发送 ARP 请求报文，A 接收到此报文，就能把 B 的 IP 信息保存到自己的 ARP 缓存表，由于根据 A 的子网掩码判断，B 与它不在同一个网段，所以无法向 B 发回 ARP 响应报文。所以此时在 B 上能够用 ARP –a 查看 A 的 IP 地址信息，但是在 A 上却不可以。不同子网主机连通性测试如实验图 8-4 所示。

```
PC>arp -a
  Internet Address      Physical Address      Type
  192.168.74.9          000b.be92.9298        dynamic

PC>arp -d
PC>arp -a
  Internet Address      Physical Address      Type
```

实验图 8-3

```
PC>ping 192.168.74.9

Pinging 192.168.74.9 with 32 bytes of data:

Request timed out.
Request timed out.
Request timed out.
Request timed out.

Ping statistics for 192.168.74.9:
    Packets: Sent = 4, Received = 0, Lost = 4 (100% loss),
```

实验图 8-4

◎提示

由于子网掩码不一样，导致主机 A 和 B 处于两个不同的子网。A 和 B 之间的通信只能通过网关才能完成。此时，A 和 B 的子网掩码就被逻辑上隔离到两个网络中，用来保障内网安全，并且此时子网内部也不会把广播数据发送到对方子网中去。

实验 9 思科模拟器 Packet Tracer 的安装与使用

一、实验目的

通过本实验，要求掌握思科模拟器 Packet Tracer 的安装与使用。

二、实验环境

安装了 Windows 操作系统的 PC。

三、实验原理

Packet Tracer 是由思科公司发布的一个辅助学习工具，为学习思科网络课程的初学者设计、配置、排除网络故障提供了网络模拟环境。要求读者掌握在软件的图形用户界面上直接使用拖动方法建立网络拓扑，并可提供数据包在网络中传输的详细处理过程，观察网络实时运行情况。掌握 IOS（交换机操作系统）的配置及排查故障方法。

本实验效果图如实验图 9-1 所示。

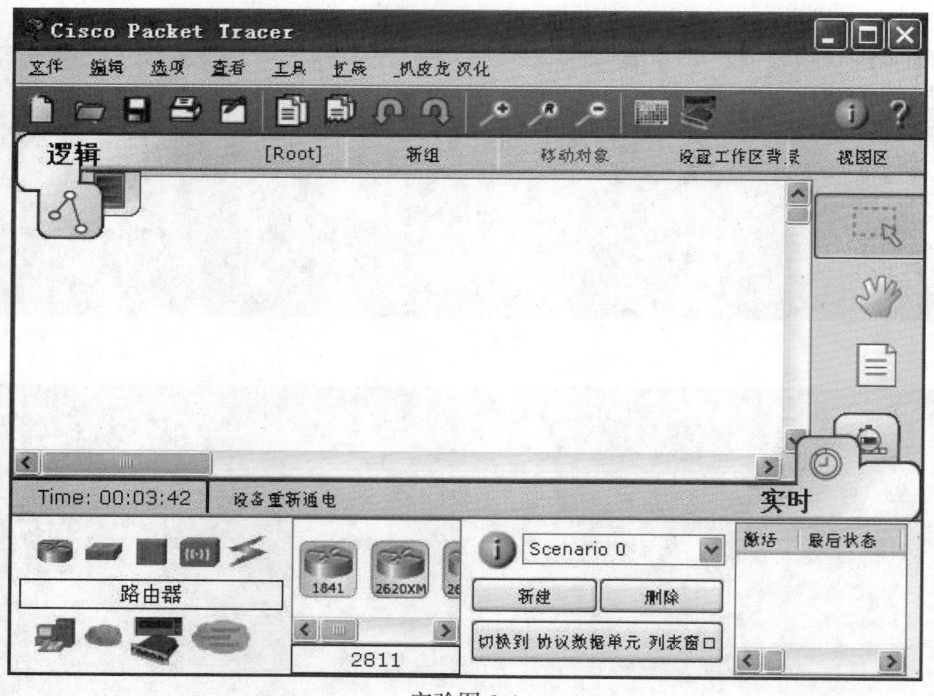

实验图 9-1

四、实验步骤

步骤 1 打开 Packet Tracer 5.0，中间是白色的工作区，工作区上方是菜单栏和工具栏，工作区下方是网络设备、计算机、连接栏。

步骤 2 在设备工具栏内先找到要添加设备的大类别，然后从该类别的设备中添加自己需要的设备。在操作中，先选择交换机，然后选择具体型号的思科交换机。拖动交换机到工作区，如实验图 9-2 所示。

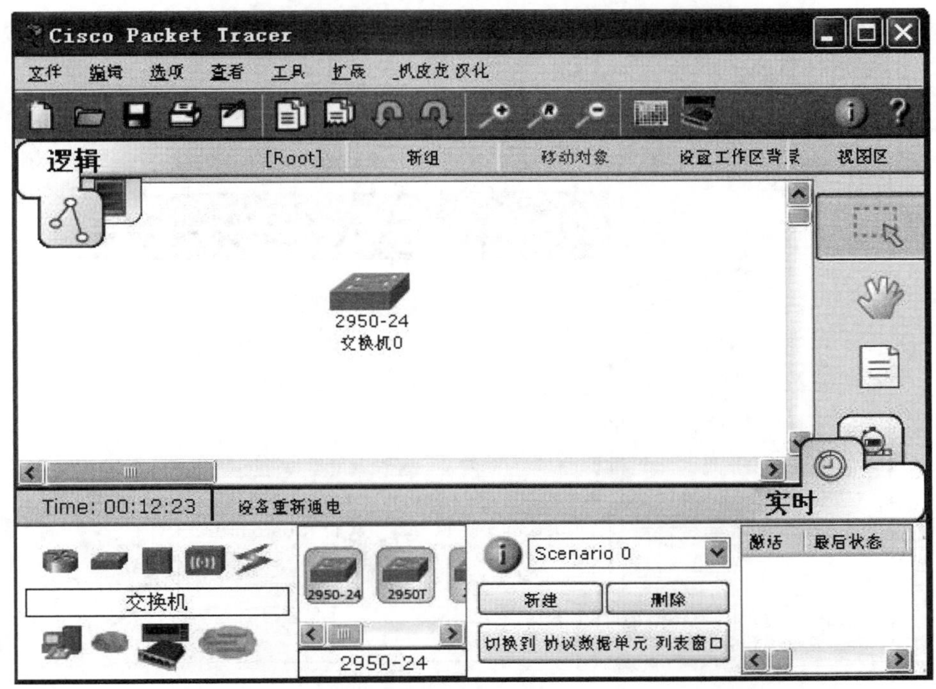

实验图 9-2

◎提示

图中交换机仅仅是个符号，真实的交换机有很多插槽。如果要详细了解这个交换机端口信息可以选中设备，查看详细信息。

步骤3 为了完成一个计算机连接交换机和 Console 端口连接交换机的例子，接下来，分别给工作区增加计算机和连接线。交换机接口、添加计算机、线缆信息分别如实验图 9-3 ~实验图 9-6 所示。

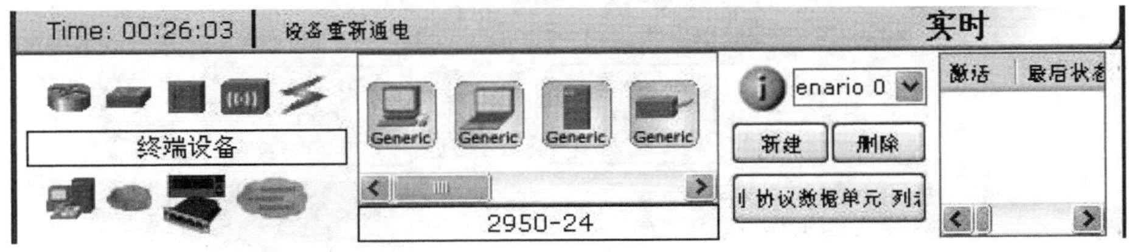

实验图 9-3

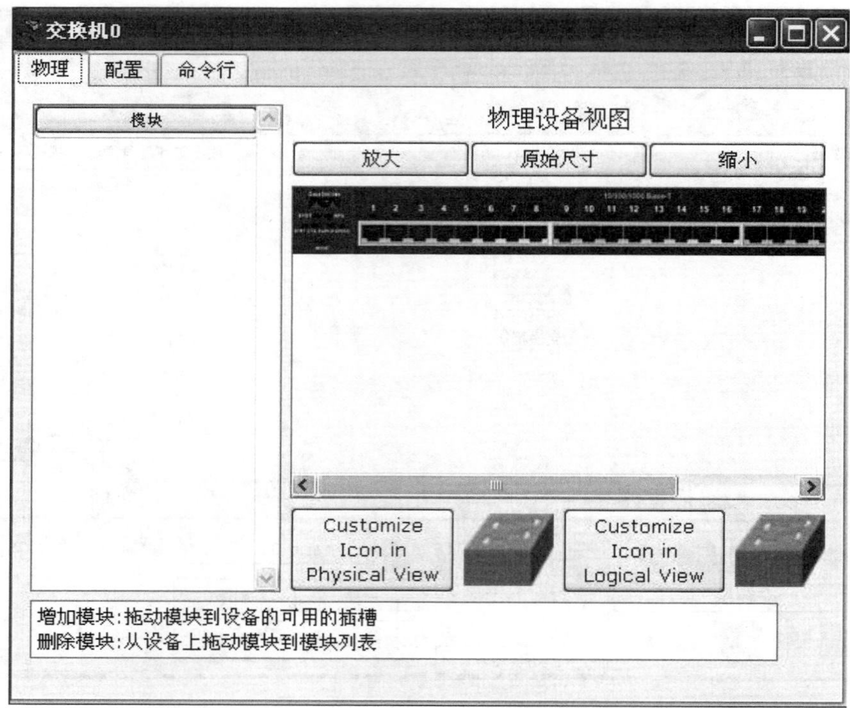
交换机0
物理
配置
命令行
模块
物理设备视图
放大
原始尺寸
缩小
Customize Icon in Physical View
Customize Icon in Logical View
增加模块:拖动模块到设备的可用的插槽
删除模块:从设备上拖动模块到模块列表

实验图 9-4

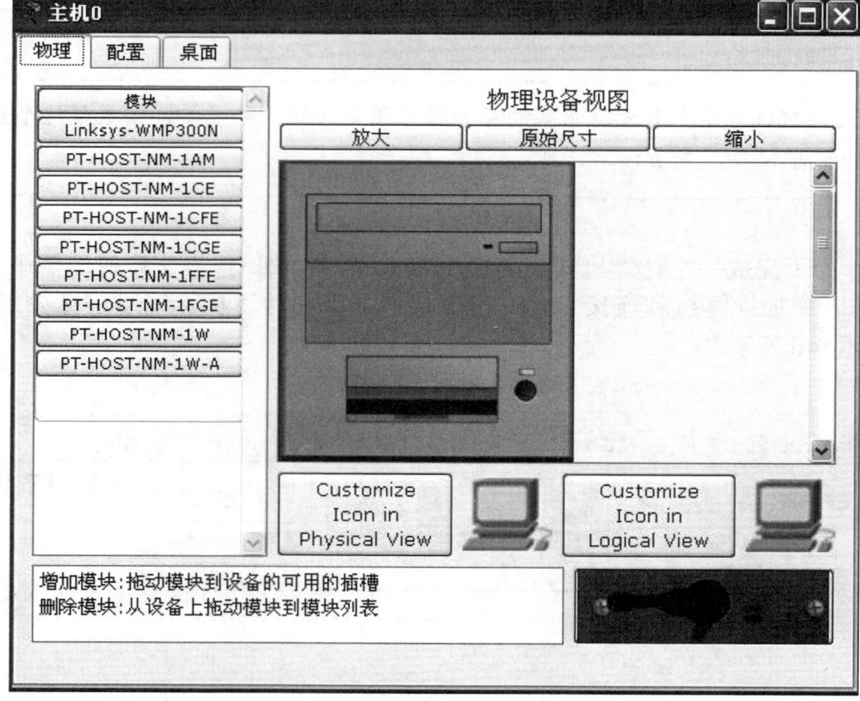
主机0
物理
配置
桌面
模块
Linksys-WMP300N
PT-HOST-NM-1AM
PT-HOST-NM-1CE
PT-HOST-NM-1CFE
PT-HOST-NM-1CGE
PT-HOST-NM-1FFE
PT-HOST-NM-1FGE
PT-HOST-NM-1W
PT-HOST-NM-1W-A
物理设备视图
放大
原始尺寸
缩小
Customize Icon in Physical View
Customize Icon in Logical View
增加模块:拖动模块到设备的可用的插槽
删除模块:从设备上拖动模块到模块列表

实验图 9-5

实验图 9-6

◎提示

有很多种连接方式，例如：控制台连接、双绞线交叉连接、双绞线直通连接、光纤连接、串行 DCE 及串行 DTE 等。如果不能确定应该使用哪种连接，可以使用自动连接，让软件自动选择相应的连接方式。

步骤 4 连接计算机与交换机，在计算机一侧要选择计算机的端口，有两个选项，分别是 RS-232 和 Fast Ethernet，这里选择以太网接口（Fast Ethernet 接口）。对于交换机一侧，选择一个接口。选择计算机接口如实验图 9-7 和实验图 9-8 所示。

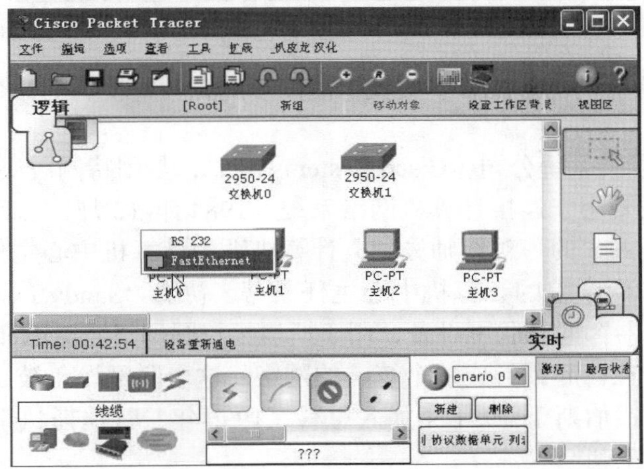

实验图 9-7

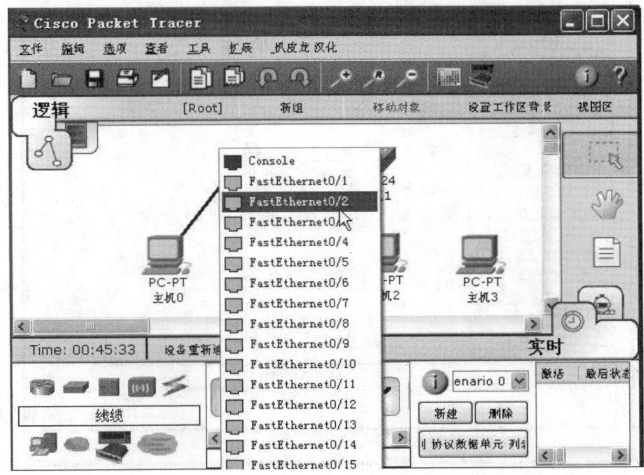

实验图 9-8

步骤5 在网络拓扑结构中，红色表示不同，绿色表示通畅。网络连接情况如实验图9-9所示。

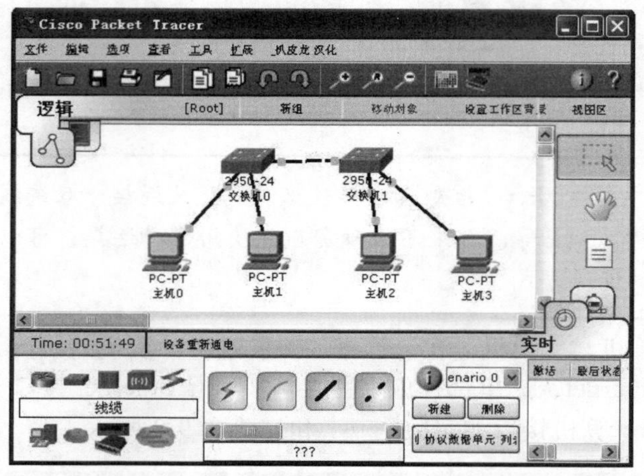

实验图 9-9

步骤6 显示交换机的图形配置。交换机的图形配置和交换机的命令行显示分别如实验图 9-10 和实验图 9-11 所示。

思科公司简介：思科系统公司（Cisco Systems Inc.），是因特网解决方案的领先提供者，其设备和软件产品主要用于连接计算机网络系统。1984 年 12 月，思科系统公司在美国成立，创始人是斯坦福大学的一对教师夫妇，计算机系的计算机中心主任莱昂纳德·波萨克（Leonard Bosack）和商学院的计算机中心主任桑蒂·勒纳（Sandy Lerner）夫妇二人设计了称作“多协议路由器”的互联网设备，用于斯坦福校园网络（SUNet），将校园内不兼容的计算机局域网整合在一起，形成一个统一的网络。这个联网设备被认为是联网时代真正到来的标志。约翰·钱伯斯于 1991 年加入思科，1996 年，钱伯斯执掌思科帅印，是钱伯斯把思科变成了一代王朝。

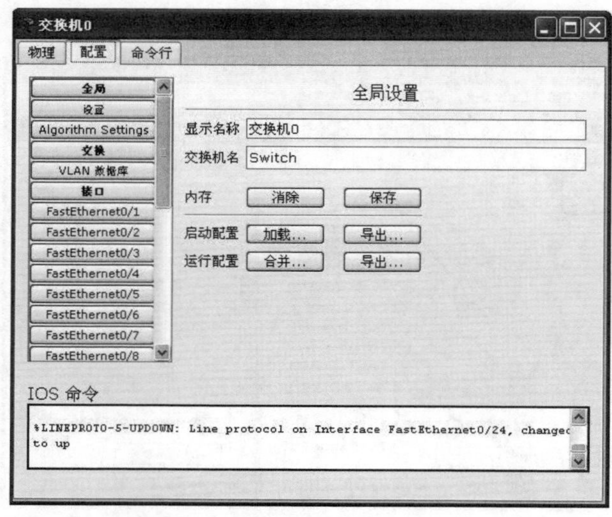

实验图 9-10

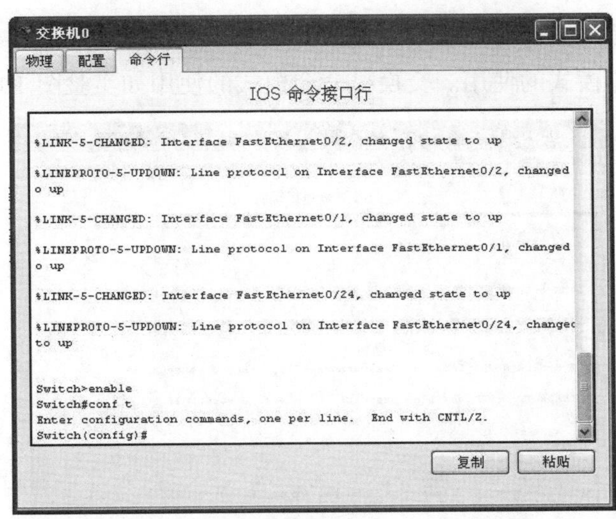

实验图 9-11

实验 10　交换机的基本配置与使用

一、实验目的

通过本实验，要求掌握思科交换机的简单配置命令。

二、实验环境

安装了 Windows 操作系统的 PC。

三、实验原理

本实验的网络拓扑结构如实验图 10-1 所示。

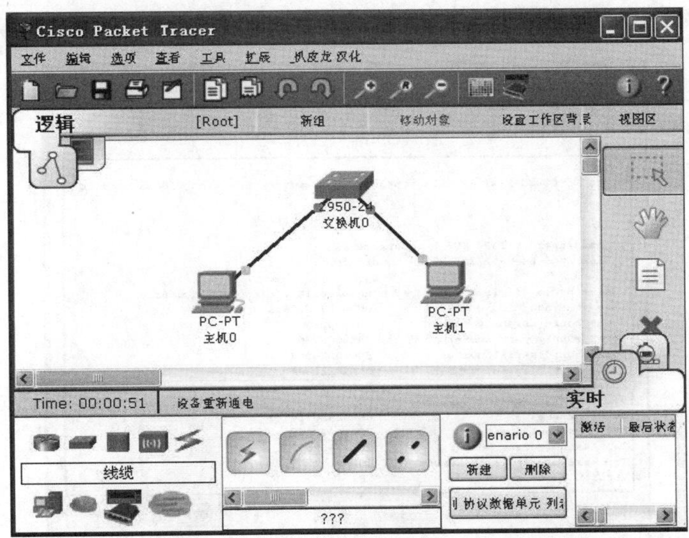

实验图 10-1

四、实验步骤

步骤1 几种命令模式的使用。交换机命令模式的使用如实验图 10-2 所示。

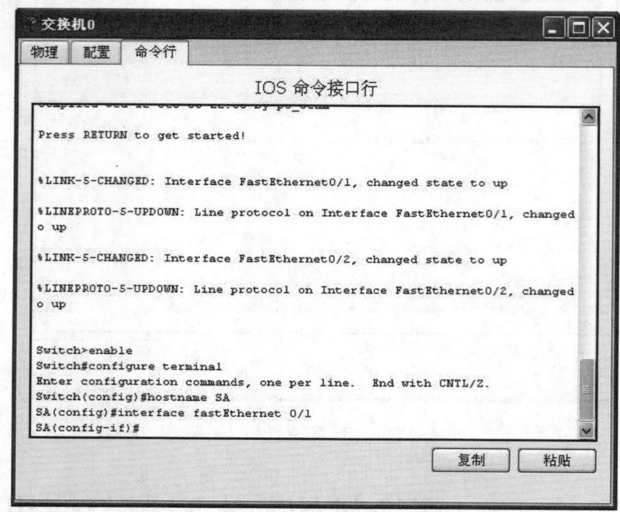

实验图 10-2

switch>：该提示符表示是在用户命令模式，只能使用一些查看命令。

switch#：该提示符表示是在特权命令模式。

switch(config)#：该提示符表示是在全局配置命令模式。

switch(config-if)#：该提示符表示是在端口配置命令模式。

步骤2 查看当前配置状况，通常是以 show（sh）为开始的命令。

show version：查看 IOS 的版本。

show flash：查看 flash 内存使用状况。

查看 IOS 版本信息、查看端口信息如实验图 10-3 和实验图 10-4 所示。

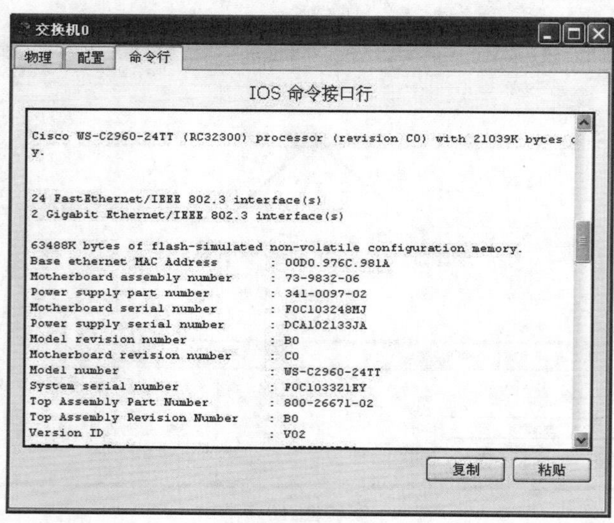

实验图 10-3

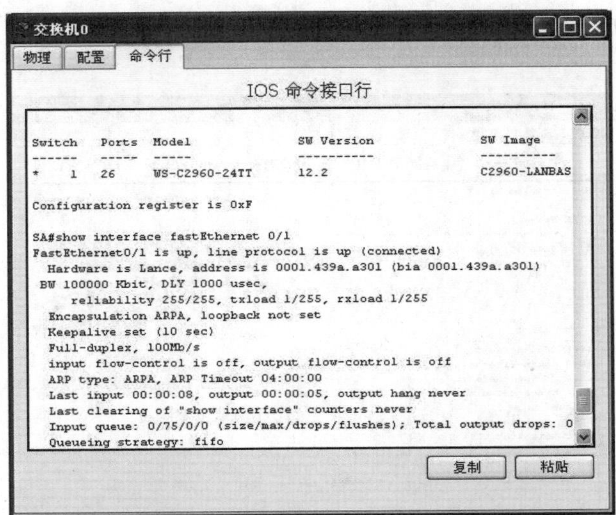

实验图 10-4

◎小技巧

使用如实验图 10-4 所示的方法可以查看交换机各个端口的工作状态。如果状态是 UP 表示工作正常。此外，还显示了此交换机的全双工速率 100 Mbit/s。MTU 的大小是 1500 字节。

步骤 3 Cisco 交换机、路由器中有很多密码，设置好这些密码可以有效地提高设备的安全性。交换机密码设置如实验图 10-5 所示。

switch(config)#enable password：设置进入特权模式的密码。

switch(config-line)：可以设置通过 Console 端口连接设备及 Telnet 远程登录时所需要的密码。

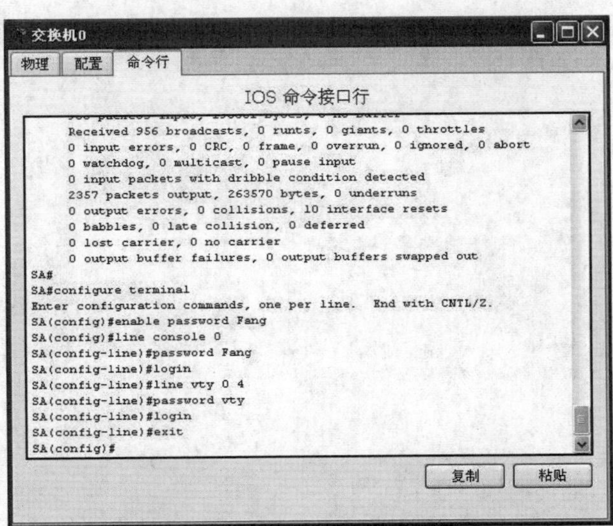

实验图 10-5

步骤4 为交换机的端口配置 IP 地址和默认网关。交换机 IP 和网关设置如实验图 10-6 所示。

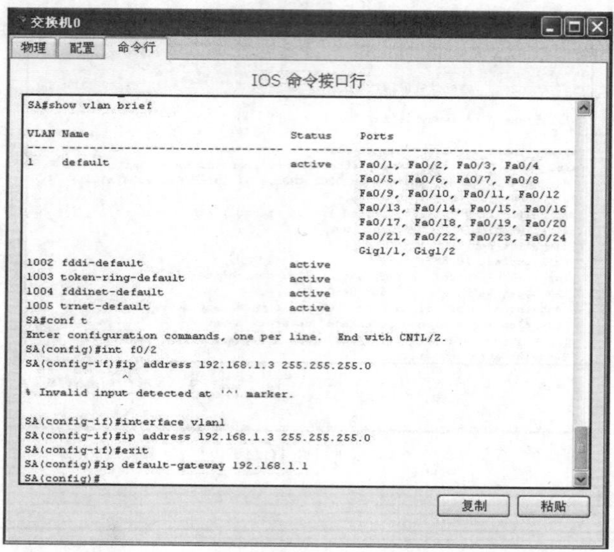

实验图 10-6

步骤5 选择某计算机，ping 对方计算机及端口，如实验图 10-7 所示。

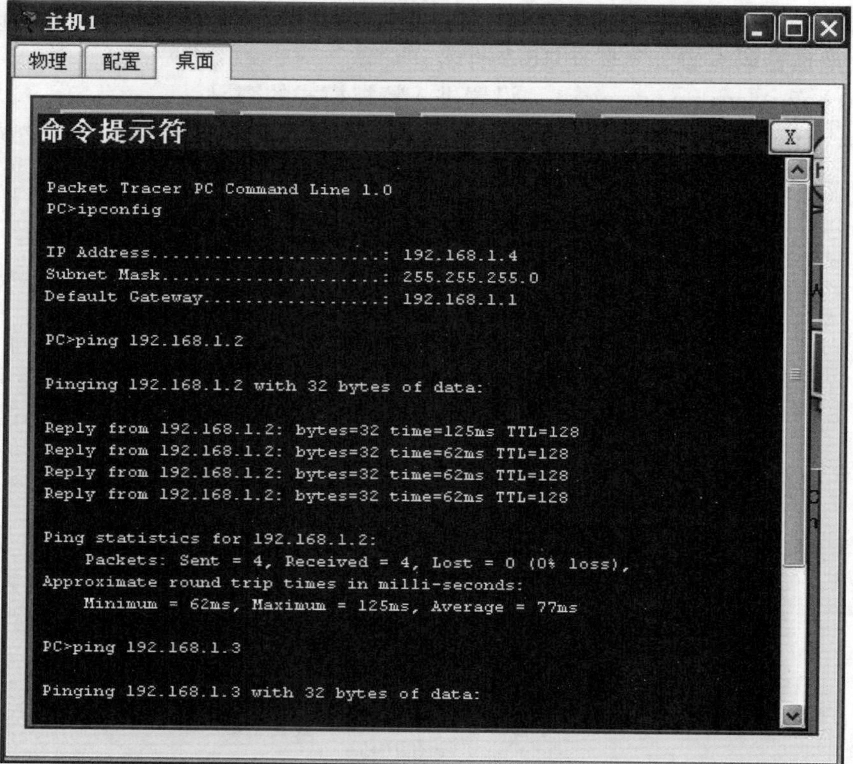

实验图 10-7

知识延伸：虚拟局域网

局域网（LAN）通常是一个单独的广播域，主要是由 Hub、网桥或交换机等网络设备连接同一网段内的所有结点形成。处于同一个局域网段之内的网络结点之间可以直接通信，而处于不同局域网段的设备之间则必须经过路由器才能通信。

随着网络的不断扩展，介入设备逐渐增多，网络结构也日趋复杂，必须使用更多的路由器才能将不同的用户划分到各自的广播域中，在不同的局域网之间提供网络互连。但这样做存在两个缺陷：首先，随着网络中路由器数量的增多，网络时延会逐渐加长，从而导致网络数据传输速率的下降。其次，用户按照他们的物理连接被自然地划分到不同的用户组（广播域）中。这种分割方式并不是根据工作组中所有用户的共同需要和带宽的需求来实现的。Vlan 将网络从逻辑上划分为一个个网络部分，以分离不同的广播域。

实验 11 交换机的 Vlan 划分

一、实验目的

通过本实验，要求掌握思科交换机的 Vlan 划分方法。

二、实验环境

安装了 Windows 操作系统的 PC。

三、实验原理

每一个交换机都有编号为 1 的默认 Vlan。默认情况下，交换机所有的端口都隶属于这个 Vlan。因此，在没有划分其他 Vlan 时，交换机所连接的计算机设置成同网段的 IP 地址是直接连通的，因为它们在同一个广播域中。

交换机 Vlan 的划分在全局配置模式下完成，主要包括创建 Vlan、端口分配、Vlan 接口 IP 设置等。交换机可以划分多个 Vlan，每个 Vlan 可以分配一个或多个端口，在同一个 Vlan 中所有端口连接的计算机设置成同网段的 IP 地址后实现联网。

本实验的网络拓扑图如实验图 11-1 所示。

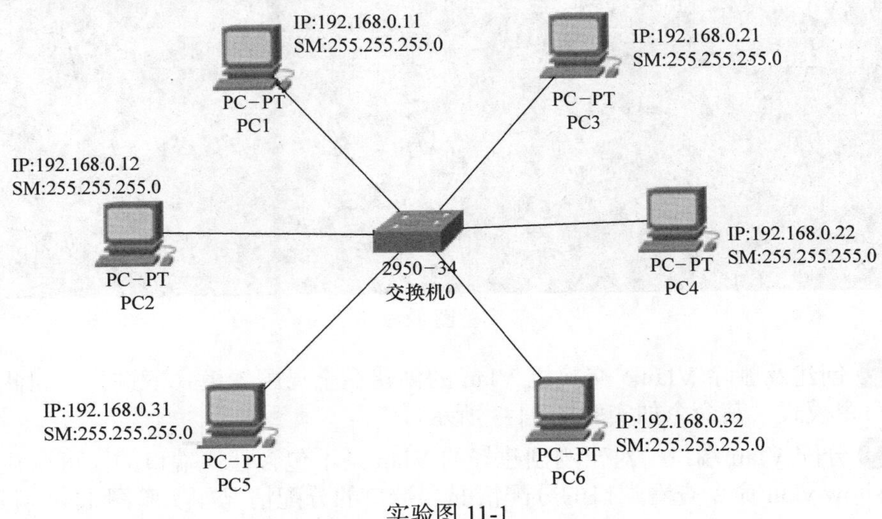

实验图 11-1

本实验中交换机 Vlan 划分及端口分配情况如实验表 11-1 所示。

实验表 11-1

Vlan 编号	Vlan 名称	端口范围	连接的计算机
10	Vlan0010	1 ~ 4	PC1、PC2
20	Vlan0020	5 ~ 8	PC3、PC4
30	Vlan0030	9 ~ 12	PC5、PC6

四、实验步骤

步骤1 按实验图 11-1 连接好每一台计算机，并按要求配置好每一台计算机的 IP 地址和子网掩码。由于分配给每一台计算机的 IP 都是 192.168.0.0/24 网段的 IP 地址，所以所有的计算机之间都是相互连通的，因此可利用任何一台计算机使用 ping 命令去测试与其他计算机的连通性。实验图 11-2 所示为在 PC1 上测试与 PC6 的连通性。使用同样的方法，可以验证其他计算机之间的连通性。最终可以得出结论，当前交换机上的所有计算机是相互连通的。

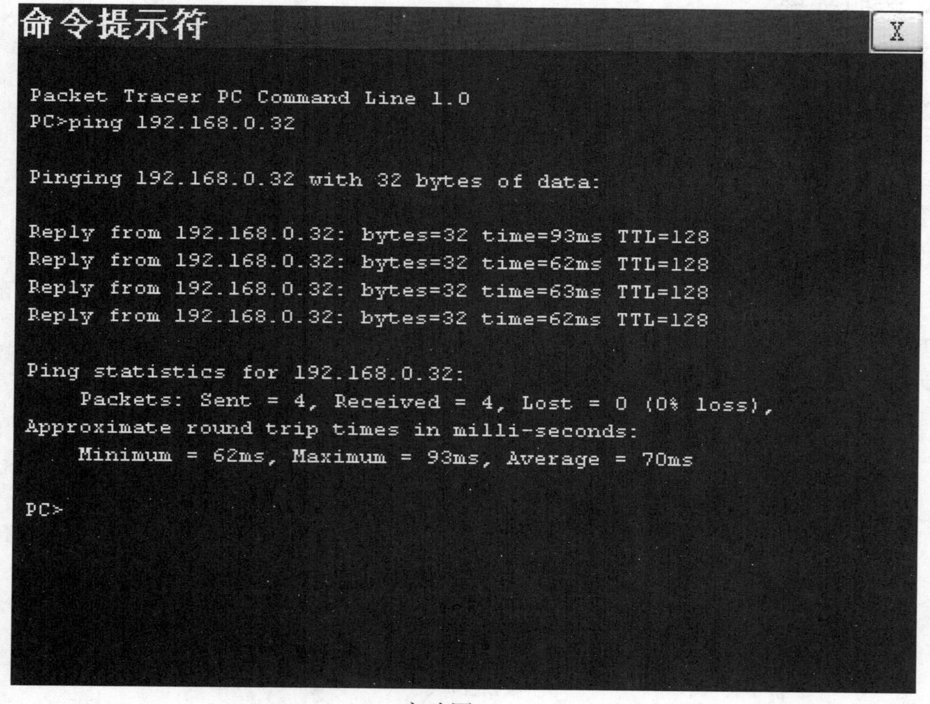

实验图 11-2

步骤2 创建及删除 Vlan。交换机 Vlan 的创建在全局配置模式下进行，因此要先进入全局配置命令模式，其命令如实验图 11-3 所示。

步骤3 分配 Vlan 端口。对于刚创建好的 Vlan 是不包含任何端口的。可以在特权模式下，通过 show vlan 命令查看端口的分配情况。端口的分配情况如实验图 11-4 所示。

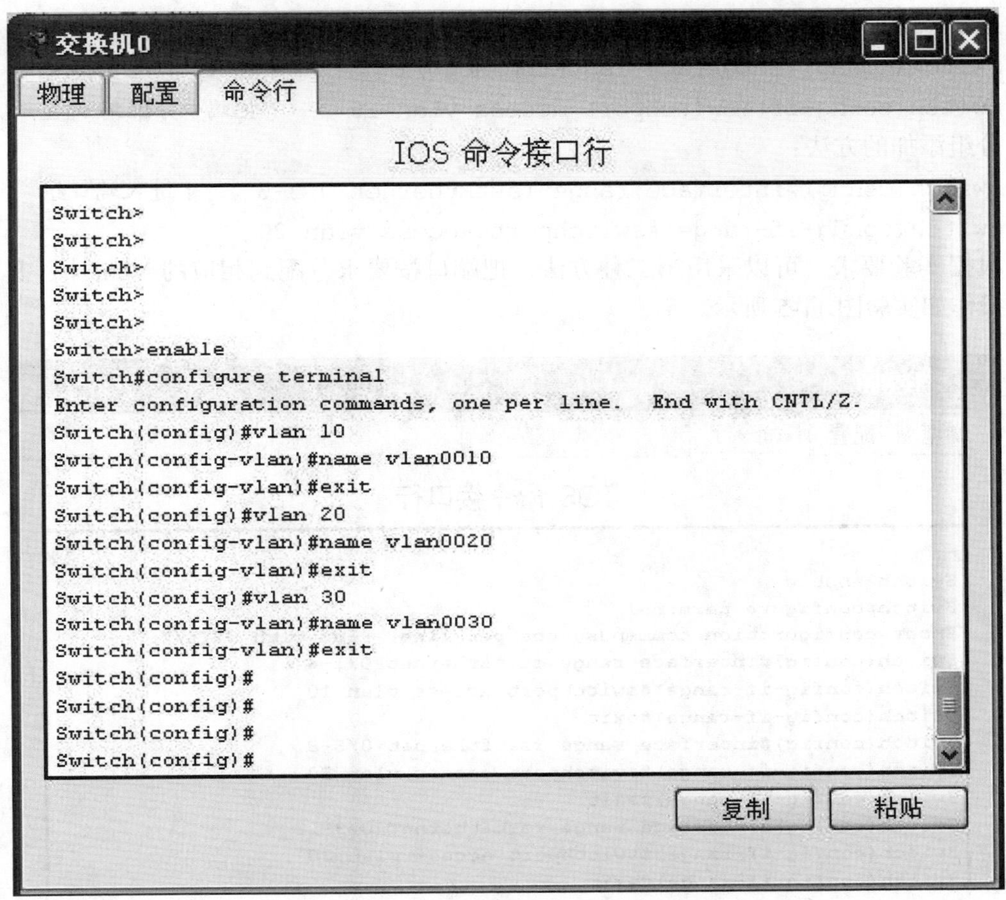

实验图 11-3

要把端口分配给相应的 Vlan，IOS 提供了两种方法，一种是逐一添加，另一种是分组添加（必须是连续的端口）。

```
Switch#show vlan

VLAN Name                             Status    Ports
---- -------------------------------- --------- -------------------------------
1    default                          active    Fa0/1, Fa0/2, Fa0/3, Fa0/4
                                                Fa0/5, Fa0/6, Fa0/7, Fa0/8
                                                Fa0/9, Fa0/10, Fa0/11, Fa0/12
                                                Fa0/13, Fa0/14, Fa0/15, Fa0/16
                                                Fa0/17, Fa0/18, Fa0/19, Fa0/20
                                                Fa0/21, Fa0/22, Fa0/23, Fa0/24
10   vlan0010                         active
20   vlan0020                         active
30   vlan0030                         active
```

实验图 11-4

逐一添加的方法：

switch(config)#interface fastEthernet0/1　　　　　！进入端口配置模式

switch(config-if)#switchport access vlan 10　　　！把端口分配到 vlan 10 中

分组添加的方法：

switch(config)#interface range fastEthernet 0/3-6　　！进入端口组

switch(config-if-range)#switchport access vlan 20

根据实验要求，可以采用第二种方法，把端口按要求分配到相应的 Vlan 中，具体的命令操作如实验图 11-5 所示。

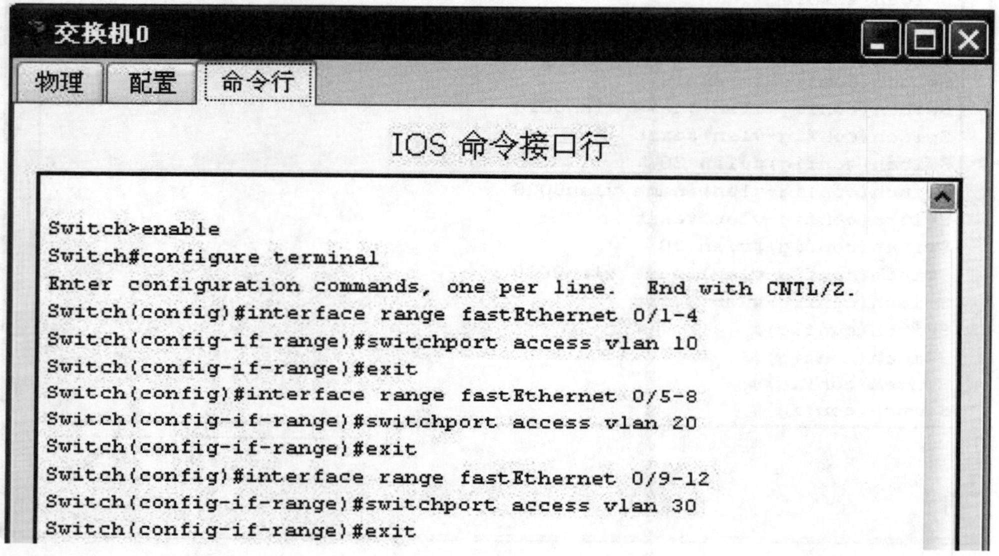

实验图 11-5

这时再用 show vlan 命令查看一次，就会发现端口已经重新分配了，还可以检查配置是否正确。正确的端口分配情况如实验图 11-6 所示。

通过以上操作，对交换机进行了 Vlan 的创建和端口的分配，从而实现了交换机端口的隔离。

```
Switch#show vlan

VLAN Name                             Status    Ports
---- -------------------------------- --------- -------------------------------
1    default                          active    Fa0/13, Fa0/14, Fa0/15, Fa0/16
                                                Fa0/17, Fa0/18, Fa0/19, Fa0/20
                                                Fa0/21, Fa0/22, Fa0/23, Fa0/24
10   vlan0010                         active    Fa0/1, Fa0/2, Fa0/3, Fa0/4
20   vlan0020                         active    Fa0/5, Fa0/6, Fa0/7, Fa0/8
30   vlan0030                         active    Fa0/9, Fa0/10, Fa0/11, Fa0/12
```

实验图 11-6

步骤4 测试结果。确认 PC 正确连接到对应 Vlan 上的端口，如 PC1、PC2 接入 Vlan10，只能接入到交换机的 Fa0/1 ～ Fa0/4 范围内的端口上。

验证本实验，可使用相同 Vlan 的计算机进行 ping 测试和不同 Vlan 间的计算机进行 ping 测试。下面分别用 PC1 和 PC2、PC1 和 PC6 进行 ping 测试，结果如实验图 11-7 所示。

```
命令提示符
PC>ping 192.168.0.12

Pinging 192.168.0.12 with 32 bytes of data:

Reply from 192.168.0.12: bytes=32 time=110ms TTL=128
Reply from 192.168.0.12: bytes=32 time=63ms TTL=128
Reply from 192.168.0.12: bytes=32 time=62ms TTL=128
Reply from 192.168.0.12: bytes=32 time=63ms TTL=128

Ping statistics for 192.168.0.12:
    Packets: Sent = 4, Received = 4, Lost = 0 (0% loss),
Approximate round trip times in milli-seconds:
    Minimum = 62ms, Maximum = 110ms, Average = 74ms

PC>ping 192.168.0.32

Pinging 192.168.0.32 with 32 bytes of data:

Request timed out.
Request timed out.
Request timed out.
Request timed out.

Ping statistics for 192.168.0.32:
    Packets: Sent = 4, Received = 0, Lost = 4 (100% loss),

PC>
```

实验图 11-7

实验 12　路由器的基本配置与使用

一、实验目的

本实验要求掌握路由器的简单配置和使用，掌握配置路由器的端口和密码。

二、实验环境

安装了 Windows 操作系统的 PC 机。

三、实验原理

本实验的网络拓扑结构如实验图 12-1 所示。

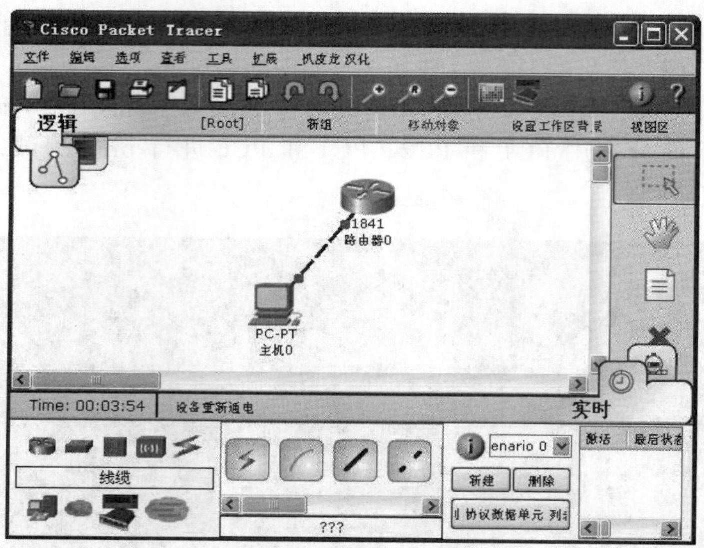

实验图 12-1

四、实验步骤

步骤 1 添加一个模块化的路由器，单击 Packet Tracer 5.0 的工作区中刚添加的路由器，在弹出的配置窗口上添加一些模块（Modules）模块添加如实验图 12-2 所示。

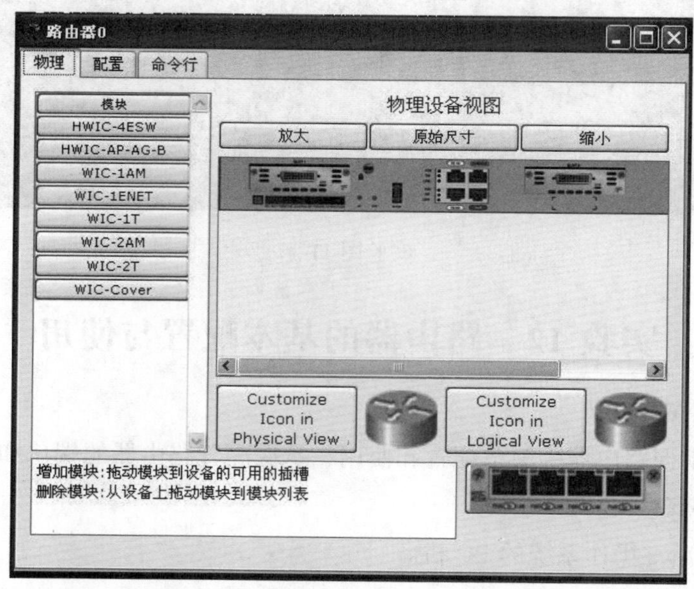

实验图 12-2

◎提示

默认情况下，路由器的电源是打开的，添加模块时需要关闭路由器的电源，单击电源开关，将其关闭，路由器的电源关闭后绿色的电源指示灯也将变暗。

步骤2 在“MODULESS”下寻找所需要的模块，选中某个模块时会在下方显示该模块的信息。然后拖动到路由器的空插槽上即可。各种模块添加完成后，单击电源开关按钮，打开路由器的电源。

步骤3 添加一台计算机，让其 RS-232 接口与路由器的 Console 端口相连，如图实验 12-3 所示。

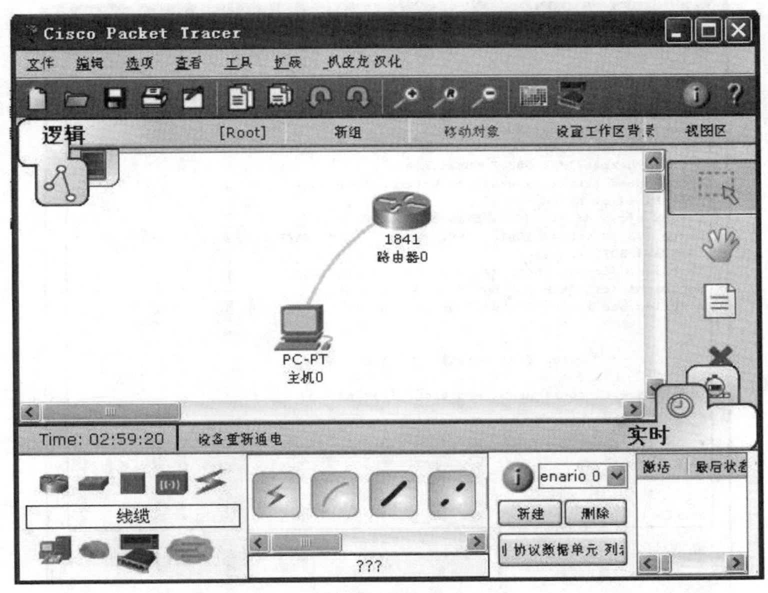

实验图 12-3

◎小技巧

选择 Console 线和路由器相连，计算机一侧为 RS-232 接口，路由器一侧为 Console 端口。

步骤4 用计算机的终端工具连接路由器，如实验图 12-4 所示。

实验图 12-4

步骤5 路由器配置成功，实验环境搭建完成，如实验图 12-5 所示。

步骤6 路由器的几种模式：User mode（用户模式）、Privileged mode（特权模式）、Global configuration mode（全局配置模式）、Interface mode（端口配置模式）、Subinterface mode（子接口配置模式）、Line mode、Router configuration mode（路由配置模式）。每种模式对应不同的提示符。路由器命令模式配置如图实验 12-6 所示。

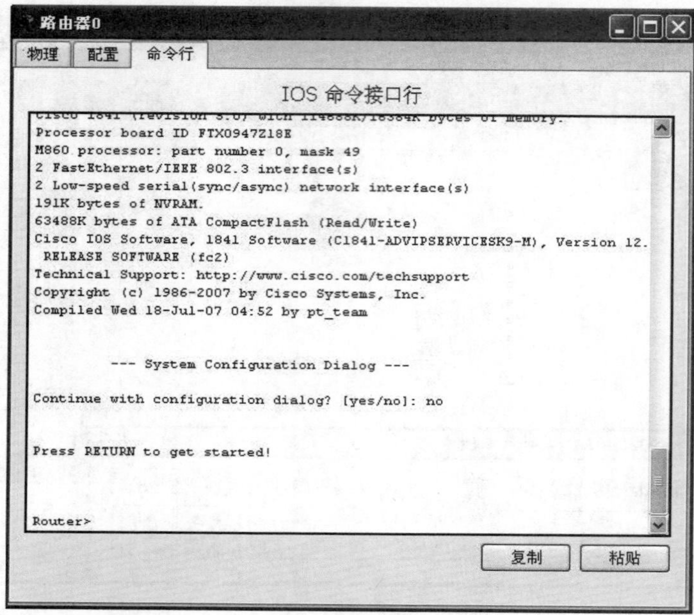

实验图 12-5

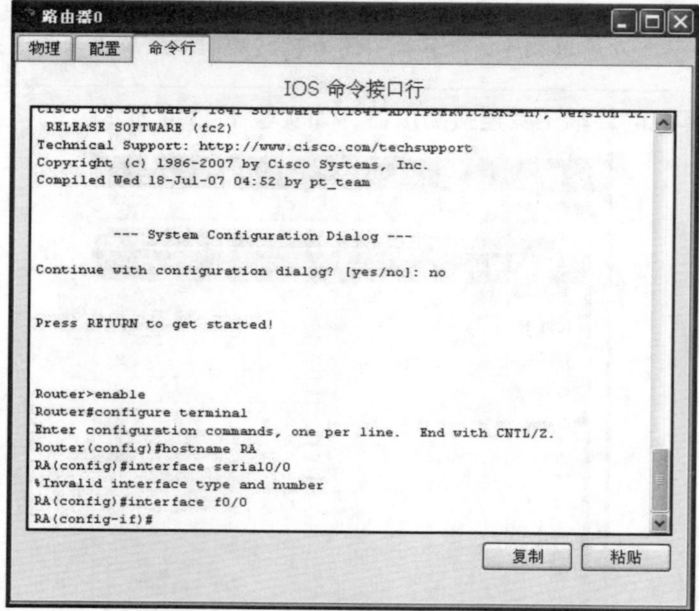

实验图 12-6

步骤7 配置登录路由器的 Console 模式密码。路由器 Console 密码如实验图 12-7 所示。

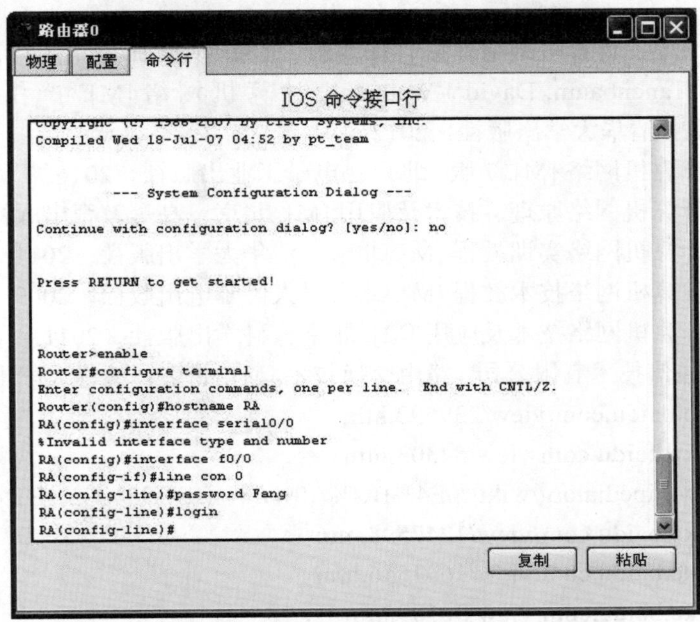

实验图 12-7

参 考 文 献

[1] 谢钧，谢希仁 . 计算机网络教程 [M]. 4 版 . 北京 : 人民邮电出版社，2012.
[2] Andrew S Tanenbaum, David J Wetherall. 计算机网络 [M]. 严伟，潘爱民，译 . 5 版 . 北京：清华大学出版社，2012.
[3] 谢希仁 . 计算机网络 [M]. 7 版 . 北京：电子工业出版社，2016.
[4] 郝兴伟 . 计算机网络原理、技术及应用 [M]. 北京：高等教育出版社，2007.
[5] 张师林 . 计算机网络实训教程 [M]. 北京：清华大学出版社，2011.
[6] 李光明 . 计算机网络技术教程 [M]. 北京：人民邮电出版社，2009.
[7] 李联宁 . 计算机网络技术及应用 [M]. 北京：科学出版社，2011.
[8] 杭州华三通信技术有限公司 . 路由交换技术 [M]. 北京：清华大学出版社，2011.
[9] http://baike.baidu.com/view/239592.htm
[10] http://baike.baidu.com/view/54303.htm
[11] http://zh.wikipedia.org/wiki/%E4%BC%A0%E8%BE%93%E5%B1%82
[12] http://baike.baidu.com/view/1247598.htm
[13] http://baike.baidu.com/view/1647646.htm
[14] http://baike.baidu.com/view/30509.htm
[15] http://cs.nju.edu.cn/yangxc/bookshelf/book01-02/022.pdf
[16] http://wenku.baidu.com/view/b0e8dc0a79563c1ec5da7156.html
[17] http://wenku.baidu.com/view/689bff0b52ea551810a6878e.html